“十二五”普通高等教育本科国家级规划教材

# 大学数学系列教材

## （第四版）

# 大学数学 3

湖南大学数学学院　组编
刘先霞　李永群　马传秀　主编

中国教育出版传媒集团
高等教育出版社·北京

内容简介

湖南大学数学学院组编的大学数学系列教材共包括5册。本书是第3册，主要介绍线性代数的基本概念、基本理论和基本方法及其应用。内容包括行列式、矩阵、向量空间、线性方程组、二次型、线性空间与线性变换。各节配有适量习题，各章后配有延伸阅读、综合题。本书增加了数字资源板块，包括典型例题、自测题、综合题参考答案及拓展知识等内容，增强了可读性。

本书结构严谨、内容丰富、重难点突出，概念、定理叙述准确、精练。例题精挑细选，具有代表性、启发性和挑战性，便于教学。教材内容深度、广度符合“工科类本科数学基础课程教学基本要求”，适合高等院校理工类各专业学生使用。

**图书在版编目(CIP)数据**

大学数学. 3 / 湖南大学数学学院组编 ; 刘先霞，李永群，马传秀主编. --4版. -- 北京 : 高等教育出版社，2023.10（2024.9重印）

大学数学系列教材

ISBN 978-7-04-060131-2

Ⅰ. ①大… Ⅱ. ①湖… ②刘… ③李… ④马… Ⅲ. ①高等数学-高等学校-教材 Ⅳ. ①O13

中国国家版本馆CIP数据核字(2023)第036764号

DAXUE SHUXUE 3

策划编辑 安 琪　　责任编辑 安 琪　　封面设计 张 志　　版式设计 杨 树

责任绘图 黄云燕　　责任校对 吕红颖　　责任印制 张益豪

| | | | |
|---|---|---|---|
| 出版发行 | 高等教育出版社 | 网　　址 | http://www.hep.edu.cn |
| 社　　址 | 北京市西城区德外大街4号 | | http://www.hep.com.cn |
| 邮政编码 | 100120 | 网上订购 | http://www.hepmall.com.cn |
| 印　　刷 | 唐山嘉德印刷有限公司 | | http://www.hepmall.com |
| 开　　本 | 787mm × 1092mm　1/16 | | http://www.hepmall.cn |
| 印　　张 | 11 | 版　　次 | 2001年9月第1版 |
| 字　　数 | 240千字 | | 2023年10月第4版 |
| 购书热线 | 010-58581118 | 印　　次 | 2024年9月第2次印刷 |
| 咨询电话 | 400-810-0598 | 定　　价 | 23.70元 |



物 料 号　60131-00

# 大学数学系列教材

（第四版）

湖南大学数学学院　组编

# 第四版前言

为了配合高等教育"新世纪高等教育教学改革工程",并体现湖南大学课程教学改革的特色和经验,我院于2001年组织部分教师编写出版了《大学数学系列教材》。系列教材可满足高等学校非数学类理工科各专业数学系列课程教学的需要,内容包括传统的"高等数学""线性代数""概率论与数理统计"和"复变函数与积分变换",并统一用"大学数学"具名。系列教材几经再版修订,初版、第二版和第三版先后入选"普通高等教育'十五'国家级规划教材""普通高等教育'十一五'国家级规划教材"和"'十二五'普通高等教育本科国家级规划教材",除作为湖南大学理工类各专业通识教育平台数学核心课程的指定教材外,也被国内多所高校选作本科相关专业的数学课程教材,二十年来受到师生们的广泛好评。

近年来,面对"新工科、新医科、新农科、新文科"背景下理工类专业人才培养的新要求,大学数学课程教材改革发展的要求十分迫切,为此我们对这套教材做了进一步修订。本次修订工作与一流本科课程的建设紧密结合,更加关注大学数学课程的思想性、系统性、应用性、创新性,改写了部分内容,调整了部分章节,对全书文字的表达、符号的使用做了进一步推敲,订正了已发现的错误,精选补充了部分例题和习题,增加了数字化资源,将纸质教材与数字教学资源一体化设计,以新形态教材的形式出版。系列教材凝聚了每一版主编们的教研成果,顺应数学教育发展形势,以期充分发挥大学数学课程在人才培养中的关键基础作用。

本书是在《大学数学系列教材(第三版)大学数学3》的基础上修订而成的,由刘先霞、李永群、马传秀任主编,陈亮、廖安平参与编审,内容主要包括行列式、矩阵、向量空间、线性方程组、二次型、线性空间与线性变换。

第二、三版前言

本系列教材第四版的编写和出版继续得到我院各位教师和学校教务处以及高等教育出版社的大力支持,在此一并致谢!在教材的使用过程中,恳请广大专家、教师和学生提出宝贵的意见和建议,以便我们进一步改进。

湖南大学数学学院

2023年6月

# 目　录

# 第一章

# 行　列　式

在中学代数中,我们解过一元、二元、三元乃至四元一次方程或方程组.本书中我们将讨论更多变元的一次方程组,即多元线性方程组.线性方程组理论有相当广泛的应用,特别是在计算机技术飞跃发展的今天,线性方程组的求解问题几乎涉及大规模科学与工程计算中的各个分支领域.比如,天气预报、土木结构设计等实际问题都可归结为大规模线性方程组的求解.因此,了解线性方程组的理论体系是相当必要的.实际上,早在 18 世纪,线性方程组就已经成为数学家和数学爱好者所关心的话题.他们通过引入行列式这一重要数学工具,完美地建立了线性方程组的理论体系.这套理论的基础便是依托行列式建立起来的克拉默(Cramer)法则.为此,我们首先引入 $n$ 阶行列式的定义并讨论它的性质和计算方法,然后介绍 $n$ 元线性方程组的克拉默法则.

## 第一节　方程组与行列式

### 一、二元线性方程组和二阶行列式

给出一个二元线性方程组

$$\begin{cases} a_{11}x_1+a_{12}x_2=b_1, \\ a_{21}x_1+a_{22}x_2=b_2, \end{cases} \tag{1}$$

其中 $a_{11},a_{12},a_{21},a_{22}$ 均为给定的系数.利用消元法,将第一个方程乘 $a_{22}$,第二个方程乘 $a_{12}$,然后相减,可消去变元 $x_2$,得

$$(a_{11}a_{22}-a_{12}a_{21})x_1=a_{22}b_1-a_{12}b_2.$$

当 $a_{11}a_{22}-a_{12}a_{21}\neq 0$ 时,有

$$x_1=\frac{a_{22}b_1-a_{12}b_2}{a_{11}a_{22}-a_{12}a_{21}}. \tag{2}$$

将上式代入第一个方程并化简,有

$$x_2=\frac{a_{11}b_2-a_{21}b_1}{a_{11}a_{22}-a_{12}a_{21}}. \tag{3}$$

若记

$$D=\begin{vmatrix}a_{11}&a_{12}\\a_{21}&a_{22}\end{vmatrix}=a_{11}a_{22}-a_{12}a_{21},$$

称 $D$ 为二阶行列式,二阶行列式的值等于行列式主对角线(从左上角元素到右下角元素的连线)上两元素 $a_{11}$ 与 $a_{22}$ 之积减去副对角线(从右上角元素到左下角元素的连线)上两元素 $a_{12}$ 与 $a_{21}$ 之积,再令

$$D_1=\begin{vmatrix}b_1&a_{12}\\b_2&a_{22}\end{vmatrix}=a_{22}b_1-a_{12}b_2,D_2=\begin{vmatrix}a_{11}&b_1\\a_{21}&b_2\end{vmatrix}=a_{11}b_2-a_{21}b_1,$$

其中 $D$ 称为方程组(1)的系数行列式,而 $D_1,D_2$ 分别是用方程组(1)中的常数项 $b_1$,$b_2$ 代替 $D$ 中 $x_1,x_2$ 的系数后得到的行列式.式(2)和(3)表明:当系数行列式 $D\neq0$ 时,方程组(1)的解可简单地表示为

$$x_1=\frac{D_1}{D},\ x_2=\frac{D_2}{D}.\tag{4}$$

公式(4)称为解二元线性方程组的克拉默法则.

**例 1**　解方程组 $\begin{cases}2x_1+3x_2=8,\\x_1-2x_2=-3.\end{cases}$

**解**

$$D=\begin{vmatrix}2&3\\1&-2\end{vmatrix}=2\times(-2)-3\times1=-7,$$

$$D_1=\begin{vmatrix}8&3\\-3&-2\end{vmatrix}=8\times(-2)-3\times(-3)=-7,$$

$$D_2=\begin{vmatrix}2&8\\1&-3\end{vmatrix}=2\times(-3)-8\times1=-14,$$

因 $D\neq0$,故方程组的解为

$$x_1=\frac{D_1}{D}=\frac{-7}{-7}=1,x_2=\frac{D_2}{D}=\frac{-14}{-7}=2.$$

## 二、三元线性方程组和三阶行列式

类似地,给出一个三元线性方程组

$$\begin{cases}a_{11}x_1+a_{12}x_2+a_{13}x_3=b_1,\\a_{21}x_1+a_{22}x_2+a_{23}x_3=b_2,\\a_{31}x_1+a_{32}x_2+a_{33}x_3=b_3.\end{cases}\tag{5}$$

记

$$D=\begin{vmatrix}a_{11}&a_{12}&a_{13}\\a_{21}&a_{22}&a_{23}\\a_{31}&a_{32}&a_{33}\end{vmatrix}$$

$$=a_{11}a_{22}a_{33}+a_{12}a_{23}a_{31}+a_{13}a_{21}a_{32}-a_{13}a_{22}a_{31}-a_{11}a_{23}a_{32}-a_{12}a_{21}a_{33},$$

称为由 3 行 3 列元素组成方阵的三阶行列式.由定义可知,三阶行列式有 6 项,每一项均为不同行不同列的三个元素之积再冠以正负号,其运算的法则是对角线法则,如

图 1-1.

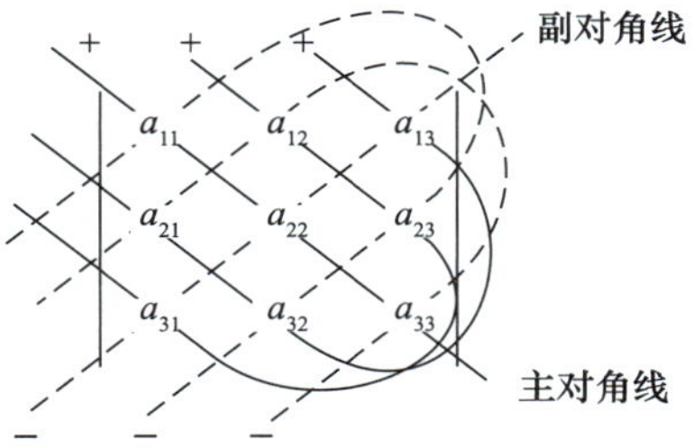


图 1-1　三阶行列式对角线法则

令

$$D_1=\begin{vmatrix} b_1 & a_{12} & a_{13} \\ b_2 & a_{22} & a_{23} \\ b_3 & a_{32} & a_{33} \end{vmatrix},\quad D_2=\begin{vmatrix} a_{11} & b_1 & a_{13} \\ a_{21} & b_2 & a_{23} \\ a_{31} & b_3 & a_{33} \end{vmatrix},\quad D_3=\begin{vmatrix} a_{11} & a_{12} & b_1 \\ a_{21} & a_{22} & b_2 \\ a_{31} & a_{32} & b_3 \end{vmatrix},$$

则当 $D\neq 0$ 时，可得线性方程组(5)的解为

$$x_1=\frac{D_1}{D},\quad x_2=\frac{D_2}{D},\quad x_3=\frac{D_3}{D}. \tag{6}$$

公式(6)称为解三元线性方程组的克拉默法则.

**例 2**　计算三阶行列式

$$D=\begin{vmatrix} 1 & 2 & 3 \\ 4 & 0 & 5 \\ -1 & 0 & 6 \end{vmatrix}.$$

**解**　$D=1\times0\times6+2\times5\times(-1)+3\times4\times0-3\times0\times(-1)-1\times5\times0-2\times4\times6$

$=-10-48=-58.$

**例 3**　求解方程

$$D=\begin{vmatrix} 1 & 1 & 1 \\ 2 & 3 & x \\ 4 & 9 & x^2 \end{vmatrix}=0.$$

**解**　由于

$$\begin{aligned} D &= 3x^2+4x+18-12-9x-2x^2 \\ &= x^2-5x+6, \end{aligned}$$

故由 $x^2-5x+6=0$，可得两个根 $x_1=2, x_2=3$.

**例 4**　解三元线性方程组

$$\begin{cases} x_1-2x_2+x_3=-2, \\ 2x_1+x_2-3x_3=1, \\ -x_1+x_2-x_3=0. \end{cases}$$

**解**　先求四个行列式的值.

$$D=\begin{vmatrix}1&-2&1\\2&1&-3\\-1&1&-1\end{vmatrix}$$

$$=1\times1\times(-1)+(-2)\times(-3)\times(-1)+1\times2\times1-$$

$$1\times1\times(-1)-1\times(-3)\times1-(-2)\times2\times(-1)$$

$$=-5,$$

同理，$D_1=\begin{vmatrix}-2&-2&1\\1&1&-3\\0&1&-1\end{vmatrix}=-5$，　$D_2=\begin{vmatrix}1&-2&1\\2&1&-3\\-1&0&-1\end{vmatrix}=-10$，

$$D_3=\begin{vmatrix}1&-2&-2\\2&1&1\\-1&1&0\end{vmatrix}=-5.$$

因系数行列式 $D\neq0$，由公式(6)知所求线性方程组的解为

$$x_1=\frac{D_1}{D}=1,\quad x_2=\frac{D_2}{D}=2,\quad x_3=\frac{D_3}{D}=1.$$

## 习题 1-1

1. 利用二阶、三阶行列式解下列方程组：

(1) $\begin{cases}x+y=5,\\2x-y=1;\end{cases}$　　(2) $\begin{cases}\dfrac{x}{3}+1=y,\\2(x+1)-y=6;\end{cases}$

(3) $\begin{cases}2x+3y-4z=-2,\\x-5y+z=2,\\5x-3y-z=4;\end{cases}$　　(4) $\begin{cases}5x+y-z=8,\\4x-2y+z=11,\\3x-3y+5z=14.\end{cases}$

2. 求方程 $f(x)=\begin{vmatrix}x-1&2&0\\2&x-2&2\\0&2&x-3\end{vmatrix}=0$ 的根.

# 第二节　$n$ 阶行列式

从二阶和三阶行列式的定义我们可以看出，二阶行列式有 $2!=2$ 项，三阶行列式有 $3!=6$ 项，行列式中的每一项都是取自不同行不同列的元素的乘积，且行列式中每一项的符号均与该元素下标的排列顺序有关，因此我们可以在这些启示下引入 $n$ 阶行列式的定义.

## 一、排列及其逆序数

作为定义 $n$ 阶行列式的准备，我们先引入排列及其逆序数的概念.

**定义 1**　由 $1,2,\cdots,n$ 组成的一个有序数组称为一个 $n$ 级排列.在一个排列中，如果一对数的前后位置与大小顺序相反，即大数排在小数的前面，则称它们为一个逆序.一个排列中所有逆序的总数称为该排列的逆序数.逆序数为偶数的排列称为偶排列，逆序数为奇数的排列称为奇排列.

$n$ 级排列 $i_1i_2\cdots i_n$ 的逆序数记为 $\tau(i_1i_2\cdots i_n)$，简记为 $\tau$.

例如，五级排列 12345 中没有逆序，故 $\tau(12345)=0$；而在排列 54321 中，54，53，52，51，43，42，41，32，31，21 是逆序，故 $\tau(54321)=10$；在排列 43512 中，43，41，42，31，32，51，52 是逆序，故 $\tau(43512)=7$.排列 12345 和 54321 是偶排列，而排列 43512 是奇排列.

将一个排列中某两个数的位置互换，而其余的数位置不动，就得到另一个排列.这样一个变换称为一个对换.如经过 1，3 对换，排列 123 变成 321，排列 652314 变成 652134.容易看出，排列 123 是偶排列，而对它作一次对换后的排列 321 却是奇排列；排列 652314 是奇排列，而对它作一次对换后的排列 652134 却是偶排列.下面的定理表明，上面的结论具有普遍性.

**定理 1**　对换改变排列的奇偶性，即经过一次对换，奇排列变成偶排列，偶排列变成奇排列.

***证**　先考虑相邻两个数的对换.设排列

$$\cdots jk\cdots$$

经 $j,k$ 对换变成排列

$$\cdots kj\cdots.$$

显然这时排列中除 $j,k$ 两个数本身的顺序改变外，其他数的顺序并没有改变.而 $j,k$ 之间，若 $j<k$，则经过对换后的排列的逆序数比原排列的逆序数增加 1.若 $j>k$，则经过对换后的排列的逆序数比原排列的逆序数减少 1.因此，对换 $j,k$ 的位置改变排列的奇偶性.

再看一般的情形.设排列

$$\cdots ji_1i_2\cdots i_mk\cdots$$

经 $j,k$ 对换变成排列

$$\cdots ki_1i_2\cdots i_mj\cdots.$$

现先对原排列施行 $m$ 次相邻两个数的对换：依次对换 $k$ 与 $i_m,i_{m-1},\cdots,i_2,i_1$ 的位置，则原排列变为 $\cdots jki_1i_2\cdots i_m\cdots$；然后，再经过 $m+1$ 个相邻两个数的对换：依次对换 $j$ 与 $k,j$ 与 $i_1,i_2,\cdots,i_m$ 的位置，则原排列就变成了 $\cdots ki_1i_2\cdots i_mj\cdots$.

因为每次相邻两个数的对换都改变排列的奇偶性，上面一共施行了 $2m+1$ 次相邻两个数的对换，于是奇数次相邻两个数的对换仍然改变了排列的奇偶性.

由上面的定理可推知，在 $n(\geqslant 2)$ 级排列中，奇偶排列各占一半（即各有 $\frac{n!}{2}$ 个）.

**例 1**　求排列 $n(n-1)\cdots 3\ 2\ 1$ 的逆序数，并讨论其奇偶性.

**解**　从前往后比较，$n$ 排在首位，后面的数都比 $n$ 小，故与 $n$ 逆序的数为 $n-1$ 个，同理与 $n-1$ 逆序的数为 $n-2$ 个……与 2 逆序的数为 1 个，与 1 逆序的数为 0 个，从而

$$\begin{aligned}\tau(n(n-1)(n-2)\cdots 3\ 2\ 1)&=(n-1)+(n-2)+\cdots+3+2+1\\&=\frac{n(n-1)}{2}.\end{aligned}$$

易见，当 $n=4k,4k+1$ 时，该排列是偶排列；当 $n=4k+2,4k+3$ 时，该排列是奇排列.

## 二、$n$ 阶行列式的定义

根据排列与逆序数的概念可以看出，二阶和三阶行列式可以表示成

$$D=\begin{vmatrix}a_{11}&a_{12}\\a_{21}&a_{22}\end{vmatrix}=\sum_{(j_1j_2)}(-1)^{\tau(j_1j_2)}a_{1j_1}a_{2j_2},$$

$$D=\begin{vmatrix}a_{11}&a_{12}&a_{13}\\a_{21}&a_{22}&a_{23}\\a_{31}&a_{32}&a_{33}\end{vmatrix}=\sum_{(j_1j_2j_3)}(-1)^{\tau(j_1j_2j_3)}a_{1j_1}a_{2j_2}a_{3j_3},$$

其中在第一个式子中，$\sum\limits_{(j_1j_2)}$ 表示对所有的二级排列求和；在第二个式子中，$\sum\limits_{(j_1j_2j_3)}$ 表示对所有的三级排列求和.

仿照上面，我们引入 $n$ 阶行列式的定义.

**定义 2**　设 $n(\geqslant 2)$ 为自然数，由 $n^2$ 个数 $a_{ij}(i,j=1,2,\cdots,n)$ 组成的记号

$$\begin{vmatrix}a_{11}&a_{12}&\cdots&a_{1n}\\a_{21}&a_{22}&\cdots&a_{2n}\\\vdots&\vdots&&\vdots\\a_{n1}&a_{n2}&\cdots&a_{nn}\end{vmatrix}$$

称为一个 $n$ 阶行列式，其中 $a_{ij}$ 称为第 $i$ 行第 $j$ 列的元素.该行列式的值等于所有取自不同行不同列的 $n$ 个元素乘积的代数和

$$\sum_{(j_1j_2\cdots j_n)}(-1)^{\tau(j_1j_2\cdots j_n)}a_{1j_1}a_{2j_2}\cdots a_{nj_n},$$

其中 $j_1j_2\cdots j_n$ 为一个 $n$ 级排列，$\sum\limits_{(j_1j_2\cdots j_n)}$ 表示对所有的 $n$ 级排列求和，即

$$\begin{vmatrix}a_{11}&a_{12}&\cdots&a_{1n}\\a_{21}&a_{22}&\cdots&a_{2n}\\\vdots&\vdots&&\vdots\\a_{n1}&a_{n2}&\cdots&a_{nn}\end{vmatrix}=\sum_{(j_1j_2\cdots j_n)}(-1)^{\tau(j_1j_2\cdots j_n)}a_{1j_1}a_{2j_2}\cdots a_{nj_n}.\tag{1}$$

由定义立即看出，$n$ 阶行列式由 $n!$ 项组成，其中一半带正号，一半带负号.$n$ 阶行列式(1)有时简记为 $|a_{ij}|$ 或 $\det(a_{ij})$，有时也简记为 $D$.

**定理 2**　$n$ 阶行列式的定义也可写成

$$D=\sum_{(j_1j_2\cdots j_n)}(-1)^{\tau(i_1i_2\cdots i_n)+\tau(j_1j_2\cdots j_n)}a_{i_1j_1}a_{i_2j_2}\cdots a_{i_nj_n}.$$

**证**　将项

$$a_{i_1j_1}a_{i_2j_2}\cdots a_{i_nj_n} \tag{2}$$

重新排成如下形式

$$a_{1j'_1}a_{2j'_2}\cdots a_{nj'_n}. \tag{3}$$

因为数的乘法可交换，因此(2)和(3)是相等的.

又因为(3)是由(2)经过一系列元素的对换得来的，而每作一次元素对换，相应的行下标和列下标所成排列 $i_1i_2\cdots i_n$ 和 $j_1j_2\cdots j_n$ 也同时作了一次对换，所以由定理 1 知，行下标和列下标的排列的逆序数同时改变了奇偶性，因而行下标和列下标的排列的逆序数之和不改变奇偶性，于是

$$(-1)^{\tau(i_1i_2\cdots i_n)+\tau(j_1j_2\cdots j_n)}=(-1)^{\tau(12\cdots n)+\tau(j'_1j'_2\cdots j'_n)}=(-1)^{\tau(j'_1j'_2\cdots j'_n)},$$

故

$$\begin{aligned}&\sum_{(j_1j_2\cdots j_n)}(-1)^{\tau(i_1i_2\cdots i_n)+\tau(j_1j_2\cdots j_n)}a_{i_1j_1}a_{i_2j_2}\cdots a_{i_nj_n}\\=&\sum_{(j'_1j'_2\cdots j'_n)}(-1)^{\tau(j'_1j'_2\cdots j'_n)}a_{1j'_1}a_{2j'_2}\cdots a_{nj'_n}.\end{aligned}$$

按定理 2 决定行列式中每一项的符号的好处在于，行下标与列下标的地位是对称的. 因此，行列式的每一项也可以将列下标以自然顺序排起来，即得如下推论：

**推论 1**

$$D=\sum_{(i_1i_2\cdots i_n)}(-1)^{\tau(i_1i_2\cdots i_n)}a_{i_11}a_{i_22}\cdots a_{i_nn}. \tag{4}$$

**例 2**　计算行列式

$$\begin{vmatrix}0&0&0&4\\0&0&3&0\\0&2&0&0\\1&0&0&0\end{vmatrix}.$$

**解**　所计算的行列式为一个四阶行列式. 根据行列式的定义，应该有 $4!=24$ 项，但由于行列式中有许多零元素，使得不为零的项大大减少. 实际上，分析项

$$a_{1j_1}a_{2j_2}a_{3j_3}a_{4j_4}$$

知，如果 $j_1\neq4$，则 $a_{1j_1}=0$，即只需考虑列下标 $j_1=4$ 的项. 同理，只需考虑列下标 $j_2=3$，$j_3=2$，$j_4=1$ 的项. 换句话说，行列式中不为零的项只有一项，即 $a_{14}a_{23}a_{32}a_{41}$. 由于逆序数 $\tau(4321)=6$，故这一项带正号. 所以

$$\begin{vmatrix}0&0&0&4\\0&0&3&0\\0&2&0&0\\1&0&0&0\end{vmatrix}=4\times3\times2\times1=24.$$

一般地，下列结论成立：

$$\begin{vmatrix}0&\cdots&0&a_{1n}\\0&\cdots&a_{2(n-1)}&0\\\vdots&&\vdots&\vdots\\a_{n1}&\cdots&0&0\end{vmatrix}$$

$$=(-1)^{\frac{n(n-1)}{2}}a_{1n}a_{2(n-1)}\cdots a_{n1}.$$

**例 3**　计算下列 $n$ 阶行列式

(1) $D_1=\begin{vmatrix} a_{11} & 0 & \cdots & 0 \\ a_{21} & a_{22} & \cdots & 0 \\ \vdots & \vdots & & \vdots \\ a_{n1} & a_{n2} & \cdots & a_{nn} \end{vmatrix}$;　(2) $D_2=\begin{vmatrix} a_{11} & a_{12} & \cdots & a_{1n} \\ 0 & a_{22} & \cdots & a_{2n} \\ \vdots & \vdots & & \vdots \\ 0 & 0 & \cdots & a_{nn} \end{vmatrix}$.

**解**　根据行列式的定义,行列式 $D_1$ 应该有 $n!$ 项,但由于行列式中有许多零元素,使得许多项为零.注意到行列式 $D_1$ 的第一行元素除了 $a_{11}$ 以外,其余全为零,因而,只需考虑 $j_1=1$ 的项.$D_1$ 的第二行元素除了 $a_{21},a_{22}$ 以外,其余全为零,因而只需考虑 $j_2=1$ 或 $j_2=2$ 的项.但由于 $j_1=1$,$j_2$ 不能再取 1,因而只需考虑 $j_2=2$ 的项.这样逐步递推,不难看出,在行列式的各项中,除去 $a_{11}a_{22}\cdots a_{nn}$ 以外,其余全为零.于是

$$D_1=\begin{vmatrix} a_{11} & 0 & \cdots & 0 \\ a_{21} & a_{22} & \cdots & 0 \\ \vdots & \vdots & & \vdots \\ a_{n1} & a_{n2} & \cdots & a_{nn} \end{vmatrix}=(-1)^{\tau(123\cdots n)}a_{11}a_{22}\cdots a_{nn}=a_{11}a_{22}\cdots a_{nn}.$$

类似地可以证明

$$D_2=\begin{vmatrix} a_{11} & a_{12} & \cdots & a_{1n} \\ 0 & a_{22} & \cdots & a_{2n} \\ \vdots & \vdots & & \vdots \\ 0 & 0 & \cdots & a_{nn} \end{vmatrix}=a_{11}a_{22}\cdots a_{nn}.$$

我们称形如 $D_1$ 的行列式,即主对角线的右上方元素全为零的行列式为下三角形行列式;而形如 $D_2$ 的行列式,即主对角线的左下方元素全为零的行列式为上三角形行列式.下三角形行列式和上三角形行列式统称为三角形行列式.从上例中可以看出,三角形行列式的值非常容易计算,就等于主对角线上元素(简称为对角元)的乘积.作为特殊情形,有

$$\begin{vmatrix} a_{11} & 0 & \cdots & 0 \\ 0 & a_{22} & \cdots & 0 \\ \vdots & \vdots & & \vdots \\ 0 & 0 & \cdots & a_{nn} \end{vmatrix}=a_{11}a_{22}\cdots a_{nn}.$$

我们称上述行列式,即对角元以外的元素全为零的行列式为对角形行列式,它的值也等于对角元的乘积.

**例 4**　用行列式的定义计算

$$D_n=\begin{vmatrix} 0 & 0 & \cdots & 0 & 1 & 0 \\ 0 & 0 & \cdots & 2 & 0 & 0 \\ \vdots & \vdots & & \vdots & \vdots & \vdots \\ n-1 & 0 & \cdots & 0 & 0 & 0 \\ 0 & 0 & \cdots & 0 & 0 & n \end{vmatrix}.$$

**解**

$$D_n=(-1)^{\tau}a_{1(n-1)}a_{2(n-2)}\cdots a_{(n-1)1}a_{nn}$$
$$=(-1)^{\tau}1\cdot 2\cdots(n-1)\cdot n=(-1)^{\tau}n!,$$

而

$$\tau=\tau((n-1)(n-2)\cdots 2\ 1\ n)$$
$$=(n-2)+(n-3)+\cdots+2+1$$
$$=\frac{1}{2}(n-1)(n-2),$$

所以

$$D_n=(-1)^{\frac{1}{2}(n-1)(n-2)}n!.$$

## 习题 1-2

1. 用行列式的定义计算下列行列式的值.

(1) $\begin{vmatrix} 0 & 0 & \cdots & 0 & a_1 \\ a_2 & 0 & \cdots & 0 & 0 \\ 0 & a_3 & \cdots & 0 & 0 \\ \vdots & \vdots & & \vdots & \vdots \\ 0 & 0 & \cdots & a_n & 0 \end{vmatrix}$；　(2) $\begin{vmatrix} 0 & b_1 & 0 & 0 & 0 \\ 0 & 0 & b_2 & 0 & 0 \\ 0 & 0 & 0 & b_3 & 0 \\ 0 & 0 & 0 & 0 & b_4 \\ a_1 & a_2 & a_3 & a_4 & a_5 \end{vmatrix}$；

(3) $\begin{vmatrix} a_{11} & a_{12} & a_{13} & a_{14} & a_{15} \\ a_{21} & a_{22} & a_{23} & a_{24} & a_{25} \\ a_{31} & a_{32} & 0 & 0 & 0 \\ a_{41} & a_{42} & 0 & 0 & 0 \\ a_{51} & a_{52} & 0 & 0 & 0 \end{vmatrix}$.

2. 写出 4 阶行列式中所有带负号且含有因子 $a_{11}a_{23}$ 的项.

3. 证明：若在一个 $n$ 阶行列式中等于 0 的元素的个数大于 $n^2-n$，则该行列式为 0.

4. 分别选择 $i$ 和 $j$，使得(1) $1274i56j\,9$ 成奇排列；(2) $1i25j4897$ 成偶排列.

# 第三节　行列式的性质和计算

利用行列式的定义直接计算行列式一般很困难，尤其当行列式的阶数增大时，困难程度就愈加显著.本节我们首先研究行列式的基本性质，然后通过这些基本性质，将复杂行列式的计算化为简单行列式的计算（比如三角形行列式的计算），将高阶行列式的计算化为低阶行列式的计算,从而达到简化计算的目的.

## 一、行列式的性质

**性质 1**　将 $n$ 阶行列式 $D$ 的行和列互换,其值不变,即若

$$D=\begin{vmatrix} a_{11} & a_{12} & \cdots & a_{1n} \\ a_{21} & a_{22} & \cdots & a_{2n} \\ \vdots & \vdots & & \vdots \\ a_{n1} & a_{n2} & \cdots & a_{nn} \end{vmatrix},\quad D^{\mathrm{T}}=\begin{vmatrix} a_{11} & a_{21} & \cdots & a_{n1} \\ a_{12} & a_{22} & \cdots & a_{n2} \\ \vdots & \vdots & & \vdots \\ a_{1n} & a_{2n} & \cdots & a_{nn} \end{vmatrix},$$

则 $D=D^{\mathrm{T}}$,且称行列式 $D^{\mathrm{T}}$ 为行列式 $D$ 的转置.

**证**　在 $D$ 中位于第 $i$ 行、第 $j$ 列的元素 $a_{ij}$ 在 $D^{\mathrm{T}}$ 中位于第 $j$ 行、第 $i$ 列.记

$$D^{\mathrm{T}}=\begin{vmatrix} b_{11} & b_{12} & \cdots & b_{1n} \\ b_{21} & b_{22} & \cdots & b_{2n} \\ \vdots & \vdots & & \vdots \\ b_{n1} & b_{n2} & \cdots & b_{nn} \end{vmatrix},$$

则有 $b_{ij}=a_{ji}(i,j=1,2,\cdots,n)$.由行列式的定义及第二节推论 1 有

$$\begin{aligned} D^{\mathrm{T}} &= \sum_{(j_1j_2\cdots j_n)}(-1)^{\tau(j_1j_2\cdots j_n)}b_{1j_1}b_{2j_2}\cdots b_{nj_n} \\ &= \sum_{(j_1j_2\cdots j_n)}(-1)^{\tau(j_1j_2\cdots j_n)}a_{j_11}a_{j_22}\cdots a_{j_nn} \\ &= D. \end{aligned}$$

性质 1 表明,在行列式中行与列的地位是对称的,因此凡是有关行的性质,对列也同样成立.

**性质 2**　互换 $n$ 阶行列式的任意两行(列),行列式仅改变符号.

**证**　设行列式

$$D=\begin{vmatrix} a_{11} & a_{12} & \cdots & a_{1n} \\ \vdots & \vdots & & \vdots \\ a_{i1} & a_{i2} & \cdots & a_{in} \\ \vdots & \vdots & & \vdots \\ a_{k1} & a_{k2} & \cdots & a_{kn} \\ \vdots & \vdots & & \vdots \\ a_{n1} & a_{n2} & \cdots & a_{nn} \end{vmatrix}\begin{matrix} \\ \\ \text{第 } i \text{ 行} \\ \\ \text{第 } k \text{ 行} \\ \\ \\ \end{matrix},$$

交换 $D$ 的第 $i$ 行和第 $k$ 行,得行列式

$$D_1=\begin{vmatrix} a_{11} & a_{12} & \cdots & a_{1n} \\ \vdots & \vdots & & \vdots \\ a_{k1} & a_{k2} & \cdots & a_{kn} \\ \vdots & \vdots & & \vdots \\ a_{i1} & a_{i2} & \cdots & a_{in} \\ \vdots & \vdots & & \vdots \\ a_{n1} & a_{n2} & \cdots & a_{nn} \end{vmatrix}\begin{matrix} \\ \\ 第\ i\ 行 \\ \\ 第\ k\ 行 \\ \\ \\ \end{matrix}.$$

因 $D$ 中任意一项 $a_{1j_1}\cdots a_{ij_i}\cdots a_{kj_k}\cdots a_{nj_n}$ 也是 $D_1$ 中的一项 $a_{1j_1}\cdots a_{kj_k}\cdots a_{ij_i}\cdots a_{nj_n}$，其中 $a_{kj_k}$ 是 $D_1$ 中第 $i$ 行第 $j_k$ 列元素，$a_{ij_i}$ 是 $D_1$ 中第 $k$ 行第 $j_i$ 列元素. 故项 $a_{1j_1}\cdots a_{ij_i}\cdots a_{kj_k}\cdots a_{nj_n}$ 在 $D$ 中的符号为 $(-1)^{\tau(j_1\cdots j_i\cdots j_k\cdots j_n)}$，项 $a_{1j_1}\cdots a_{kj_k}\cdots a_{ij_i}\cdots a_{nj_n}$ 在 $D_1$ 中的符号为 $(-1)^{\tau(j_1\cdots j_k\cdots j_i\cdots j_n)}$. 又因为排列 $j_1\cdots j_k\cdots j_i\cdots j_n$ 是由排列 $j_1\cdots j_i\cdots j_k\cdots j_n$ 对换 $j_i$ 和 $j_k$ 的位置后得到的，所以

$$(-1)^{\tau(j_1\cdots j_i\cdots j_k\cdots j_n)}=-(-1)^{\tau(j_1\cdots j_k\cdots j_i\cdots j_n)}.$$

因此

$$D=-D_1.$$

**推论 1**　若行列式中某两行(列)的元素对应相等，则行列式为零.

**性质 3**　行列式的某一行(列)的所有元素同乘一个数 $k$，等于以数 $k$ 乘这个行列式，即

$$\begin{vmatrix} a_{11} & a_{12} & \cdots & a_{1n} \\ \vdots & \vdots & & \vdots \\ ka_{i1} & ka_{i2} & \cdots & ka_{in} \\ \vdots & \vdots & & \vdots \\ a_{n1} & a_{n2} & \cdots & a_{nn} \end{vmatrix}=k\begin{vmatrix} a_{11} & a_{12} & \cdots & a_{1n} \\ \vdots & \vdots & & \vdots \\ a_{i1} & a_{i2} & \cdots & a_{in} \\ \vdots & \vdots & & \vdots \\ a_{n1} & a_{n2} & \cdots & a_{nn} \end{vmatrix}.$$

**证**　设

$$D=\begin{vmatrix} a_{11} & a_{12} & \cdots & a_{1n} \\ \vdots & \vdots & & \vdots \\ a_{i1} & a_{i2} & \cdots & a_{in} \\ \vdots & \vdots & & \vdots \\ a_{n1} & a_{n2} & \cdots & a_{nn} \end{vmatrix},\quad D_1=\begin{vmatrix} a_{11} & a_{12} & \cdots & a_{1n} \\ \vdots & \vdots & & \vdots \\ ka_{i1} & ka_{i2} & \cdots & ka_{in} \\ \vdots & \vdots & & \vdots \\ a_{n1} & a_{n2} & \cdots & a_{nn} \end{vmatrix},$$

则

$$\begin{aligned} D_1 &= \sum_{(j_1\cdots j_i\cdots j_n)}(-1)^{\tau(j_1\cdots j_i\cdots j_n)}a_{1j_1}\cdots ka_{ij_i}\cdots a_{nj_n} \\ &=k\sum_{(j_1\cdots j_i\cdots j_n)}(-1)^{\tau(j_1\cdots j_i\cdots j_n)}a_{1j_1}\cdots a_{ij_i}\cdots a_{nj_n} \\ &=kD. \end{aligned}$$

**推论 2**　若行列式的两行(列)的元素对应成比例，则该行列式为 0.

**推论 3**　若行列式的某行(列)的元素全为 0，则该行列式为 0.

**性质 4**　若行列式的某行(列)的各元素是两个数之和，则该行列式等于下面两个行列式之和，而这两个行列式除了这一行(列)以外与原来行列式的对应行(列)一

样，即

$$\begin{vmatrix} a_{11} & a_{12} & \cdots & a_{1n} \\ \vdots & \vdots & & \vdots \\ a_{i1}+a'_{i1} & a_{i2}+a'_{i2} & \cdots & a_{in}+a'_{in} \\ \vdots & \vdots & & \vdots \\ a_{n1} & a_{n2} & \cdots & a_{nn} \end{vmatrix}$$

$$=\begin{vmatrix} a_{11} & a_{12} & \cdots & a_{1n} \\ \vdots & \vdots & & \vdots \\ a_{i1} & a_{i2} & \cdots & a_{in} \\ \vdots & \vdots & & \vdots \\ a_{n1} & a_{n2} & \cdots & a_{nn} \end{vmatrix}+\begin{vmatrix} a_{11} & a_{12} & \cdots & a_{1n} \\ \vdots & \vdots & & \vdots \\ a'_{i1} & a'_{i2} & \cdots & a'_{in} \\ \vdots & \vdots & & \vdots \\ a_{n1} & a_{n2} & \cdots & a_{nn} \end{vmatrix}.$$

**证**　设

$$D=\begin{vmatrix} a_{11} & a_{12} & \cdots & a_{1n} \\ \vdots & \vdots & & \vdots \\ a_{i1}+a'_{i1} & a_{i2}+a'_{i2} & \cdots & a_{in}+a'_{in} \\ \vdots & \vdots & & \vdots \\ a_{n1} & a_{n2} & \cdots & a_{nn} \end{vmatrix},$$

$$D_1=\begin{vmatrix} a_{11} & a_{12} & \cdots & a_{1n} \\ \vdots & \vdots & & \vdots \\ a_{i1} & a_{i2} & \cdots & a_{in} \\ \vdots & \vdots & & \vdots \\ a_{n1} & a_{n2} & \cdots & a_{nn} \end{vmatrix},\quad D_2=\begin{vmatrix} a_{11} & a_{12} & \cdots & a_{1n} \\ \vdots & \vdots & & \vdots \\ a'_{i1} & a'_{i2} & \cdots & a'_{in} \\ \vdots & \vdots & & \vdots \\ a_{n1} & a_{n2} & \cdots & a_{nn} \end{vmatrix},$$

则

$$\begin{aligned} D &= \sum_{(j_1\cdots j_i\cdots j_n)} (-1)^{\tau(j_1\cdots j_i\cdots j_n)} a_{1j_1}\cdots(a_{ij_i}+a'_{ij_i})\cdots a_{nj_n} \\ &= \sum_{(j_1\cdots j_i\cdots j_n)} (-1)^{\tau(j_1\cdots j_i\cdots j_n)} a_{1j_1}\cdots a_{ij_i}\cdots a_{nj_n}+ \\ &\quad \sum_{(j_1\cdots j_i\cdots j_n)} (-1)^{\tau(j_1\cdots j_i\cdots j_n)} a_{1j_1}\cdots a'_{ij_i}\cdots a_{nj_n} \\ &= D_1+D_2. \end{aligned}$$

**性质 5**　把行列式的某行（列）的各元素乘数 $k$ 后加到另一行（列）的对应元素上，行列式的值不变，即

$$\begin{vmatrix} a_{11} & a_{12} & \cdots & a_{1n} \\ \vdots & \vdots & & \vdots \\ a_{i1} & a_{i2} & \cdots & a_{in} \\ \vdots & \vdots & & \vdots \\ a_{j1} & a_{j2} & \cdots & a_{jn} \\ \vdots & \vdots & & \vdots \\ a_{n1} & a_{n2} & \cdots & a_{nn} \end{vmatrix}=\begin{vmatrix} a_{11} & a_{12} & \cdots & a_{1n} \\ \vdots & \vdots & & \vdots \\ a_{i1} & a_{i2} & \cdots & a_{in} \\ \vdots & \vdots & & \vdots \\ a_{j1}+ka_{i1} & a_{j2}+ka_{i2} & \cdots & a_{jn}+ka_{in} \\ \vdots & \vdots & & \vdots \\ a_{n1} & a_{n2} & \cdots & a_{nn} \end{vmatrix}.$$

性质 5 是推论 2 和性质 4 的直接推论，其证明留给读者.

**例 1**　设 $D=\begin{vmatrix} a_{11} & a_{12} & a_{13} \\ a_{21} & a_{22} & a_{23} \\ a_{31} & a_{32} & a_{33} \end{vmatrix}=1$，求 $\begin{vmatrix} 6a_{11} & -2a_{12} & -10a_{13} \\ -3a_{21} & a_{22} & 5a_{23} \\ -3a_{31} & a_{32} & 5a_{33} \end{vmatrix}$.

**解**

$$\begin{vmatrix} 6a_{11} & -2a_{12} & -10a_{13} \\ -3a_{21} & a_{22} & 5a_{23} \\ -3a_{31} & a_{32} & 5a_{33} \end{vmatrix}=-2\begin{vmatrix} -3a_{11} & a_{12} & 5a_{13} \\ -3a_{21} & a_{22} & 5a_{23} \\ -3a_{31} & a_{32} & 5a_{33} \end{vmatrix}$$

$$=(-2)\times(-3)\times 5D=30D=30.$$

## 二、行列式的计算

利用行列式的上述性质可以简化行列式的计算，这是因为利用行列式的性质总可以将任意行列式的计算转化为易于计算的行列式（比如三角形行列式）的计算.

为了表达的方便，用 $r_i$ 表示第 $i$ 行，$c_i$ 表示第 $i$ 列，交换 $i,j$ 两行（列）记作 $r_i\leftrightarrow r_j$（$c_i\leftrightarrow c_j$），第 $i$ 行（列）乘数 $k$ 记作 $k\times r_i$（$k\times c_i$），第 $j$ 行（列）乘数 $k$ 加到第 $i$ 行（列）记作 $r_i+k\times r_j$（$c_i+k\times c_j$）.

典型例题 1-1
含未知数的行列式

**例 2**　计算行列式 $\begin{vmatrix} 5 & 0 & 4 & 2 \\ 1 & -1 & 2 & 1 \\ 4 & 1 & 2 & 0 \\ 1 & 1 & 1 & 1 \end{vmatrix}$.

**解**

$$\begin{vmatrix} 5 & 0 & 4 & 2 \\ 1 & -1 & 2 & 1 \\ 4 & 1 & 2 & 0 \\ 1 & 1 & 1 & 1 \end{vmatrix}\xlongequal{r_1\leftrightarrow r_2}-\begin{vmatrix} 1 & -1 & 2 & 1 \\ 5 & 0 & 4 & 2 \\ 4 & 1 & 2 & 0 \\ 1 & 1 & 1 & 1 \end{vmatrix}$$

$$\xlongequal[\substack{r_3+(-4)\times r_1 \\ r_4+(-1)\times r_1}]{r_2+(-5)\times r_1}-\begin{vmatrix} 1 & -1 & 2 & 1 \\ 0 & 5 & -6 & -3 \\ 0 & 5 & -6 & -4 \\ 0 & 2 & -1 & 0 \end{vmatrix}$$

$$\xlongequal[r_4+\left(-\frac{2}{5}\right)\times r_2]{r_3+(-1)\times r_2}-\begin{vmatrix} 1 & -1 & 2 & 1 \\ 0 & 5 & -6 & -3 \\ 0 & 0 & 0 & -1 \\ 0 & 0 & 7/5 & 6/5 \end{vmatrix}$$

$$\xlongequal{r_3\leftrightarrow r_4}\begin{vmatrix} 1 & -1 & 2 & 1 \\ 0 & 5 & -6 & -3 \\ 0 & 0 & 7/5 & 6/5 \\ 0 & 0 & 0 & -1 \end{vmatrix}=-7.$$

**例 3**　计算行列式 $\begin{vmatrix} 246 & 427 & 327 \\ 1014 & 543 & 443 \\ -342 & 721 & 621 \end{vmatrix}$.

**解** $\begin{vmatrix} 246 & 427 & 327 \\ 1014 & 543 & 443 \\ -342 & 721 & 621 \end{vmatrix} \xlongequal[c_2-c_3]{c_1+(c_2+c_3)} \begin{vmatrix} 1000 & 100 & 327 \\ 2000 & 100 & 443 \\ 1000 & 100 & 621 \end{vmatrix}$

$$= 10^5 \times \begin{vmatrix} 1 & 1 & 327 \\ 2 & 1 & 443 \\ 1 & 1 & 621 \end{vmatrix} \xlongequal[r_3+(-1)\times r_1]{r_2+(-2)\times r_1} 10^5 \times \begin{vmatrix} 1 & 1 & 327 \\ 0 & -1 & -211 \\ 0 & 0 & 294 \end{vmatrix}$$

$$= -294 \times 10^5.$$

**例 4**　计算 $n$ 阶行列式

$$\begin{vmatrix} a & b & b & \cdots & b \\ b & a & b & \cdots & b \\ b & b & a & \cdots & b \\ \vdots & \vdots & \vdots & & \vdots \\ b & b & b & \cdots & a \end{vmatrix}.$$

典型例题 1-2
加边法

**解** $\begin{vmatrix} a & b & b & \cdots & b \\ b & a & b & \cdots & b \\ b & b & a & \cdots & b \\ \vdots & \vdots & \vdots & & \vdots \\ b & b & b & \cdots & a \end{vmatrix} \xlongequal{c_1+(c_2+\cdots+c_n)} \begin{vmatrix} a+(n-1)b & b & b & \cdots & b \\ a+(n-1)b & a & b & \cdots & b \\ a+(n-1)b & b & a & \cdots & b \\ \vdots & \vdots & \vdots & & \vdots \\ a+(n-1)b & b & b & \cdots & a \end{vmatrix}$

$$\xlongequal[i=2,3,\cdots,n]{r_i+(-1)\times r_1} \begin{vmatrix} a+(n-1)b & b & b & \cdots & b \\ 0 & a-b & 0 & \cdots & 0 \\ 0 & 0 & a-b & \cdots & 0 \\ \vdots & \vdots & \vdots & & \vdots \\ 0 & 0 & 0 & & a-b \end{vmatrix}$$

$$= [a+(n-1)b](a-b)^{n-1}.$$

**例 5**　计算行列式

$$D = \begin{vmatrix} a^2 & (a+1)^2 & (a+2)^2 & (a+3)^2 \\ b^2 & (b+1)^2 & (b+2)^2 & (b+3)^2 \\ c^2 & (c+1)^2 & (c+2)^2 & (c+3)^2 \\ d^2 & (d+1)^2 & (d+2)^2 & (d+3)^2 \end{vmatrix}.$$

**解** $D \xlongequal[c_2+(-1)\times c_1]{\substack{c_4+(-1)\times c_3 \\ c_3+(-1)\times c_2}} \begin{vmatrix} a^2 & 2a+1 & 2a+3 & 2a+5 \\ b^2 & 2b+1 & 2b+3 & 2b+5 \\ c^2 & 2c+1 & 2c+3 & 2c+5 \\ d^2 & 2d+1 & 2d+3 & 2d+5 \end{vmatrix}$

$$\xlongequal[c_3+(-1)\times c_2]{c_4+(-1)\times c_3} \begin{vmatrix} a^2 & 2a+1 & 2 & 2 \\ b^2 & 2b+1 & 2 & 2 \\ c^2 & 2c+1 & 2 & 2 \\ d^2 & 2d+1 & 2 & 2 \end{vmatrix} = 0.$$

在行列式

$$D=\begin{vmatrix} a_{11} & a_{12} & \cdots & a_{1n} \\ a_{21} & a_{22} & \cdots & a_{2n} \\ \vdots & \vdots & & \vdots \\ a_{n1} & a_{n2} & \cdots & a_{nn} \end{vmatrix}$$

中，若 $a_{ij}=a_{ji}$，则称 $D$ 为对称行列式；若 $a_{ij}=-a_{ji}$，则称 $D$ 为反称行列式.反称行列式中主对角线上的元素一定等于 0，即 $a_{ii}=0$.

**例 6**　证明奇数阶反称行列式的值等于 0.

**证**　设 $D$ 是反称行列式，则 $D$ 可以写成

$$D=\begin{vmatrix} 0 & a_{12} & a_{13} & \cdots & a_{1n} \\ -a_{12} & 0 & a_{23} & \cdots & a_{2n} \\ -a_{13} & -a_{23} & 0 & \cdots & a_{3n} \\ \vdots & \vdots & \vdots & & \vdots \\ -a_{1n} & -a_{2n} & -a_{3n} & \cdots & 0 \end{vmatrix}.$$

由性质 1 和性质 3 知

$$D=D^{\mathrm{T}}=\begin{vmatrix} 0 & -a_{12} & -a_{13} & \cdots & -a_{1n} \\ a_{12} & 0 & -a_{23} & \cdots & -a_{2n} \\ a_{13} & a_{23} & 0 & \cdots & -a_{3n} \\ \vdots & \vdots & \vdots & & \vdots \\ a_{1n} & a_{2n} & a_{3n} & \cdots & 0 \end{vmatrix}$$

$$=(-1)^n\begin{vmatrix} 0 & a_{12} & a_{13} & \cdots & a_{1n} \\ -a_{12} & 0 & a_{23} & \cdots & a_{2n} \\ -a_{13} & -a_{23} & 0 & \cdots & a_{3n} \\ \vdots & \vdots & \vdots & & \vdots \\ -a_{1n} & -a_{2n} & -a_{3n} & \cdots & 0 \end{vmatrix}$$

$$=(-1)^nD.$$

因 $n$ 为奇数，故 $D=0$.

## 习题 1-3

1. 计算下列行列式：

(1) $\begin{vmatrix} 1+\cos\alpha & 1+\sin\alpha & 1 \\ 1-\sin\alpha & 1+\cos\alpha & 1 \\ 1 & 1 & 1 \end{vmatrix}$；　(2) $\begin{vmatrix} x & y & x+y \\ y & x+y & x \\ x+y & x & y \end{vmatrix}$；

(3) $\begin{vmatrix} 1 & 2 & 0 & 1 \\ 1 & 3 & 5 & 2 \\ 0 & 1 & 5 & 6 \\ 1 & 2 & 3 & 4 \end{vmatrix}$；　(4) $\begin{vmatrix} 1 & 1 & 1 & 1 \\ 1 & -1 & 1 & 1 \\ 1 & 1 & -1 & 1 \\ 1 & 1 & 1 & -1 \end{vmatrix}$；

(5) $\begin{vmatrix} 1 & 2 & 2 & \cdots & 2 \\ 2 & 2 & 2 & \cdots & 2 \\ 2 & 2 & 3 & \cdots & 2 \\ \vdots & \vdots & \vdots & & \vdots \\ 2 & 2 & 2 & \cdots & n \end{vmatrix}$；　(6) $\begin{vmatrix} 1 & 2 & 3 & \cdots & n \\ -1 & 0 & 3 & \cdots & n \\ -1 & -2 & 0 & \cdots & n \\ \vdots & \vdots & \vdots & & \vdots \\ -1 & -2 & -3 & \cdots & 0 \end{vmatrix}$；

(7) $\begin{vmatrix} x & y & 0 & \cdots & 0 \\ 0 & x & y & \cdots & 0 \\ \vdots & \vdots & \vdots & & \vdots \\ y & 0 & 0 & \cdots & x \end{vmatrix}_n$ $(n\geqslant 3)$；　(8) $\begin{vmatrix} a & & & & & b \\ & \ddots & & & \iddots & \\ & & a & b & & \\ & & b & a & & \\ & \iddots & & & \ddots & \\ b & & & & & a \end{vmatrix}_{2n}$.

2. 证明下列各式：

(1) $\begin{vmatrix} b_1+c_1 & c_1+a_1 & a_1+b_1 \\ b_2+c_2 & c_2+a_2 & a_2+b_2 \\ b_3+c_3 & c_3+a_3 & a_3+b_3 \end{vmatrix}=2\begin{vmatrix} a_1 & b_1 & c_1 \\ a_2 & b_2 & c_2 \\ a_3 & b_3 & c_3 \end{vmatrix}$；

(2) $\begin{vmatrix} a & b & c \\ a & a+b & a+b+c \\ a & 2a+b & 3a+2b+c \end{vmatrix}=a^3$.

3. 已知行列式 $\det(a_{ij})=2$.将 $\det(a_{ij})$ 中每个元素 $a_{ij}$ 分别乘 $k^{i-j}(k\neq 0)$ 得到行列式 $\det(b_{ij})$，求行列式 $\det(b_{ij})$.

# 第四节　行列式按行(列)展开

上节我们给出了行列式的一些基本性质，利用这些性质，可以简化行列式的计算.本节我们介绍行列式的展开定理.此定理可结合行列式的性质简化行列式的计算，特别是高阶行列式的计算.

## 一、拉普拉斯展开定理

我们知道，行列式的阶数越低越容易计算.因此，人们很自然地提出这样一个问题：能否将一个行列式转化为阶数较低的行列式来计算？为了回答这个问题，先引入余子式与代数余子式的概念.

**定义 1**　在 $n$ 阶行列式中，把元素 $a_{ij}(i,j=1,2,\cdots,n)$ 所在的行和列划去后，剩下的 $(n-1)^2$ 个元素按原来的顺序构成的 $n-1$ 阶行列式

$$\begin{vmatrix} a_{11} & \cdots & a_{1,j-1} & a_{1,j+1} & \cdots & a_{1n} \\ \vdots & & \vdots & \vdots & & \vdots \\ a_{i-1,1} & \cdots & a_{i-1,j-1} & a_{i-1,j+1} & \cdots & a_{i-1,n} \\ a_{i+1,1} & \cdots & a_{i+1,j-1} & a_{i+1,j+1} & \cdots & a_{i+1,n} \\ \vdots & & \vdots & \vdots & & \vdots \\ a_{n1} & \cdots & a_{n,j-1} & a_{n,j+1} & \cdots & a_{nn} \end{vmatrix}$$

称为元素 $a_{ij}$的余子式,记作 $M_{ij}$;余子式带上符号$(-1)^{i+j}$称为 $a_{ij}$的代数余子式,记作$A_{ij}$,即 $A_{ij}=(-1)^{i+j}M_{ij}$.

例如,3 阶行列式$\begin{vmatrix} a_{11} & a_{12} & a_{13} \\ a_{21} & a_{22} & a_{23} \\ a_{31} & a_{32} & a_{33} \end{vmatrix}$第 1 行的元素 $a_{11}$,$a_{12}$,$a_{13}$的余子式和代数余子式分别为

$$M_{11}=\begin{vmatrix} a_{22} & a_{23} \\ a_{32} & a_{33} \end{vmatrix}, \quad A_{11}=(-1)^{1+1}M_{11}=M_{11},$$

$$M_{12}=\begin{vmatrix} a_{21} & a_{23} \\ a_{31} & a_{33} \end{vmatrix}, \quad A_{12}=(-1)^{1+2}M_{12}=-M_{12},$$

$$M_{13}=\begin{vmatrix} a_{21} & a_{22} \\ a_{31} & a_{32} \end{vmatrix}, \quad A_{13}=(-1)^{1+3}M_{13}=M_{13}.$$

容易验证

$$\begin{vmatrix} a_{11} & a_{12} & a_{13} \\ a_{21} & a_{22} & a_{23} \\ a_{31} & a_{32} & a_{33} \end{vmatrix}=a_{11}A_{11}+a_{12}A_{12}+a_{13}A_{13},$$

即 3 阶行列式等于它的第 1 行的各元素与其对应的代数余子式乘积之和.

事实上,我们有如下更一般的结论:

**定理 1**(拉普拉斯(Laplace)展开定理)　$n$ 阶行列式等于它的任一行(列)的各元素与其对应的代数余子式乘积之和,即

$$D=\sum_{k=1}^{n} a_{ik}A_{ik}, \qquad i=1,2,\cdots,n, \tag{1}$$

或

$$D=\sum_{k=1}^{n} a_{kj}A_{kj}, \qquad j=1,2,\cdots,n. \tag{2}$$

***证**　先证

$$D'=\begin{vmatrix} a_{11} & 0 & \cdots & 0 \\ a_{21} & a_{22} & \cdots & a_{2n} \\ \vdots & \vdots & & \vdots \\ a_{n1} & a_{n2} & \cdots & a_{nn} \end{vmatrix}=a_{11}A_{11}.$$

由行列式定义,上式左边等于

$$\begin{aligned}&\sum_{j_1j_2\cdots j_n}(-1)^{\tau(j_1j_2\cdots j_n)}a_{1j_1}a_{2j_2}\cdots a_{nj_n}\\=&\sum_{j_2\cdots j_n}(-1)^{\tau(1j_2\cdots j_n)}a_{11}a_{2j_2}\cdots a_{nj_n}\\=&a_{11}\sum_{j_2\cdots j_n}(-1)^{\tau(j_2\cdots j_n)}a_{2j_2}\cdots a_{nj_n}\\=&a_{11}M_{11}=a_{11}A_{11}.\end{aligned}$$

再证一般情形：

$$D''=\begin{vmatrix}a_{11}&\cdots&a_{1j}&\cdots&a_{1n}\\\vdots&&\vdots&&\vdots\\0&\cdots&a_{ij}&\cdots&0\\\vdots&&\vdots&&\vdots\\a_{n1}&\cdots&a_{nj}&\cdots&a_{nn}\end{vmatrix}=a_{ij}A_{ij}.$$

把 $D''$的第 $i$ 行依次与第 $i-1,\cdots,2,1$ 行交换后换到第一行，再把第 $j$ 列依次与 $j-1,\cdots,2,1$ 列交换后换到第 1 列，则总共经过 $i+j-2$ 次交换后，把 $a_{ij}$交换到 $D''$的左上角，化成 $D'$的形式，从而

$$D''=(-1)^{i+j-2}a_{ij}M_{ij}=a_{ij}(-1)^{i+j}M_{ij}=a_{ij}A_{ij}.$$

所以，由第三节的性质 4，定理中的行列式

$$D=\begin{vmatrix}a_{11}&a_{12}&\cdots&a_{1n}\\\vdots&\vdots&&\vdots\\a_{i1}+0+\cdots+0&0+a_{i2}+0+\cdots+0&\cdots&0+\cdots+0+a_{in}\\\vdots&\vdots&&\vdots\\a_{n1}&a_{n2}&\cdots&a_{nn}\end{vmatrix}$$

$$=\begin{vmatrix}a_{11}&a_{12}&\cdots&a_{1n}\\\vdots&\vdots&&\vdots\\a_{i1}&0&\cdots&0\\\vdots&\vdots&&\vdots\\a_{n1}&a_{n2}&\cdots&a_{nn}\end{vmatrix}+\begin{vmatrix}a_{11}&a_{12}&\cdots&a_{1n}\\\vdots&\vdots&&\vdots\\0&a_{i2}&\cdots&0\\\vdots&\vdots&&\vdots\\a_{n1}&a_{n2}&\cdots&a_{nn}\end{vmatrix}+\cdots+$$

$$\begin{vmatrix}a_{11}&a_{12}&\cdots&a_{1n}\\\vdots&\vdots&&\vdots\\0&0&\cdots&a_{in}\\\vdots&\vdots&&\vdots\\a_{n1}&a_{n2}&\cdots&a_{nn}\end{vmatrix}$$

$$=a_{i1}A_{i1}+a_{i2}A_{i2}+\cdots+a_{in}A_{in}\ (i=1,2,\cdots,n).$$

即式(1)成立，同理可证式(2)也成立.

对于 3 阶行列式，我们不难验证如下事实，3 阶行列式的任一行(列)的所有元素与另一行(列)的对应元素的代数余子式的乘积之和等于零. 比如，第 1 行所有元素与第 2 行对应元素的代数余子式 $a_{11}A_{21}+a_{12}A_{22}+a_{13}A_{23}=0$. 这个结论对 $n$ 阶行列式也是成立的，即

**定理 2** $n$ 阶行列式的任一行(列)的各元素与另外一行(列)对应元素的代数余子式的乘积之和等于零,即

$$\sum_{k=1}^{n} a_{ik}A_{jk}=0 \quad \text{或} \quad \sum_{k=1}^{n} a_{ki}A_{kj}=0, \quad i\neq j, i=1,2,\cdots,n, j=1,2,\cdots,n. \tag{3}$$

**证** 设

$$D=\begin{vmatrix} a_{11} & a_{12} & \cdots & a_{1n} \\ \vdots & \vdots & & \vdots \\ a_{i1} & a_{i2} & \cdots & a_{in} \\ \vdots & \vdots & & \vdots \\ a_{j1} & a_{j2} & \cdots & a_{jn} \\ \vdots & \vdots & & \vdots \\ a_{n1} & a_{n2} & \cdots & a_{nn} \end{vmatrix} \begin{matrix} \\ \\ \text{第 } i \text{ 行} \\ \\ \text{第 } j \text{ 行} \\ \\ \\ \end{matrix}.$$

构造行列式

$$D_1=\begin{vmatrix} a_{11} & a_{12} & \cdots & a_{1n} \\ \vdots & \vdots & & \vdots \\ a_{i1} & a_{i2} & \cdots & a_{in} \\ \vdots & \vdots & & \vdots \\ a_{i1} & a_{i2} & \cdots & a_{in} \\ \vdots & \vdots & & \vdots \\ a_{n1} & a_{n2} & \cdots & a_{nn} \end{vmatrix} \begin{matrix} \\ \\ \text{第 } i \text{ 行} \\ \\ \text{第 } j \text{ 行} \\ \\ \\ \end{matrix}.$$

显然,$D_1=0$,且 $D_1$ 与 $D$ 的第 $j$ 行各元素的代数余子式对应相等.由定理 1,将 $D_1$ 按第 $j$ 行展开,得

$$a_{i1}A_{j1}+a_{i2}A_{j2}+\cdots+a_{in}A_{jn}=\sum_{k=1}^{n} a_{ik}A_{jk}=0,$$

即 $D$ 中第 $i$ 行各元素与第 $j$ 行对应元素的代数余子式的乘积之和等于零.

综上所述,可得到有关代数余子式的一个重要性质:

$$\sum_{k=1}^{n} a_{ik}A_{jk}=\begin{cases} D, i=j, \\ 0, i\neq j \end{cases} \quad \text{或} \quad \sum_{k=1}^{n} a_{ki}A_{kj}=\begin{cases} D, i=j, \\ 0, i\neq j. \end{cases} \tag{4}$$

当 $n=3$ 时,公式(1),(2)和(3)有明显的几何意义.此时,行列式 $\begin{vmatrix} a_{11} & a_{12} & a_{13} \\ a_{21} & a_{22} & a_{23} \\ a_{31} & a_{32} & a_{33} \end{vmatrix}$ 的每一行(列)可看成一个三维向量在直角坐标系下的分量表示.我们分别称行列式的行和列为行向量和列向量,比如对于三维行向量

$$\boldsymbol{\alpha}_1=(a_{11},a_{12},a_{13}),$$

$$\boldsymbol{\alpha}_2=(a_{21},a_{22},a_{23}),$$

$$\boldsymbol{\alpha}_3=(a_{31},a_{32},a_{33}),$$

由于

$$\boldsymbol{\alpha}_2\times\boldsymbol{\alpha}_3=(A_{11},A_{12},A_{13}).$$

于是

$$a_{11}A_{11}+a_{12}A_{12}+a_{13}A_{13}=\boldsymbol{\alpha}_1\cdot(\boldsymbol{\alpha}_2\times\boldsymbol{\alpha}_3),$$
$$a_{21}A_{11}+a_{22}A_{12}+a_{23}A_{13}=\boldsymbol{\alpha}_2\cdot(\boldsymbol{\alpha}_2\times\boldsymbol{\alpha}_3)=0,$$
$$a_{31}A_{11}+a_{32}A_{12}+a_{33}A_{13}=\boldsymbol{\alpha}_3\cdot(\boldsymbol{\alpha}_2\times\boldsymbol{\alpha}_3)=0.$$

**例 1**　计算

$$D=\begin{vmatrix}1&2&3&4\\1&0&1&2\\3&-1&0&0\\1&2&0&-5\end{vmatrix}.$$

**解**　按第 3 列展开，则有

$$\begin{aligned}D&=a_{13}A_{13}+a_{23}A_{23}+a_{33}A_{33}+a_{43}A_{43}\\&=3A_{13}+A_{23}.\end{aligned}$$

因

$$A_{13}=(-1)^{1+3}M_{13}=M_{13}=\begin{vmatrix}1&0&2\\3&-1&0\\1&2&-5\end{vmatrix}=19,$$

$$A_{23}=-M_{23}=-\begin{vmatrix}1&2&4\\3&-1&0\\1&2&-5\end{vmatrix}=-63,$$

从而

$$D=3\times19-63=-6.$$

## 二、拉普拉斯展开定理的应用

拉普拉斯展开定理在理论上很重要，但是，直接应用此定理来计算行列式并不一定能简化计算，因为把一个 $n$ 阶行列式的计算换成 $n$ 个 $(n-1)$ 阶行列式的计算本质上并不减少计算量.只有结合应用行列式的性质，使得行列式的某一行或某一列中含有较多的零，然后再应用拉普拉斯展开定理才有意义.

典型例题 1-3
递推法

**例 2**　求行列式 $\begin{vmatrix}1&2&-5&1\\-3&1&0&-6\\2&0&-1&2\\4&1&-7&6\end{vmatrix}$.

**解**

$$\begin{vmatrix}1&2&-5&1\\-3&1&0&-6\\2&0&-1&2\\4&1&-7&6\end{vmatrix}\xlongequal[\substack{r_3+(-2)\times r_1\\r_4+(-4)\times r_1}]{r_2+3\times r_1}\begin{vmatrix}1&2&-5&1\\0&7&-15&-3\\0&-4&9&0\\0&-7&13&2\end{vmatrix}$$

$$\xlongequal[\text{展开}]{\text{按第一列}}1\cdot(-1)^{1+1}\begin{vmatrix}7&-15&-3\\-4&9&0\\-7&13&2\end{vmatrix}$$

$$\xlongequal{r_3+1\times r_1}\begin{vmatrix}7&-15&-3\\-4&9&0\\0&-2&-1\end{vmatrix}$$

$$\xlongequal{c_2+(-2)\times c_3}\begin{vmatrix}7&-9&-3\\-4&9&0\\0&0&-1\end{vmatrix}$$

$$\xlongequal[\text{展开}]{\text{按第三行}}(-1)\cdot(-1)^{3+3}\begin{vmatrix}7&-9\\-4&9\end{vmatrix}$$

$$=-27.$$

**例 3**　设行列式

$$D=\begin{vmatrix}3&6&9&12\\2&4&6&8\\1&2&0&3\\5&6&4&3\end{vmatrix},$$

试求 $A_{41}+2A_{42}+3A_{44}$，其中 $A_{4j}(j=1,2,3,4)$ 表示元素 $a_{4j}$的代数余子式.

**解**　$A_{41}+2A_{42}+3A_{44}$也可写成

$$1A_{41}+2A_{42}+0A_{43}+3A_{44}.$$

观察行列式可看出，上式中 $A_{4j}(j=1,2,3,4)$ 对应的系数恰为行列式 $D$ 第三行的对应元素.根据定理 2 知

$$\begin{aligned}A_{41}+2A_{42}+3A_{44}&=1A_{41}+2A_{42}+0A_{43}+3A_{44}\\&=a_{31}A_{41}+a_{32}A_{42}+a_{33}A_{43}+a_{34}A_{44}\\&=0.\end{aligned}$$

**例 4**　证明范德蒙德(Vandermonde)行列式

典型例题 1-4
范德蒙德
行列式

$$D_n=\begin{vmatrix}1&1&\cdots&1\\x_1&x_2&\cdots&x_n\\x_1^2&x_2^2&\cdots&x_n^2\\\vdots&\vdots&&\vdots\\x_1^{n-1}&x_2^{n-1}&\cdots&x_n^{n-1}\end{vmatrix}=\prod_{1\leqslant j<i\leqslant n}(x_i-x_j),$$

其中 $n\geqslant 2$，$\prod$为连乘号，这里表示所有的 $x_i-x_j(1\leqslant j<i\leqslant n)$的乘积.

**证**　用数学归纳法证明.当 $n=2$ 时，显然有

$$D_2=\begin{vmatrix}1&1\\x_1&x_2\end{vmatrix}=x_2-x_1,$$

即结论成立.假设对于 $n-1$ 阶范德蒙德行列式结论成立，现在来证 $n$ 阶情形.对于 $D_n$，从第 $n$ 行开始，每行减去上面一行与 $x_1$ 的乘积，得

$$D_n=\begin{vmatrix}1&1&\cdots&1\\0&x_2-x_1&\cdots&x_n-x_1\\0&x_2(x_2-x_1)&\cdots&x_n(x_n-x_1)\\\vdots&\vdots&&\vdots\\0&x_2^{n-2}(x_2-x_1)&\cdots&x_n^{n-2}(x_n-x_1)\end{vmatrix}$$

$$
=\begin{vmatrix} x_2-x_1 & \cdots & x_n-x_1 \\ x_2(x_2-x_1) & \cdots & x_n(x_n-x_1) \\ \vdots & & \vdots \\ x_2^{n-2}(x_2-x_1) & \cdots & x_n^{n-2}(x_n-x_1) \end{vmatrix}
$$

$$
=(x_2-x_1)\cdots(x_n-x_1)\begin{vmatrix} 1 & 1 & \cdots & 1 \\ x_2 & x_3 & \cdots & x_n \\ \vdots & \vdots & & \vdots \\ x_2^{n-2} & x_3^{n-2} & \cdots & x_n^{n-2} \end{vmatrix}.
$$

上式右端的行列式为 $n-1$ 阶范德蒙德行列式，于是由归纳假设有

$$
\begin{aligned} D_n &=(x_2-x_1)\cdots(x_n-x_1)\prod_{2\leqslant j<i\leqslant n}(x_i-x_j) \\ &=\prod_{1\leqslant j<i\leqslant n}(x_i-x_j). \end{aligned}
$$

## *三、拉普拉斯定理的推广

**定义 2**　在 $n$ 阶行列式 $D$ 中，任意选定 $k$ 行 $k$ 列 $(1\leqslant k\leqslant n)$，对于这些行和列交叉处的 $k^2$ 个元素，按原来的顺序构成一个 $k$ 阶行列式 $M$，称为 $D$ 的一个 $k$ 阶子式，划去这 $k$ 行 $k$ 列，余下的元素按原来的顺序构成一个 $n-k$ 阶行列式 $M'$，称为 $k$ 阶子式 $M$ 的余子式，在余子式 $M'$ 前面冠以符号 $(-1)^{i_1+i_2+\cdots+i_k+j_1+j_2+\cdots+j_k}$，称为 $M$ 的代数余子式，其中 $i_1,i_2,\cdots,i_k$ 为 $k$ 阶子式 $M$ 在 $D$ 中的行标，$j_1,j_2,\cdots,j_k$ 为 $M$ 在 $D$ 中的列标.

我们有下列展开定理.

**定理 3**　在 $n$ 阶行列式 $D$ 中，任意取定 $k$ 行(列) $(1\leqslant k\leqslant n-1)$，由这 $k$ 行(列)组成的所有 $k$ 阶子式与它们的代数余子式的乘积之和等于行列式 $D$.

**证明**　见第一章延伸阅读.

显然，行列式按一行(列)展开是该定理中 $k=1$ 时的特殊情况，注意定理 3 的展开式中有 $\mathrm{C}_n^k=\dfrac{n!}{k!\ (n-k)!}$项.

**例 5**　证明

$$
D=\begin{vmatrix} a_{11} & \cdots & a_{1m} & 0 & \cdots & 0 \\ \vdots & & \vdots & \vdots & & \vdots \\ a_{m1} & \cdots & a_{mm} & 0 & \cdots & 0 \\ c_{11} & \cdots & c_{1m} & b_{11} & \cdots & b_{1n} \\ \vdots & & \vdots & \vdots & & \vdots \\ c_{n1} & \cdots & c_{nm} & b_{n1} & \cdots & b_{nn} \end{vmatrix}=\begin{vmatrix} a_{11} & \cdots & a_{1m} \\ \vdots & & \vdots \\ a_{m1} & \cdots & a_{mm} \end{vmatrix}\begin{vmatrix} b_{11} & \cdots & b_{1n} \\ \vdots & & \vdots \\ b_{n1} & \cdots & b_{nn} \end{vmatrix}.
$$

**证**　在定理 3 中取前面的 $m$ 行，由这 $m$ 行组成的所有 $m$ 阶子式中只有 $D_1=\begin{vmatrix} a_{11} & \cdots & a_{1m} \\ \vdots & & \vdots \\ a_{m1} & \cdots & a_{mm} \end{vmatrix}$可能不为 0，其他的子式全为 0，所以行列式的值等于 $D_1$ 乘它的代数余子式，即

$$D=D_1(-1)^{(1+2+\cdots+m)+(1+2+\cdots+m)}\begin{vmatrix} b_{11} & \cdots & b_{1n} \\ \vdots & & \vdots \\ b_{n1} & \cdots & b_{nn} \end{vmatrix}$$

$$=\begin{vmatrix} a_{11} & \cdots & a_{1m} \\ \vdots & & \vdots \\ a_{m1} & \cdots & a_{mm} \end{vmatrix}\begin{vmatrix} b_{11} & \cdots & b_{1n} \\ \vdots & & \vdots \\ b_{n1} & \cdots & b_{nn} \end{vmatrix}.$$

**例 6**　计算四阶行列式

$$D=\begin{vmatrix} a & & & b \\ & a & b & \\ & c & d & \\ c & & & d \end{vmatrix}\text{(其中未写出的元素为 0)}.$$

典型例题 1-5 拉普拉斯推广定理

**解**　把第 4 行交换到第 2 行,然后把第 4 列交换到第 2 列,得

$$D=\begin{vmatrix} a & b & & \\ c & d & & \\ & & d & c \\ & & b & a \end{vmatrix}.$$

根据例 5,有

$$D=\begin{vmatrix} a & b \\ c & d \end{vmatrix}\begin{vmatrix} d & c \\ b & a \end{vmatrix}=(ad-bc)^2.$$

## 习题 1-4

1. 计算下列各行列式:

(1) $\begin{vmatrix} 5 & 6 & 0 & 0 & 0 \\ 1 & 5 & 6 & 0 & 0 \\ 0 & 1 & 5 & 6 & 0 \\ 0 & 0 & 1 & 5 & 6 \\ 0 & 0 & 0 & 1 & 5 \end{vmatrix}$;　　(2) $\begin{vmatrix} x & a & b & 0 & c \\ 0 & y & 0 & 0 & d \\ 0 & c & z & 0 & f \\ g & h & k & u & t \\ 0 & 0 & 0 & 0 & v \end{vmatrix}$;

(3) $\begin{vmatrix} 1+x & 1 & 1 & 1 \\ 1 & 1-x & 1 & 1 \\ 1 & 1 & 1+y & 1 \\ 1 & 1 & 1 & 1-y \end{vmatrix}$;　　(4) $\begin{vmatrix} 3 & 1 & -1 & 2 \\ -5 & 1 & 3 & -4 \\ 2 & 0 & 1 & -1 \\ 1 & -5 & 3 & -3 \end{vmatrix}$.

*2. 利用拉普拉斯定理的推广,求下列行列式的值:

(1) $\begin{vmatrix} 1 & 2 & 1 & 4 \\ 0 & -1 & 2 & 1 \\ 0 & 0 & 2 & 1 \\ 0 & 0 & 1 & 3 \end{vmatrix}$;　　(2) $\begin{vmatrix} 2 & 0 & 1 & 0 & 2 \\ 1 & 0 & -1 & 0 & 1 \\ 0 & 1 & -1 & 2 & 1 \\ 0 & 2 & -2 & 1 & 2 \\ 0 & 1 & -1 & 1 & 1 \end{vmatrix}$;

(3) $D_{2n}=\begin{vmatrix} a &&&&&& b \\ & a &&&& b & \\ && \ddots && \iddots && \\ &&& a\ b &&& \\ &&& c\ d &&& \\ && \iddots && \ddots && \\ & c &&&& d & \\ c &&&&&& d \end{vmatrix}$.

# 第五节　克拉默法则

现在我们应用行列式来解决线性方程组的求解问题,本节只考虑方程个数与未知数的个数相等的情形,至于更一般的情形,留到以后再讨论.

**定理 1**(克拉默法则)　如果含有 $n$ 个方程的 $n$ 元线性方程组

$$\begin{cases} a_{11}x_1+a_{12}x_2+\cdots+a_{1n}x_n=b_1, \\ a_{21}x_1+a_{22}x_2+\cdots+a_{2n}x_n=b_2, \\ \cdots\cdots\cdots\cdots \\ a_{n1}x_1+a_{n2}x_2+\cdots+a_{nn}x_n=b_n \end{cases} \tag{1}$$

的系数行列式

$$D=\begin{vmatrix} a_{11} & a_{12} & \cdots & a_{1n} \\ a_{21} & a_{22} & \cdots & a_{2n} \\ \vdots & \vdots & & \vdots \\ a_{n1} & a_{n2} & \cdots & a_{nn} \end{vmatrix}\neq 0,$$

则线性方程组(1)有唯一解,且其解可表示为

$$x_1=\frac{D_1}{D},\ x_2=\frac{D_2}{D},\ \cdots\ ,\ x_n=\frac{D_n}{D}, \tag{2}$$

其中 $D_j(j=1,2,\cdots,n)$是用常数项 $b_1,b_2,\cdots,b_n$ 代替系数矩阵 $D$ 中第 $j$ 列对应元素得到的 $n$ 阶行列式,即

$$D_j=\begin{vmatrix} a_{11} & \cdots & a_{1,j-1} & b_1 & a_{1,j+1} & \cdots & a_{1n} \\ \vdots & & \vdots & \vdots & \vdots & & \vdots \\ a_{n1} & \cdots & a_{n,j-1} & b_n & a_{n,j+1} & \cdots & a_{nn} \end{vmatrix},\ j=1,2,\cdots,n.$$

**证**　$D_j$ 按第 $j$ 列展开得

$$D_j=\sum_{k=1}^{n} b_kA_{kj}.$$

首先证明由式(2)确定的 $x_1,x_2,\cdots,x_n$ 为线性方程组(1)的解.将 $x_1,x_2,\cdots,x_n$ 代

入线性方程组(1)的第 $i$ 个方程($i=1,2,\cdots,n$)得

$$\begin{aligned}&a_{i1}x_1+a_{i2}x_2+\cdots+a_{in}x_n\\=&\sum_{j=1}^{n}a_{ij}x_j=\sum_{j=1}^{n}a_{ij}\frac{D_j}{D}\\=&\frac{1}{D}\sum_{j=1}^{n}a_{ij}\left(\sum_{k=1}^{n}b_kA_{kj}\right)=\frac{1}{D}\sum_{k=1}^{n}b_k\left(\sum_{j=1}^{n}a_{ij}A_{kj}\right)\\=&\frac{b_i}{D}\sum_{j=1}^{n}a_{ij}A_{ij}=\frac{b_i}{D}\cdot D=b_i,\end{aligned}$$

即 $x_1,x_2,\cdots,x_n$ 为线性方程组(1)的解.

然后证明解的唯一性.若 $x_1,x_2,\cdots,x_n$ 为线性方程组(1)的解,用行列式 $D$ 的第 $j$ 列各元素的代数余子式 $A_{1j},A_{2j},\cdots,A_{nj}$ 分别乘线性方程组(1)的第 1 个,第 2 个……第 $n$ 个方程并相加得

$$\left(\sum_{k=1}^{n}a_{k1}A_{kj}\right)x_1+\cdots+\left(\sum_{k=1}^{n}a_{kj}A_{kj}\right)x_j+\cdots+\left(\sum_{k=1}^{n}a_{kn}A_{kj}\right)x_n=\sum_{k=1}^{n}b_kA_{kj},$$

由第四节定理 1 和定理 2 得

$$Dx_j=D_j,\ j=1,2,\cdots,n.$$

由于 $D\neq0$,故 $x_j=\dfrac{D_j}{D}(j=1,2,\cdots,n)$.从而,线性方程组(1)的解 $x_1,x_2,\cdots,x_n$ 满足(2).因此定理得证.

高阶行列式的计算

**例 1**　用克拉默法则求下列线性方程组

$$\begin{cases}x_1+2x_2+3x_3=4,\\7x_1-x_2+6x_3=0,\\2x_1+x_2+x_3=0\end{cases}$$

的解.

**解**　因为

$$D=\begin{vmatrix}1&2&3\\7&-1&6\\2&1&1\end{vmatrix}=30\neq0,\quad D_1=\begin{vmatrix}4&2&3\\0&-1&6\\0&1&1\end{vmatrix}=-28,$$

$$D_2=\begin{vmatrix}1&4&3\\7&0&6\\2&0&1\end{vmatrix}=20,\quad D_3=\begin{vmatrix}1&2&4\\7&-1&0\\2&1&0\end{vmatrix}=36,$$

所以由克拉默法则,原线性方程组有唯一解

$$x_1=\frac{-28}{30}=-\frac{14}{15},\quad x_2=\frac{20}{30}=\frac{2}{3},\quad x_3=\frac{36}{30}=\frac{6}{5}.$$

**例 2**　设 $a,b,c,d$ 为不全为零的实数,证明方程组

$$\begin{cases}ax_1+bx_2+cx_3+dx_4=0,\\bx_1-ax_2+dx_3-cx_4=0,\\cx_1-dx_2-ax_3+bx_4=0,\\dx_1+cx_2-bx_3-ax_4=0\end{cases}$$

只有零解.

**证**　显然 $x_1=x_2=x_3=x_4=0$ 为线性方程组的一个解(即零解).由克拉默法则知,要证明线性方程组只有零解,只需证明系数行列式不为零即可.下面利用拉普拉斯展开定理计算系数行列式

$$D=\begin{vmatrix} a & b & c & d \\ b & -a & d & -c \\ c & -d & -a & b \\ d & c & -b & -a \end{vmatrix}$$

的值.由于

$$A_{11}=\begin{vmatrix} -a & d & -c \\ -d & -a & b \\ c & -b & -a \end{vmatrix}=-a(a^2+b^2+c^2+d^2),$$

$$A_{12}=-\begin{vmatrix} b & d & -c \\ c & -a & b \\ d & -b & -a \end{vmatrix}=-b(a^2+b^2+c^2+d^2),$$

$$A_{13}=\begin{vmatrix} b & -a & -c \\ c & -d & b \\ d & c & -a \end{vmatrix}=-c(a^2+b^2+c^2+d^2),$$

$$A_{14}=-\begin{vmatrix} b & -a & d \\ c & -d & -a \\ d & c & -b \end{vmatrix}=-d(a^2+b^2+c^2+d^2),$$

由拉普拉斯展开定理得

$$D=aA_{11}+bA_{12}+cA_{13}+dA_{14}=-(a^2+b^2+c^2+d^2)^2.$$

由于 $a,b,c,d$ 不全为零,所以

$$D=-(a^2+b^2+c^2+d^2)^2\neq 0,$$

从而线性方程组的解唯一,即只有零解.

典型例题 1-6
克拉默法则

**例 3**　设曲线 $y=a_0+a_1x+a_2x^2+a_3x^3$ 通过四点 $(1,3),(2,4),(3,3),(4,-3)$,求系数 $a_0,a_1,a_2,a_3$.

**解**　把四个点的坐标代入曲线方程,得线性方程组

$$\begin{cases} a_0+a_1+a_2+a_3=3, \\ a_0+2a_1+4a_2+8a_3=4, \\ a_0+3a_1+9a_2+27a_3=3, \\ a_0+4a_1+16a_2+64a_3=-3, \end{cases}$$

其系数行列式

$$D=\begin{vmatrix} 1 & 1 & 1 & 1 \\ 1 & 2 & 4 & 8 \\ 1 & 3 & 9 & 27 \\ 1 & 4 & 16 & 64 \end{vmatrix}=\begin{vmatrix} 1 & 1 & 1 & 1 \\ 1 & 2 & 2^2 & 2^3 \\ 1 & 3 & 3^2 & 3^3 \\ 1 & 4 & 4^2 & 4^3 \end{vmatrix}$$

是一个范德蒙德行列式的转置，故 $D=1\times2\times3\times1\times2\times1=12$. 而

$$D_1=\begin{vmatrix}3&1&1&1\\4&2&4&8\\3&3&9&27\\-3&4&16&64\end{vmatrix}=36,\qquad D_2=\begin{vmatrix}1&3&1&1\\1&4&4&8\\1&3&9&27\\1&-3&16&64\end{vmatrix}=-18,$$

$$D_3=\begin{vmatrix}1&1&3&1\\1&2&4&8\\1&3&3&27\\1&4&-3&64\end{vmatrix}=24,\qquad D_4=\begin{vmatrix}1&1&1&3\\1&2&4&4\\1&3&9&3\\1&4&16&-3\end{vmatrix}=-6,$$

因此，按克拉默法则，得唯一解

$$a_0=3,a_1=-\frac{3}{2},a_2=2,a_3=-\frac{1}{2},$$

从而曲线方程为 $y=3-\frac{3}{2}x+2x^2-\frac{1}{2}x^3$.

## 习题 1-5

1. 用克拉默法则解下列线性方程组：

(1) $\begin{cases}x+y+z=5,\\2x+y-z-w=1,\\x+2y-z-w=2,\\y+2z-3w=3;\end{cases}$　　(2) $\begin{cases}2x-y-6z+3t+1=0,\\7x-4y+2z-15t+32=0,\\x-2y-4z+9t-5=0,\\x-y+2z-6t+8=0.\end{cases}$

2. 设 $a_1,a_2,\cdots,a_n$ 互不相等，证明方程组：

$$\begin{cases}x_1+x_2+\cdots+x_n=1,\\a_1x_1+a_2x_2+\cdots+a_nx_n=b,\\a_1^2x_1+a_2^2x_2+\cdots+a_n^2x_n=b^2,\\\cdots\cdots\cdots\cdots\\a_1^{n-1}x_1+a_2^{n-1}x_2+\cdots+a_n^{n-1}x_n=b^{n-1}\end{cases}$$

有唯一解，并求其解.

# 第一章延伸阅读　拉普拉斯定理推广的证明

在给出第四节定理 3 的证明之前，首先证明下面的引理.

**引理**　行列式 $D$ 的任一个子式 $M$ 与它的代数余子式 $A$ 的乘积中的每一项都是行列式 $D$ 的展开式中的一项，而且符号也一致.

**证**　我们首先讨论 $M$ 位于行列式 $D$ 的左上方的情形. 设

$$D=\left|\begin{array}{cccc:ccc} a_{11} & a_{12} & \cdots & a_{1k} & a_{1,k+1} & \cdots & a_{1n} \\ \vdots & \vdots & & \vdots & \vdots & & \vdots \\ a_{k1} & a_{k2} & \cdots & a_{kk} & a_{k,k+1} & \cdots & a_{kn} \\ \hdashline a_{k+1,1} & a_{k+1,2} & \cdots & a_{k+1,k} & a_{k+1,k+1} & \cdots & a_{k+1,n} \\ \vdots & \vdots & & \vdots & \vdots & & \vdots \\ a_{n1} & a_{n2} & \cdots & a_{nk} & a_{n,k+1} & \cdots & a_{nn} \end{array}\right|,$$

令 $M=\begin{vmatrix} a_{11} & a_{12} & \cdots & a_{1k} \\ \vdots & \vdots & & \vdots \\ a_{k1} & a_{k2} & \cdots & a_{kk} \end{vmatrix}$，$M'=\begin{vmatrix} a_{k+1,k+1} & \cdots & a_{k+1,n} \\ \vdots & & \vdots \\ a_{n,k+1} & \cdots & a_{nn} \end{vmatrix}$，则子式 $M$ 的代数余子式 $A$ 为

$$A=(-1)^{(1+2+\cdots+k)+(1+2+\cdots+k)}M'=M'.$$

$M$ 的每一项都可写作

$$a_{1l_1}a_{2l_2}\cdots a_{kl_k},$$

其中 $l_1,l_2,\cdots,l_k$ 是 $1,2,\cdots,k$ 的一个排列，所以这一项前面所带的符号为 $(-1)^{\tau(l_1l_2\cdots l_k)}$，$M'$ 中每一项都可写作

$$a_{k+1,s_{k+1}}a_{k+2,s_{k+2}}\cdots a_{ns_n},$$

其中 $s_{k+1},s_{k+2},\cdots,s_n$ 是 $k+1,k+2,\cdots,n$ 的一个排列，这一项在 $M'$ 中前面所带的符号是

$$(-1)^{\tau(s_{k+1}-k,s_{k+2}-k,\cdots,s_n-k)}.$$

这两项的乘积是

$$a_{1l_1}a_{2l_2}\cdots a_{kl_k}a_{k+1,s_{k+1}}\cdots a_{ns_n},$$

前面的符号是

$$(-1)^{\tau(l_1l_2\cdots l_k)+\tau(s_{k+1}-k,s_{k+2}-k,\cdots,s_n-k)}.$$

因为每个 $s_{k+1},s_{k+2},\cdots,s_n$ 比每个 $l_1,l_2,\cdots,l_k$ 都大，所以上述符号等于

$$(-1)^{\tau(l_1l_2\cdots l_ks_{k+1}\cdots s_n)}.$$

因此这个乘积是行列式 $D$ 中的一项而且符号相同.

下面来证明一般情形.设子式 $M$ 位于 $D$ 的第 $i_1,i_2,\cdots,i_k$ 行，第 $j_1,j_2,\cdots,j_k$ 列，这里

$$i_1<i_2<\cdots<i_k,\quad j_1<j_2<\cdots<j_k.$$

变动 $D$ 中行列的次序使 $M$ 位于 $D$ 的左上角.为此，先把第 $i_1$ 行依次与 $i_1-1,i_1-2,\cdots,2,1$ 行对换，这样经过了 $i_1-1$ 次对换而将第 $i_1$ 行换到第 1 行.再将第 $i_2$ 行依次与 $i_2-1,i_2-2,\cdots,2$ 行对换而换到第 2 行，一共经过了 $i_2-2$ 次对换.如此继续进行，一共经过了

$$\begin{aligned}&(i_1-1)+(i_2-2)+\cdots+(i_k-k)\\=&(i_1+i_2+\cdots+i_k)-(1+2+\cdots+k)\end{aligned}$$

次行对换而把第 $i_1,i_2,\cdots,i_k$ 行依次换到第 $1,2,\cdots,k$ 行.

利用类似的列变换，可以将 $M$ 的列换到第 $1,2,\cdots,k$ 列.一共作了

$$\begin{aligned}&(j_1-1)+(j_2-2)+\cdots+(j_k-k)\\=&(j_1+j_2+\cdots+j_k)-(1+2+\cdots+k)\end{aligned}$$

次列变换.

我们用 $D_1$ 表示经过这一系列变换后所得的新行列式.那么

$$D_1=(-1)^{(i_1+i_2+\cdots+i_k)-(1+2+\cdots+k)+(j_1+j_2+\cdots+j_k)-(1+2+\cdots+k)}D$$
$$=(-1)^{i_1+i_2+\cdots+i_k+j_1+j_2+\cdots+j_k}D.$$

由此看出,$D_1$ 与 $D$ 的展开式中出现的项是一样的,只是每一项都差符号 $(-1)^{i_1+\cdots+i_k+j_1+\cdots+j_k}$.

现在 $M$ 位于 $D_1$ 的左上角,所以 $M$ 与 $M$ 的余子式 $M'$的乘积 $M\cdot M'$中每一项都是 $D_1$ 中的一项而且符号一致. 但是

$$M\cdot A=(-1)^{i_1+\cdots+i_k+j_1+\cdots+j_k}M\cdot M',$$

所以 $MA$ 中每一项都与 $D$ 中一项相等而且符号一致.

**第四节定理 3 的证明**

设 $D$ 中取定 $k$ 行后得到的子式为 $M_1,M_2,\cdots,M_t$,它们的代数余子式分别为 $A_1$, $A_2,\cdots,A_t$,定理要求证明

$$D=M_1A_1+M_2A_2+\cdots+M_tA_t.$$

根据引理,$M_iA_i(i=1,2,\cdots,t)$中的每一项都是 $D$ 中的一项而且符号相同,且 $M_iA_i$ 和 $M_jA_j(i\neq j,i,j=1,2,\cdots,t)$无公共项.因此为了证明定理,只要证明等式两边项数相等就可以了.显然等式左边共有 $n!$ 项,为了计算右边的项数,首先来求出 $t$.根据子式的取法知道

$$t=\mathrm{C}_n^k=\frac{n!}{k!(n-k)!},$$

因为 $M_i$ 中共有 $k!$ 项,$A_i$ 中共有$(n-k)!$ 项,所以等式右边共有

$$t\cdot k!\cdot(n-k)!=n!$$

项,故等式两边项数相等.定理证毕.

# 第一章综合题

1. 计算下列 $n$ 阶行列式:

(1) $D_n=\begin{vmatrix}1+x_1y_1 & 1+x_1y_2 & \cdots & 1+x_1y_n\\ 1+x_2y_1 & 1+x_2y_2 & \cdots & 1+x_2y_n\\ \vdots & \vdots & & \vdots\\ 1+x_ny_1 & 1+x_ny_2 & \cdots & 1+x_ny_n\end{vmatrix}$;

(2) $D_n=\begin{vmatrix}x & -1 & 0 & \cdots & 0 & 0\\ 0 & x & -1 & \cdots & 0 & 0\\ \vdots & \vdots & \vdots & & \vdots & \vdots\\ 0 & 0 & 0 & & x & -1\\ a_n & a_{n-1} & a_{n-2} & \cdots & a_2 & a_1\end{vmatrix}$;

(3) $D_n=\begin{vmatrix} \cos\theta & 1 & 0 & 0 & \cdots & 0 & 0 & 0 \\ 1 & 2\cos\theta & 1 & 0 & \cdots & 0 & 0 & 0 \\ 0 & 1 & 2\cos\theta & 1 & \cdots & 0 & 0 & 0 \\ \vdots & \vdots & \vdots & \vdots & & \vdots & \vdots & \vdots \\ \vdots & \vdots & \vdots & \vdots & & 1 & 2\cos\theta & 1 \\ 0 & 0 & 0 & 0 & \cdots & 0 & 1 & 2\cos\theta \end{vmatrix}$;

(4) $D_n=\begin{vmatrix} \alpha+\beta & \alpha & 0 & \cdots & 0 & 0 \\ \beta & \alpha+\beta & \alpha & \cdots & 0 & 0 \\ 0 & \beta & \alpha+\beta & \cdots & 0 & 0 \\ \vdots & \vdots & \vdots & & \vdots & \vdots \\ 0 & 0 & 0 & \cdots & \alpha+\beta & \alpha \\ 0 & 0 & 0 & \cdots & \beta & \alpha+\beta \end{vmatrix}$.

2. 设 $D=\begin{vmatrix} 1 & 5 & 7 & 8 \\ 1 & 1 & 1 & 1 \\ 2 & 0 & 3 & 6 \\ 1 & 2 & 3 & 4 \end{vmatrix}$,求 $A_{41}+A_{42}+A_{43}+A_{44}$,其中 $A_{4j}(j=1,2,3,4)$ 为元素 $a_{4j}$ 的代数余子式.

3. 设 $D=\begin{vmatrix} 1 & 2 & 3 & 4 & 5 \\ 5 & 5 & 5 & 3 & 3 \\ 3 & 2 & 5 & 4 & 2 \\ 2 & 2 & 2 & 1 & 1 \\ 4 & 6 & 5 & 2 & 3 \end{vmatrix}$,求(1) $A_{31}+A_{32}+A_{33}$;(2) $A_{34}+A_{35}$.

4. 设 $a,b,c$ 是互异的实数,证明 $\begin{vmatrix} 1 & 1 & 1 \\ a & b & c \\ a^3 & b^3 & c^3 \end{vmatrix}=0$ 的充要条件是 $a+b+c=0$.

5. 设

$$f(x)=\begin{vmatrix} x-2 & x-1 & x-2 & x-3 \\ 2x-2 & 2x-1 & 2x-2 & 2x-3 \\ 3x-3 & 3x-2 & 4x-5 & 3x-5 \\ 4x & 4x-3 & 5x-7 & 4x-3 \end{vmatrix},$$

求方程 $f(x)=0$ 的根的个数.

6. 设

$$f(x)=\begin{vmatrix} x & 1 & 2+x \\ 2 & 2 & 4 \\ 3 & x+2 & 4-x \end{vmatrix},$$

证明方程 $f'(x)=0$ 有小于 1 的正根.

7. 设 $a,b,c,d$ 是不全为 0 的实数,证明方程组

$$\begin{cases} ax_1+bx_2+cx_3+dx_4=c, \\ bx_1-ax_2+dx_3-cx_4=d, \\ cx_1-dx_2-ax_3+bx_4=-a, \\ dx_1+cx_2-bx_3-ax_4=-b \end{cases}$$

有唯一解,并求其解.

8. 已知 $a^2 \neq b^2$,$a$,$b$ 是实数,试证方程组

$$\begin{cases} ax_1+bx_{2n}=1, \\ ax_2+bx_{2n-1}=1, \\ \cdots\cdots\cdots\cdots \\ ax_n+bx_{n+1}=1, \\ bx_n+ax_{n+1}=1, \\ bx_{n-1}+ax_{n+2}=1, \\ \cdots\cdots\cdots\cdots \\ bx_1+ax_{2n}=1 \end{cases}$$

有唯一解,并求其解.

第一章综合题参考答案

第一章自测题

# 第二章

# 矩　　阵

矩阵是线性代数中的一个极其重要的概念，它贯穿于线性代数的各个分支.同时，矩阵也是高等数学及其他学科不可缺少的基本工具.本章主要介绍矩阵的概念、运算和性质，并给出矩阵理论在经济学上的应用.

## 第一节　矩阵及其运算

### 一、矩阵的概念

考虑线性方程组

$$\begin{cases}3x_1+4x_2-x_3=5,\\2x_1-3x_2+x_3=7,\\-4x_1+x_2-5x_3=-1.\end{cases}$$

这个方程组的解由各个方程中未知量 $x_1,x_2,x_3$ 的系数及右边常数项唯一确定.因此，上述方程组可用数表

$$\begin{pmatrix}3&4&-1&5\\2&-3&1&7\\-4&1&-5&-1\end{pmatrix}$$

简单地表示.又如产品调运问题.设某产品有 3 个产地 $A_1,A_2,A_3$，4 个销地 $B_1,B_2,B_3,B_4$，且从产地 $A_i$ 到销地 $B_j$ 调运该产品的数量为 $a_{ij}(i=1,2,3;j=1,2,3,4)$，则该产品的调运方案可用如下数表

$$\begin{pmatrix}a_{11}&a_{12}&a_{13}&a_{14}\\a_{21}&a_{22}&a_{23}&a_{24}\\a_{31}&a_{32}&a_{33}&a_{34}\end{pmatrix}$$

表示.由此，我们引入矩阵的概念.

**定义 1**　由 $m\times n$ 个数 $a_{ij}(i=1,2,\cdots,m;j=1,2,\cdots,n)$ 有序地排成 $m$ 行(横排) $n$ 列(竖排)的数表

$$\begin{pmatrix} a_{11} & a_{12} & \cdots & a_{1n} \\ a_{21} & a_{22} & \cdots & a_{2n} \\ \vdots & \vdots & & \vdots \\ a_{m1} & a_{m2} & \cdots & a_{mn} \end{pmatrix}$$

称为一个 $m$ 行 $n$ 列的矩阵，或简称为 $m\times n$ 矩阵，记为 $(a_{ij})_{m\times n}$.

矩阵通常用大写黑体字母 $\boldsymbol{A},\boldsymbol{B},\boldsymbol{C},\cdots$ 表示，$m$ 行 $n$ 列的矩阵 $\boldsymbol{A}$ 有时写成 $\boldsymbol{A}_{m\times n}$. 构成矩阵的每个数称为矩阵的元素，其中数 $a_{ij}$ 表示矩阵 $(a_{ij})_{m\times n}$ 的第 $i$ 行第 $j$ 列的元素.

元素全为零的矩阵称为零矩阵，记为 $\boldsymbol{O}$. 有时用记号 $\boldsymbol{O}_{m\times n}$ 指明零矩阵的行数和列数.

有了矩阵的概念后，$m$ 个方程 $n$ 个未知量的线性方程组

$$\begin{cases} a_{11}x_1+a_{12}x_2+\cdots+a_{1n}x_n=b_1, \\ a_{21}x_1+a_{22}x_2+\cdots+a_{2n}x_n=b_2, \\ \cdots\cdots\cdots\cdots \\ a_{m1}x_1+a_{m2}x_2+\cdots+a_{mn}x_n=b_m \end{cases} \tag{1}$$

与矩阵

$$\begin{pmatrix} a_{11} & a_{12} & \cdots & a_{1n} & b_1 \\ a_{21} & a_{22} & \cdots & a_{2n} & b_2 \\ \vdots & \vdots & & \vdots & \vdots \\ a_{m1} & a_{m2} & \cdots & a_{mn} & b_m \end{pmatrix} \tag{2}$$

形成一一对应关系，即方程组(1)唯一确定矩阵(2)；反过来，矩阵(2)也唯一确定方程组(1)，这种一一对应关系使得我们可利用矩阵来研究线性方程组.

两个矩阵有相同的行数和相同的列数，则称它们是同型的. 如果同型矩阵 $\boldsymbol{A}=(a_{ij})_{m\times n}$ 与 $\boldsymbol{B}=(b_{ij})_{m\times n}$ 的对应元素相等，即

$$a_{ij}=b_{ij},\ i=1,2,\cdots,m;\ j=1,2,\cdots,n,$$

则称矩阵 $\boldsymbol{A}$ 与 $\boldsymbol{B}$ 相等，记作 $\boldsymbol{A}=\boldsymbol{B}$.

注意，不同型的矩阵是不能相等的. 当然，不同型的零矩阵也不相等.

**例 1**　设 $\boldsymbol{A}=\begin{pmatrix} 1 & 2-x & 3 \\ 2 & 6 & 5z \end{pmatrix}$，$\boldsymbol{B}=\begin{pmatrix} 1 & x & 3 \\ y & 6 & z-8 \end{pmatrix}$，已知 $\boldsymbol{A}=\boldsymbol{B}$，求 $x,y,z$.

**解**　由 $\boldsymbol{A}$ 与 $\boldsymbol{B}$ 的对应元素相等可得

$$2-x=x,2=y,5z=z-8,$$

所以

$$x=1,y=2,z=-2.$$

## 二、矩阵的运算

线性代数中的运算离不开矩阵运算，掌握并灵活运用矩阵运算规律是相当重要的. 本节将介绍矩阵的加法和减法，矩阵的数乘，矩阵与矩阵的乘法等基本运算和相应运算规律.

**1. 矩阵的加法和减法**

**定义 2**　设有两个同型的矩阵 $\boldsymbol{A}=(a_{ij})_{m\times n}$，$\boldsymbol{B}=(b_{ij})_{m\times n}$，则矩阵

$$\boldsymbol{C}=(c_{ij})_{m\times n}=(a_{ij}+b_{ij})_{m\times n}$$
$$=\begin{pmatrix} a_{11}+b_{11} & a_{12}+b_{12} & \cdots & a_{1n}+b_{1n} \\ a_{21}+b_{21} & a_{22}+b_{22} & \cdots & a_{2n}+b_{2n} \\ \vdots & \vdots & & \vdots \\ a_{m1}+b_{m1} & a_{m2}+b_{m2} & \cdots & a_{mn}+b_{mn} \end{pmatrix}$$

称为矩阵 $\boldsymbol{A}$ 与 $\boldsymbol{B}$ 的和,记为 $\boldsymbol{C}=\boldsymbol{A}+\boldsymbol{B}$.

容易证明,矩阵的加法满足下列运算规律:

(1) $\boldsymbol{A}+\boldsymbol{B}=\boldsymbol{B}+\boldsymbol{A}$;

(2) $(\boldsymbol{A}+\boldsymbol{B})+\boldsymbol{C}=\boldsymbol{A}+(\boldsymbol{B}+\boldsymbol{C})$;

(3) $\boldsymbol{A}+\boldsymbol{O}=\boldsymbol{A}$,

其中 $\boldsymbol{A},\boldsymbol{B},\boldsymbol{C}$ 均为 $m\times n$ 矩阵,而 $\boldsymbol{O}$ 为 $m\times n$ 零矩阵.

设矩阵 $\boldsymbol{A}=(a_{ij})_{m\times n}$,则称矩阵$(-a_{ij})_{m\times n}$为矩阵 $\boldsymbol{A}$ 的负矩阵,记为$-\boldsymbol{A}$,即

$$-\boldsymbol{A}=(-a_{ij})_{m\times n}.$$

显然

$$\boldsymbol{A}+(-\boldsymbol{A})=\boldsymbol{O}.$$

由负矩阵以及矩阵的加法运算可定义矩阵的减法:设 $\boldsymbol{A}=(a_{ij})_{m\times n}$,$\boldsymbol{B}=(b_{ij})_{m\times n}$,则矩阵 $\boldsymbol{A}$ 与矩阵 $\boldsymbol{B}$ 的差定义为

$$\boldsymbol{A}-\boldsymbol{B}=\boldsymbol{A}+(-\boldsymbol{B})=(a_{ij}-b_{ij})_{m\times n}.$$

**2. 矩阵的数乘**

**定义 3** 设 $\lambda$ 为常数,矩阵 $\boldsymbol{A}=(a_{ij})_{m\times n}$,则矩阵$(\lambda a_{ij})_{m\times n}$称为数 $\lambda$ 与矩阵 $\boldsymbol{A}$ 的乘积(简称数乘),记为 $\lambda\boldsymbol{A}$,即

$$\lambda\boldsymbol{A}=(\lambda a_{ij})_{m\times n}=\begin{pmatrix} \lambda a_{11} & \lambda a_{12} & \cdots & \lambda a_{1n} \\ \lambda a_{21} & \lambda a_{22} & \cdots & \lambda a_{2n} \\ \vdots & \vdots & & \vdots \\ \lambda a_{m1} & \lambda a_{m2} & \cdots & \lambda a_{mn} \end{pmatrix}.$$

容易证明,矩阵的数乘满足下列运算规律:

(1) $(\lambda\mu)\boldsymbol{A}=\lambda(\mu\boldsymbol{A})=\mu(\lambda\boldsymbol{A})$;

(2) $\lambda(\boldsymbol{A}+\boldsymbol{B})=\lambda\boldsymbol{A}+\lambda\boldsymbol{B}$,$(\lambda+\mu)\boldsymbol{A}=\lambda\boldsymbol{A}+\mu\boldsymbol{A}$;

(3) $1\cdot\boldsymbol{A}=\boldsymbol{A}$,$(-1)\cdot\boldsymbol{A}=-\boldsymbol{A}$,

其中 $\boldsymbol{A},\boldsymbol{B}$ 均为 $m\times n$ 矩阵,而 $\lambda,\mu$ 为常数.

**例 2** 设 $\boldsymbol{A}=\begin{pmatrix} 1 & 4 & -5 \\ 2 & 0 & 1 \end{pmatrix}$,$\boldsymbol{B}=\begin{pmatrix} 3 & 0 & -7 \\ -1 & 1 & 2 \end{pmatrix}$,求 $2\boldsymbol{A}-3\boldsymbol{B}$.

**解** 直接计算得

$$\begin{aligned} 2\boldsymbol{A}-3\boldsymbol{B} &= 2\begin{pmatrix} 1 & 4 & -5 \\ 2 & 0 & 1 \end{pmatrix}-3\begin{pmatrix} 3 & 0 & -7 \\ -1 & 1 & 2 \end{pmatrix} \\ &= \begin{pmatrix} 2 & 8 & -10 \\ 4 & 0 & 2 \end{pmatrix}-\begin{pmatrix} 9 & 0 & -21 \\ -3 & 3 & 6 \end{pmatrix} \\ &= \begin{pmatrix} -7 & 8 & 11 \\ 7 & -3 & -4 \end{pmatrix}. \end{aligned}$$

**3. 矩阵的乘法**

**定义 4**　设矩阵 $\boldsymbol{A}=(a_{ik})_{m\times s}$，$\boldsymbol{B}=(b_{kj})_{s\times n}$，称矩阵 $\boldsymbol{C}=(c_{ij})_{m\times n}$ 为矩阵 $\boldsymbol{A}$ 与 $\boldsymbol{B}$ 的乘积，记为 $\boldsymbol{C}=\boldsymbol{AB}$，其中

$$c_{ij}=a_{i1}b_{1j}+a_{i2}b_{2j}+\cdots+a_{is}b_{sj}=\sum_{k=1}^{s}a_{ik}b_{kj},\ i=1,2,\cdots,m;\ j=1,2,\cdots,n.$$

由上述定义可知，矩阵 $\boldsymbol{AB}$ 的第 $i$ 行第 $j$ 列的元素等于 $\boldsymbol{A}$ 的第 $i$ 行各元素与 $\boldsymbol{B}$ 的第 $j$ 列对应元素乘积之和，即

$$\begin{pmatrix}\cdots&\cdots&\cdots&\cdots\\a_{i1}&a_{i2}&\cdots&a_{is}\\\cdots&\cdots&\cdots&\cdots\end{pmatrix}_{m\times s}\begin{pmatrix}\vdots&b_{1j}&\vdots\\\vdots&b_{2j}&\vdots\\\vdots&\vdots&\vdots\\\vdots&b_{sj}&\vdots\end{pmatrix}_{s\times n}$$

$$=(a_{i1}b_{1j}+a_{i2}b_{2j}+\cdots+a_{is}b_{sj})_{m\times n}=(c_{ij})_{m\times n}.$$

注意，只有当左边矩阵的列数等于右边矩阵的行数时，两个矩阵才能相乘.

**例 3**　设矩阵 $\boldsymbol{A}=\begin{pmatrix}1&0&3\\2&1&0\end{pmatrix}$，$\boldsymbol{B}=\begin{pmatrix}4&1\\-1&1\\2&0\end{pmatrix}$，求 $\boldsymbol{AB}$ 和 $\boldsymbol{BA}$.

**解**

$$\boldsymbol{AB}=\begin{pmatrix}1&0&3\\2&1&0\end{pmatrix}\begin{pmatrix}4&1\\-1&1\\2&0\end{pmatrix}$$

$$=\begin{pmatrix}1\times4+0\times(-1)+3\times2&1\times1+0\times1+3\times0\\2\times4+1\times(-1)+0\times2&2\times1+1\times1+0\times0\end{pmatrix}=\begin{pmatrix}10&1\\7&3\end{pmatrix},$$

$$\boldsymbol{BA}=\begin{pmatrix}4&1\\-1&1\\2&0\end{pmatrix}\begin{pmatrix}1&0&3\\2&1&0\end{pmatrix}$$

$$=\begin{pmatrix}4\times1+1\times2&4\times0+1\times1&4\times3+1\times0\\-1\times1+1\times2&-1\times0+1\times1&-1\times3+1\times0\\2\times1+0\times2&2\times0+0\times1&2\times3+0\times0\end{pmatrix}=\begin{pmatrix}6&1&12\\1&1&-3\\2&0&6\end{pmatrix}.$$

由例 3 可知，一般地 $\boldsymbol{AB}\neq\boldsymbol{BA}$，即矩阵的乘法不满足交换律.

**例 4**　设

$$\boldsymbol{A}=\begin{pmatrix}1&1\\-1&-1\end{pmatrix},\boldsymbol{B}=\begin{pmatrix}-2&1\\2&-1\end{pmatrix},$$

$$\boldsymbol{C}=\begin{pmatrix}2&3\\1&-3\end{pmatrix},\boldsymbol{D}=\begin{pmatrix}1&-1\\2&1\end{pmatrix},$$

试证（1）$\boldsymbol{AB}=\boldsymbol{O}$；（2）$\boldsymbol{AC}=\boldsymbol{AD}$.

**证**　（1）$\boldsymbol{AB}=\begin{pmatrix}1&1\\-1&-1\end{pmatrix}\begin{pmatrix}-2&1\\2&-1\end{pmatrix}=\begin{pmatrix}0&0\\0&0\end{pmatrix}=\boldsymbol{O}$；

（2）由于

$$AC=\begin{pmatrix}1&1\\-1&-1\end{pmatrix}\begin{pmatrix}2&3\\1&-3\end{pmatrix}=\begin{pmatrix}3&0\\-3&0\end{pmatrix},$$

$$AD=\begin{pmatrix}1&1\\-1&-1\end{pmatrix}\begin{pmatrix}1&-1\\2&1\end{pmatrix}=\begin{pmatrix}3&0\\-3&0\end{pmatrix},$$

故 $\boldsymbol{AC}=\boldsymbol{AD}$.

由例 4 可知,两个非零矩阵的乘积可能是零矩阵,且当 $\boldsymbol{AC}=\boldsymbol{AD}$ 时,不一定有 $\boldsymbol{C}=\boldsymbol{D}$,即矩阵乘法不满足消去律.

矩阵乘法虽然不满足交换律和消去律,但可以证明,它满足下列运算规律:

(1) $(\boldsymbol{AB})\boldsymbol{C}=\boldsymbol{A}(\boldsymbol{BC})$;

(2) $\boldsymbol{A}(\boldsymbol{B}+\boldsymbol{C})=\boldsymbol{AB}+\boldsymbol{AC}$, $(\boldsymbol{B}+\boldsymbol{C})\boldsymbol{A}=\boldsymbol{BA}+\boldsymbol{CA}$;

(3) $(\lambda\boldsymbol{A})\boldsymbol{B}=\boldsymbol{A}(\lambda\boldsymbol{B})=\lambda(\boldsymbol{AB})$ (其中 $\lambda$ 为常数).

**定义 5**　如果两矩阵相乘,有 $\boldsymbol{AB}=\boldsymbol{BA}$,则称矩阵 $\boldsymbol{A}$ 与矩阵 $\boldsymbol{B}$ 可交换,简称 $\boldsymbol{A}$ 与 $\boldsymbol{B}$ 可换.

**例 5**　证明:如果 $\boldsymbol{BC}=\boldsymbol{CB}$,$\boldsymbol{AC}=\boldsymbol{CA}$,则有 $(\boldsymbol{AB})\boldsymbol{C}=\boldsymbol{C}(\boldsymbol{AB})$.

**证**　$(\boldsymbol{AB})\boldsymbol{C}=\boldsymbol{A}(\boldsymbol{BC})=\boldsymbol{A}(\boldsymbol{CB})=(\boldsymbol{AC})\boldsymbol{B}=(\boldsymbol{CA})\boldsymbol{B}=\boldsymbol{C}(\boldsymbol{AB})$.

利用矩阵的乘法,线性方程组可简单地表示为矩阵形式.

设线性方程组

$$\begin{cases}a_{11}x_1+a_{12}x_2+\cdots+a_{1n}x_n=b_1,\\a_{21}x_1+a_{22}x_2+\cdots+a_{2n}x_n=b_2,\\\cdots\cdots\cdots\cdots\\a_{m1}x_1+a_{m2}x_2+\cdots+a_{mn}x_n=b_m.\end{cases}$$

记

$$\boldsymbol{A}=\begin{pmatrix}a_{11}&a_{12}&\cdots&a_{1n}\\a_{21}&a_{22}&\cdots&a_{2n}\\\vdots&\vdots&&\vdots\\a_{m1}&a_{m2}&\cdots&a_{mn}\end{pmatrix},\boldsymbol{X}=\begin{pmatrix}x_1\\x_2\\\vdots\\x_n\end{pmatrix},\boldsymbol{b}=\begin{pmatrix}b_1\\b_2\\\vdots\\b_m\end{pmatrix},$$

则上述线性方程组可表示为

$$\boldsymbol{AX}=\boldsymbol{b}.$$

**4. 矩阵的转置**

**定义 6**　将 $m\times n$ 矩阵 $\boldsymbol{A}=(a_{ij})_{m\times n}$ 的行和列互换而元素的次序不变,得到的 $n\times m$ 矩阵称为 $\boldsymbol{A}$ 的转置矩阵,记为 $\boldsymbol{A}^{\mathrm{T}}$.

例如,矩阵 $\boldsymbol{A}=\begin{pmatrix}1&2&0\\3&1&-1\end{pmatrix}$ 的转置矩阵为 $\boldsymbol{A}^{\mathrm{T}}=\begin{pmatrix}1&3\\2&1\\0&-1\end{pmatrix}$.

可以证明,矩阵的转置运算满足下列规律:

(1) $(\boldsymbol{A}^{\mathrm{T}})^{\mathrm{T}}=\boldsymbol{A}$;

(2) $(\boldsymbol{A}\pm\boldsymbol{B})^{\mathrm{T}}=\boldsymbol{A}^{\mathrm{T}}\pm\boldsymbol{B}^{\mathrm{T}}$;

(3) $(\lambda\boldsymbol{A})^{\mathrm{T}}=\lambda\boldsymbol{A}^{\mathrm{T}}$,$\lambda$ 为常数;

(4) $(AB)^{\mathrm{T}}=B^{\mathrm{T}}A^{\mathrm{T}}$.

这里,性质(4)还可推广到多个矩阵的情形,即

$$(A_1A_2\cdots A_m)^{\mathrm{T}}=A_m^{\mathrm{T}}\cdots A_2^{\mathrm{T}}A_1^{\mathrm{T}}.$$

**例 6**　设矩阵

$$A=\begin{pmatrix}1&-1&2\\2&0&1\end{pmatrix},B=\begin{pmatrix}2&-1&0\\1&1&3\\4&2&1\end{pmatrix},$$

求$(AB)^{\mathrm{T}}$.

**解**　由于

$$AB=\begin{pmatrix}1&-1&2\\2&0&1\end{pmatrix}\begin{pmatrix}2&-1&0\\1&1&3\\4&2&1\end{pmatrix}=\begin{pmatrix}9&2&-1\\8&0&1\end{pmatrix},$$

故

$$(AB)^{\mathrm{T}}=\begin{pmatrix}9&8\\2&0\\-1&1\end{pmatrix}.$$

也可用性质(4)直接得

$$(AB)^{\mathrm{T}}=B^{\mathrm{T}}A^{\mathrm{T}}=\begin{pmatrix}2&1&4\\-1&1&2\\0&3&1\end{pmatrix}\begin{pmatrix}1&2\\-1&0\\2&1\end{pmatrix}=\begin{pmatrix}9&8\\2&0\\-1&1\end{pmatrix}.$$

## 三、方阵

行数与列数相同的矩阵称为方阵,方阵的行(列)数称为它的阶.$n$ 阶方阵可记为 $A_n$.

典型例题 2-1
$A$ 的 $n$ 次方
(1)

若 $A$ 为 $n$ 阶方阵,则可定义乘方运算:

$$A^m=\overbrace{A\cdot A\cdot\cdots\cdot A}^{m个}.$$

显然

$$A^m\cdot A^l=A^{m+l},(A^m)^l=A^{ml},$$

其中 $m,l$ 均为正整数.

典型例题 2-2
$A$ 的 $n$ 次方
(2)

**例 7**　设 $A=\begin{pmatrix}\lambda&1&0\\0&\lambda&1\\0&0&\lambda\end{pmatrix}$,求 $A^3$.

**解**　$$A^2=\begin{pmatrix}\lambda&1&0\\0&\lambda&1\\0&0&\lambda\end{pmatrix}\begin{pmatrix}\lambda&1&0\\0&\lambda&1\\0&0&\lambda\end{pmatrix}=\begin{pmatrix}\lambda^2&2\lambda&1\\0&\lambda^2&2\lambda\\0&0&\lambda^2\end{pmatrix},$$

$$A^3=A^2A=\begin{pmatrix}\lambda^2&2\lambda&1\\0&\lambda^2&2\lambda\\0&0&\lambda^2\end{pmatrix}\begin{pmatrix}\lambda&1&0\\0&\lambda&1\\0&0&\lambda\end{pmatrix}=\begin{pmatrix}\lambda^3&3\lambda^2&3\lambda\\0&\lambda^3&3\lambda^2\\0&0&\lambda^3\end{pmatrix}.$$

读者思考一下,$\boldsymbol{A}^n$ 的结论如何?

由于矩阵乘法不满足交换律,所以一般地,$(\boldsymbol{AB})^m \neq \boldsymbol{A}^m\boldsymbol{B}^m$.

设 $\boldsymbol{A},\boldsymbol{B}$ 均为 $n$ 阶方阵,则由矩阵运算可知 $\boldsymbol{A}\pm\boldsymbol{B},\lambda\boldsymbol{A},\boldsymbol{AB},\boldsymbol{A}^{\mathrm{T}}$ 及 $\boldsymbol{A}^m$ 均为 $n$ 阶方阵,这里 $\lambda$ 为常数,$m$ 为正整数.

方阵 $\boldsymbol{A}$ 构成的行列式记为 $|\boldsymbol{A}|$ 或 $\det(\boldsymbol{A})$.如果 $|\boldsymbol{A}|\neq 0$,则称 $\boldsymbol{A}$ 为非奇异(或非退化)矩阵.

注意,$\boldsymbol{A}$ 与 $|\boldsymbol{A}|$ 不同,$\boldsymbol{A}$ 表示矩阵,而 $|\boldsymbol{A}|$ 表示行列式,且只有方阵才有它对应的行列式.

由行列式的性质及矩阵的乘法可以证明:

(1) $|\lambda\boldsymbol{A}| = \lambda^n|\boldsymbol{A}|$;

(2) $|\boldsymbol{AB}| = |\boldsymbol{A}||\boldsymbol{B}|$;

(3) $|\boldsymbol{A}^m| = |\boldsymbol{A}|^m$,

这里 $\boldsymbol{A},\boldsymbol{B}$ 均为 $n$ 阶方阵,$\lambda$ 为常数,$m$ 为正整数.

*证 现证明(2).设 $\boldsymbol{A}=(a_{ij}),\boldsymbol{B}=(b_{ij})$,构造 $2n$ 阶行列式

$$D=\begin{vmatrix} a_{11} & \cdots & a_{1n} & & & \\ \vdots & & \vdots & & \boldsymbol{O} & \\ a_{n1} & \cdots & a_{nn} & & & \\ -1 & & & b_{11} & \cdots & b_{1n} \\ & \ddots & & \vdots & & \vdots \\ & & -1 & b_{n1} & \cdots & b_{nn} \end{vmatrix}.$$

由拉普拉斯定理的推广知,

$$D=\begin{vmatrix} a_{11} & \cdots & a_{1n} \\ \vdots & & \vdots \\ a_{n1} & \cdots & a_{nn} \end{vmatrix}\begin{vmatrix} b_{11} & \cdots & b_{1n} \\ \vdots & & \vdots \\ b_{n1} & \cdots & b_{nn} \end{vmatrix} = |\boldsymbol{A}||\boldsymbol{B}|.$$

在 $D$ 中以 $b_{1j}$ 乘第 1 列,$b_{2j}$ 乘第 2 列……$b_{nj}$ 乘第 $n$ 列,都加到第 $n+j$ 列上$(j=1,2,\cdots,n)$, 有

$$D=\begin{vmatrix} a_{11} & \cdots & a_{1n} & c_{11} & \cdots & c_{1n} \\ \vdots & & \vdots & \vdots & & \vdots \\ a_{n1} & \cdots & a_{nn} & c_{n1} & \cdots & c_{nn} \\ -1 & & & 0 & & \\ & \ddots & & & \ddots & \\ & & -1 & & & 0 \end{vmatrix},$$

其中 $c_{ij}=b_{1j}a_{i1}+b_{2j}a_{i2}+\cdots+b_{nj}a_{in}=a_{i1}b_{1j}+a_{i2}b_{2j}+\cdots+a_{in}b_{nj}$ 为 $\boldsymbol{C}=\boldsymbol{AB}$ 的元素.

再对 $D$ 的行作交换,可得

$$D=(-1)^n\begin{vmatrix} -1 & & & 0 & & \\ & \ddots & & & \ddots & \\ & & -1 & & & 0 \\ a_{11} & \cdots & a_{1n} & c_{11} & \cdots & c_{1n} \\ \vdots & & \vdots & \vdots & & \vdots \\ a_{n1} & \cdots & a_{nn} & c_{n1} & \cdots & c_{nn} \end{vmatrix}.$$

从而

$$D=(-1)^n\begin{vmatrix} -1 & & \\ & \ddots & \\ & & -1 \end{vmatrix}\begin{vmatrix} c_{11} & \cdots & c_{1n} \\ \vdots & & \vdots \\ c_{n1} & \cdots & c_{nn} \end{vmatrix}=|\boldsymbol{C}|=|\boldsymbol{AB}|.$$

所以，$|\boldsymbol{AB}|=|\boldsymbol{A}||\boldsymbol{B}|$.

方阵 $\boldsymbol{A}$ 从左上角元素到右下角元素的连线称为主对角线.位于主对角线上的元素称为对角元.对角元全为 1 而其余元素全为零的 $n$ 阶方阵称为 $n$ 阶单位矩阵，记为 $\boldsymbol{E}_n$ 或 $\boldsymbol{I}_n$，即

$$\boldsymbol{E}_n=\begin{pmatrix} 1 & & & 0 \\ & 1 & & \\ & & \ddots & \\ 0 & & & 1 \end{pmatrix}_{n\times n}.$$

可以验证，对任何矩阵 $\boldsymbol{A}_{m\times n}$，均有

$$\boldsymbol{A}_{m\times n}\boldsymbol{E}_n=\boldsymbol{A}_{m\times n},\boldsymbol{E}_m\boldsymbol{A}_{m\times n}=\boldsymbol{A}_{m\times n},$$

因此，$\boldsymbol{E}_n$ 在矩阵乘法中的作用类似于数的乘法中的数字“1”.

今后在不致混淆的情况下，将单位矩阵简记为 $\boldsymbol{E}$.

下面介绍几种重要的方阵.

(1) 对角矩阵：

$$\begin{pmatrix} a_{11} & & & 0 \\ & a_{22} & & \\ & & \ddots & \\ 0 & & & a_{nn} \end{pmatrix}.$$

上述对角矩阵通常简记为 $\mathrm{diag}(a_{11},a_{22},\cdots,a_{nn})$.特别地，当对角元都相等，即 $a_{11}=a_{22}=\cdots=a_{nn}$ 时，称之为数量矩阵.

容易验证，两个对角矩阵的和或积仍为对角矩阵，其对角元等于原来两矩阵对应对角元之和或积.

(2) 三角形矩阵：三角形矩阵包括上三角形矩阵和下三角形矩阵.上三角形矩阵和下三角形矩阵的一般形式分别为

$$\begin{pmatrix} a_{11} & a_{12} & \cdots & a_{1n} \\ & a_{22} & \cdots & a_{2n} \\ & & \ddots & \vdots \\ 0 & & & a_{nn} \end{pmatrix},\quad \begin{pmatrix} a_{11} & & & 0 \\ a_{21} & a_{22} & & \\ \vdots & \vdots & \ddots & \\ a_{n1} & a_{n2} & \cdots & a_{nn} \end{pmatrix}.$$

(3) 对称矩阵：满足条件 $\boldsymbol{A}^{\mathrm{T}}=\boldsymbol{A}$，即 $a_{ij}=a_{ji}(i,j=1,2,\cdots,n)$ 的矩阵称为对称矩阵. 对称矩阵的特点是它的元素关于它的主对角线对称.

如矩阵 $\begin{pmatrix} 1 & 2 & -1 \\ 2 & 3 & 5 \\ -1 & 5 & 6 \end{pmatrix}$ 就是一个对称矩阵.

(4) 反称矩阵：满足条件 $\boldsymbol{A}^{\mathrm{T}}=-\boldsymbol{A}$，即 $a_{ij}=-a_{ji}(i,j=1,2,\cdots,n)$ 的矩阵称为反称矩阵. 此时 $a_{ii}=0$，即反称矩阵的对角元全为 0.

如矩阵 $\begin{pmatrix} 0 & 2 & -1 \\ -2 & 0 & 5 \\ 1 & -5 & 0 \end{pmatrix}$ 就是一个反称矩阵.

**例 8**　设 $\boldsymbol{A}$ 为任一方阵，证明 $\boldsymbol{A}+\boldsymbol{A}^{\mathrm{T}}$ 为对称矩阵，$\boldsymbol{A}-\boldsymbol{A}^{\mathrm{T}}$ 为反称矩阵.

**证**　由于

$$(\boldsymbol{A}+\boldsymbol{A}^{\mathrm{T}})^{\mathrm{T}}=\boldsymbol{A}^{\mathrm{T}}+(\boldsymbol{A}^{\mathrm{T}})^{\mathrm{T}}=\boldsymbol{A}^{\mathrm{T}}+\boldsymbol{A}=\boldsymbol{A}+\boldsymbol{A}^{\mathrm{T}},$$
$$(\boldsymbol{A}-\boldsymbol{A}^{\mathrm{T}})^{\mathrm{T}}=\boldsymbol{A}^{\mathrm{T}}-(\boldsymbol{A}^{\mathrm{T}})^{\mathrm{T}}=\boldsymbol{A}^{\mathrm{T}}-\boldsymbol{A}=-(\boldsymbol{A}-\boldsymbol{A}^{\mathrm{T}}),$$

所以 $\boldsymbol{A}+\boldsymbol{A}^{\mathrm{T}}$ 为对称矩阵，$\boldsymbol{A}-\boldsymbol{A}^{\mathrm{T}}$ 为反称矩阵.

由例 8 可知任何一个矩阵都可以表示为一个对称矩阵和一个反称矩阵之和. 事实上 $\boldsymbol{A}=\frac{1}{2}(\boldsymbol{A}+\boldsymbol{A}^{\mathrm{T}})+\frac{1}{2}(\boldsymbol{A}-\boldsymbol{A}^{\mathrm{T}})$.

## 习题 2-1

1. 设 $\boldsymbol{A}=\begin{pmatrix} 2 & -1 \\ 4 & 3 \end{pmatrix}$，$\boldsymbol{B}=\begin{pmatrix} -1 & 1 \\ 2 & -4 \end{pmatrix}$，$\boldsymbol{C}=\begin{pmatrix} 1 & 4 \\ -2 & -1 \end{pmatrix}$，

求：(1) $2\boldsymbol{A}-3\boldsymbol{B}$；　(2) $\boldsymbol{BA}$；　(3) $\boldsymbol{A}(\boldsymbol{BC})$；　(4) $(\boldsymbol{AB})^{\mathrm{T}}$.

2. 求满足下列方程的矩阵 $\boldsymbol{X}$.

(1) $\begin{pmatrix} 2 & -1 \\ 5 & 0 \\ -3 & 2 \end{pmatrix}-2\boldsymbol{X}=\begin{pmatrix} 0 & -3 \\ 9 & 4 \\ 5 & 8 \end{pmatrix}$；　(2) $3\boldsymbol{X}+4\begin{pmatrix} 1 & 2 \\ 3 & 0 \end{pmatrix}=-\frac{1}{2}\begin{pmatrix} -2 & 6 \\ 4 & 8 \end{pmatrix}+2\boldsymbol{X}$.

3. 计算下列矩阵的乘积.

(1) $\begin{pmatrix} -2 & 1 & 2 \\ 1 & 2 & 3 \end{pmatrix}\begin{pmatrix} 1 & 0 \\ 0 & 1 \\ 3 & -1 \end{pmatrix}$；　(2) $(1\ \ 2\ \ 3)\begin{pmatrix} 1 \\ 2 \\ 3 \end{pmatrix}$；

(3) $\begin{pmatrix} 1 \\ 2 \\ 3 \\ 4 \end{pmatrix}(1\ \ 2\ \ 3\ \ 4)$；　(4) $(x\ \ y\ \ z)\begin{pmatrix} a & 1 & -1 \\ 1 & b & 0 \\ -1 & 0 & c \end{pmatrix}\begin{pmatrix} x \\ y \\ z \end{pmatrix}$.

4. 设 $\boldsymbol{A}=\begin{pmatrix} 2 & -1 \\ -3 & 3 \end{pmatrix}$. 定义 $f(\boldsymbol{A})=\boldsymbol{A}^2-5\boldsymbol{A}+3\boldsymbol{E}$，其中 $\boldsymbol{E}$ 为二阶单位矩阵. 试求 $f(\boldsymbol{A})$.

5. 设 $\boldsymbol{A}$ 为 $n$ 阶方阵,$k$ 为正整数,$\boldsymbol{E}$ 为 $n$ 阶单位矩阵,试证:

$$\boldsymbol{E}-\boldsymbol{A}^k=(\boldsymbol{E}-\boldsymbol{A})(\boldsymbol{E}+\boldsymbol{A}+\boldsymbol{A}^2+\cdots+\boldsymbol{A}^{k-1}).$$

6. 设 $\boldsymbol{A}^{\mathrm{T}}=-\boldsymbol{A}, \boldsymbol{B}^{\mathrm{T}}=\boldsymbol{B}$,证明:

(1) $\boldsymbol{A}^2$ 为对称矩阵;　(2) $\boldsymbol{AB}-\boldsymbol{BA}$ 也为对称矩阵.

# 第二节　矩阵的初等变换与秩

## 一、矩阵的初等变换

在解二元或三元一次方程组时,常需对方程组进行下列变形:

(1) 互换两个方程的位置;

(2) 将某个方程两边同时乘一个非零常数 $\lambda$;

(3) 将某个方程乘一个数 $\lambda$ 后加到另一个方程上去.

若用矩阵来讨论线性方程组,则上述变形实际上是对方程组对应的矩阵进行变形,这种变形就是矩阵的初等变换.

**定义 1**　对矩阵施行下列三种变形称为矩阵的初等行变换:

(1) 互换第 $i,j$ 两行(记为 $r_i \leftrightarrow r_j$);

(2) 将第 $i$ 行乘非零常数 $\lambda$(记为 $r_i \times \lambda$);

(3) 将第 $j$ 行各元素乘数 $\lambda$ 后加到第 $i$ 行的对应元素上去(记为 $r_i+\lambda \times r_j$ 或 $r_i+\lambda r_j$).

如果上述变形对列施行,则称之为矩阵的初等列变换(在所用记号中把 $r$ 换成 $c$).

矩阵的初等行变换和初等列变换统称为矩阵的初等变换.矩阵 $\boldsymbol{A}$ 经过初等变换后变成了矩阵 $\boldsymbol{B}$,常记为 $\boldsymbol{A} \to \boldsymbol{B}$.

**例 1**　已知矩阵 $\boldsymbol{A}=\begin{pmatrix} 1 & -1 & 1 & 1 & 0 \\ 0 & 1 & 2 & 1 & 1 \\ -1 & 2 & 1 & 0 & 2 \\ 1 & 0 & 3 & 2 & -1 \end{pmatrix}$,对其作如下初等变换:

$$\boldsymbol{A}=\begin{pmatrix} 1 & -1 & 1 & 1 & 0 \\ 0 & 1 & 2 & 1 & 1 \\ -1 & 2 & 1 & 0 & 2 \\ 1 & 0 & 3 & 2 & -1 \end{pmatrix} \xrightarrow[r_4-r_1]{r_3+r_1} \begin{pmatrix} 1 & -1 & 1 & 1 & 0 \\ 0 & 1 & 2 & 1 & 1 \\ 0 & 1 & 2 & 1 & 2 \\ 0 & 1 & 2 & 1 & -1 \end{pmatrix} \xrightarrow[r_4-r_2]{r_3-r_2} \begin{pmatrix} 1 & -1 & 1 & 1 & 0 \\ 0 & 1 & 2 & 1 & 1 \\ 0 & 0 & 0 & 0 & 1 \\ 0 & 0 & 0 & 0 & -2 \end{pmatrix}$$

$$\xrightarrow{r_4+2r_3} \begin{pmatrix} 1 & -1 & 1 & 1 & 0 \\ 0 & 1 & 2 & 1 & 1 \\ 0 & 0 & 0 & 0 & 1 \\ 0 & 0 & 0 & 0 & 0 \end{pmatrix}=\boldsymbol{B}.$$

这里的矩阵 $\boldsymbol{B}$ 依其形状的特征称为行阶梯形矩阵.

若一个矩阵每一个非零行的非零首元都出现在上行非零首元的右边,同时没有一个非零行出现在零行之下,则称这种矩阵为行阶梯形矩阵. 一般地,对矩阵 $\boldsymbol{A}=(a_{ij})_{m\times n}$施行一系列初等行变换后,均可化为如下形式的行阶梯形矩阵:

$$\boldsymbol{A}\xrightarrow{\text{初等行变换}}\begin{pmatrix} * & * & \cdots & * & \cdots & * \\ 0 & * & \cdots & * & \cdots & * \\ \vdots & \vdots & & \vdots & & \vdots \\ 0 & 0 & \cdots & * & \cdots & * \\ \vdots & \vdots & & \vdots & & \vdots \\ 0 & 0 & \cdots & 0 & \cdots & 0 \end{pmatrix}.$$

对例 1 中的矩阵 $\boldsymbol{B}=\begin{pmatrix} 1 & -1 & 1 & 1 & 0 \\ 0 & 1 & 2 & 1 & 1 \\ 0 & 0 & 0 & 0 & 1 \\ 0 & 0 & 0 & 0 & 0 \end{pmatrix}$再作初等行变换:

$$\boldsymbol{B}\xrightarrow[r_1+r_2]{r_2-r_3}\begin{pmatrix} 1 & 0 & 3 & 2 & 0 \\ 0 & 1 & 2 & 1 & 0 \\ 0 & 0 & 0 & 0 & 1 \\ 0 & 0 & 0 & 0 & 0 \end{pmatrix}=\boldsymbol{C}.$$

这里的矩阵 $\boldsymbol{C}$ 依其形状的特征称为行最简形矩阵.

若行阶梯形矩阵的每一个非零行的非零首元都是 1,且非零首元所在列的其余元都为 0,则称这种矩阵为行最简形矩阵.

如果对上述矩阵 $\boldsymbol{C}$ 再作初等列变换:

$$\boldsymbol{C}\xrightarrow[\substack{c_3-2c_2\\ c_4-c_2}]{\substack{c_3-3c_1\\ c_4-2c_1}}\begin{pmatrix} 1 & 0 & 0 & 0 & 0 \\ 0 & 1 & 0 & 0 & 0 \\ 0 & 0 & 0 & 0 & 1 \\ 0 & 0 & 0 & 0 & 0 \end{pmatrix}\xrightarrow{c_3\leftrightarrow c_5}\begin{pmatrix} 1 & 0 & 0 & 0 & 0 \\ 0 & 1 & 0 & 0 & 0 \\ 0 & 0 & 1 & 0 & 0 \\ 0 & 0 & 0 & 0 & 0 \end{pmatrix}=\boldsymbol{D}.$$

这里的矩阵 $\boldsymbol{D}$ 称为原矩阵 $\boldsymbol{A}$ 的标准形. 一般地,一个矩阵 $\boldsymbol{A}$ 的标准形 $\boldsymbol{D}$ 具有如下特点:$\boldsymbol{D}$ 的左上角是一个单位矩阵,其余元素全为零,即

$$\boldsymbol{D}=\begin{pmatrix} 1 & 0 & \cdots & 0 & 0 & \cdots & 0 \\ 0 & 1 & \cdots & 0 & 0 & \cdots & 0 \\ \vdots & \vdots & & \vdots & & & \\ 0 & 0 & \cdots & 1 & 0 & \cdots & 0 \\ 0 & 0 & \cdots & 0 & 0 & \cdots & 0 \\ \vdots & \vdots & & \vdots & \vdots & & \vdots \\ 0 & 0 & \cdots & 0 & 0 & \cdots & 0 \end{pmatrix}.$$

任何一个矩阵 $\boldsymbol{A}$ 总可以经过有限次的初等变换,化为如上形式的标准形 $\boldsymbol{D}$.

**例 2**　将矩阵 $A=\begin{pmatrix}2&0&1\\4&1&2\\-5&3&-2\\3&-1&4\end{pmatrix}$ 化为标准形.

**解**　$$A=\begin{pmatrix}2&0&1\\4&1&2\\-5&3&-2\\3&-1&4\end{pmatrix}\xrightarrow{c_1\leftrightarrow c_3}\begin{pmatrix}1&0&2\\2&1&4\\-2&3&-5\\4&-1&3\end{pmatrix}\xrightarrow[r_4-4r_1]{\substack{r_2-2r_1\\r_3+2r_1}}\begin{pmatrix}1&0&2\\0&1&0\\0&3&-1\\0&-1&-5\end{pmatrix}$$

$$\xrightarrow[r_4+r_2]{r_3-3r_2}\begin{pmatrix}1&0&2\\0&1&0\\0&0&-1\\0&0&-5\end{pmatrix}\xrightarrow[r_4-5r_3]{r_1+2r_3}\begin{pmatrix}1&0&0\\0&1&0\\0&0&-1\\0&0&0\end{pmatrix}\xrightarrow{(-1)\times r_3}\begin{pmatrix}1&0&0\\0&1&0\\0&0&1\\0&0&0\end{pmatrix}.$$

## 二、初等矩阵

**定义 2**　由单位矩阵 $E$ 经过一次初等变换得到的矩阵称为初等矩阵.

(1) 互换 $E$ 的第 $i$ 行和第 $j$ 行,得

$$P(i,j)=\begin{pmatrix}1&&&&&&&&\\&\ddots&&&&&&&\\&&1&&&&&&\\&&&0&\cdots&1&&&\\&&&&\ddots&&&&\\&&&\vdots&1&\vdots&&&\\&&&&&\ddots&&&\\&&&1&\cdots&0&&&\\&&&&&&1&&\\&&&&&&&\ddots&\\&&&&&&&&1\end{pmatrix}\begin{matrix}\\ \\ \\ \text{第 } i \text{ 行}\\ \\ \\ \\ \text{第 } j \text{ 行}\\ \\ \\ \\ \end{matrix};$$

(2) 将 $E$ 的第 $i$ 行乘非零常数 $\lambda$,得

$$P(i(\lambda))=\begin{pmatrix}1&&&&&&\\&\ddots&&&&&\\&&1&&&&\\&&&\lambda&&&\\&&&&1&&\\&&&&&\ddots&\\&&&&&&1\end{pmatrix}\text{第 } i \text{ 行};$$

(3) 将 $E$ 的第 $j$ 行乘数 $\lambda$ 后加到第 $i$ 行,得

$$
P(i,j(\lambda))=\begin{pmatrix}1 & & & & & & \\ & \ddots & & & & & \\ & & 1 & \cdots & \lambda & & \\ & & & \ddots & \vdots & & \\ & & & & 1 & & \\ & & & & & \ddots & \\ & & & & & & 1\end{pmatrix}\begin{matrix}\\ \\ \text{第 } i \text{ 行}\\ \\ \text{第 } j \text{ 行}\\ \\ \\ \end{matrix}.
$$

同样，对 $E$ 施行三种初等列变换 $c_i \leftrightarrow c_j$，$\lambda \times c_i$ 和 $c_j+\lambda c_i$，也分别对应于 $P(i,j)$，$P(i(\lambda))$，$P(i,j(\lambda))$.

易证：初等矩阵所对应的行列式的值均不为零.

还可以验证下面结论：

**定理 1**　设 $A$ 是一个 $m\times n$ 矩阵，则对 $A$ 施行一次初等行变换，相当于在 $A$ 的左边乘一个相应的 $m\times m$ 初等矩阵；对 $A$ 施行一次初等列变换，相当于在 $A$ 的右边乘一个相应的 $n\times n$ 初等矩阵.

例如，对矩阵 $A$ 施行初等行变换

$$
A=\begin{pmatrix}a_{11} & a_{12} & a_{13}\\ a_{21} & a_{22} & a_{23}\\ a_{31} & a_{32} & a_{33}\end{pmatrix}\xrightarrow{r_1\leftrightarrow r_2}\begin{pmatrix}a_{21} & a_{22} & a_{23}\\ a_{11} & a_{12} & a_{13}\\ a_{31} & a_{32} & a_{33}\end{pmatrix}=A_1,
$$

相应地

$$
P(1,2)A=\begin{pmatrix}0 & 1 & 0\\ 1 & 0 & 0\\ 0 & 0 & 1\end{pmatrix}\begin{pmatrix}a_{11} & a_{12} & a_{13}\\ a_{21} & a_{22} & a_{23}\\ a_{31} & a_{32} & a_{33}\end{pmatrix}=\begin{pmatrix}a_{21} & a_{22} & a_{23}\\ a_{11} & a_{12} & a_{13}\\ a_{31} & a_{32} & a_{33}\end{pmatrix}=A_1,
$$

即 $P(1,2)A=A_1$. 而对矩阵 $A$ 施行初等列变换

$$
A=\begin{pmatrix}a_{11} & a_{12} & a_{13}\\ a_{21} & a_{22} & a_{23}\\ a_{31} & a_{32} & a_{33}\end{pmatrix}\xrightarrow{c_2\leftrightarrow c_3}\begin{pmatrix}a_{11} & a_{13} & a_{12}\\ a_{21} & a_{23} & a_{22}\\ a_{31} & a_{33} & a_{32}\end{pmatrix}=A_2,
$$

相应地

$$
AP(2,3)=\begin{pmatrix}a_{11} & a_{12} & a_{13}\\ a_{21} & a_{22} & a_{23}\\ a_{31} & a_{32} & a_{33}\end{pmatrix}\begin{pmatrix}1 & 0 & 0\\ 0 & 0 & 1\\ 0 & 1 & 0\end{pmatrix}=\begin{pmatrix}a_{11} & a_{13} & a_{12}\\ a_{21} & a_{23} & a_{22}\\ a_{31} & a_{33} & a_{32}\end{pmatrix}=A_2,
$$

即 $AP(2,3)=A_2$.

若矩阵 $B$ 是由矩阵 $A$ 经过有限次初等行变换得到的，则必存在有限个初等矩阵 $P_1,P_2,\cdots,P_k$，使得

$$
B=P_kP_{k-1}\cdots P_1A.
$$

若矩阵 $B$ 是由矩阵 $A$ 经过有限次初等列变换得到的，则必存在有限个初等矩阵 $Q_1,Q_2,\cdots,Q_s$，使得

$$
B=AQ_1Q_2\cdots Q_s.
$$

若矩阵 $B$ 是由矩阵 $A$ 经过有限次初等变换得到的，则必存在有限个初等矩阵

$P_1,P_2,\cdots,P_t$,与 $Q_1,Q_2,\cdots,Q_l$,使得

$$B=P_tP_{t-1}\cdots P_1AQ_1Q_2\cdots Q_l.$$

## 三、矩阵的等价

**定义 3**　若矩阵 $A$ 经过有限次初等变换变成矩阵 $B$,则称 $A$ 与 $B$ 等价,记为 $A\approx B$(或 $A\cong B$).

如在例 1 中,$A\approx B$,$B\approx C$,$A\approx C$.

矩阵之间的等价关系具有下列基本性质:

(1) 自反性　$A\approx A$;

(2) 对称性　若 $A\approx B$,则 $B\approx A$;

(3) 传递性　若 $A\approx B$,$B\approx C$,则 $A\approx C$.

由矩阵等价的定义可得

**定理 2**　矩阵 $A$ 与矩阵 $B$ 等价的充要条件是它们具有相同的标准形.

## 四、矩阵的秩

**定义 4**　设 $A$ 为 $m\times n$ 矩阵,在 $A$ 中任取 $k$ 行 $k$ 列($1\leqslant k\leqslant \min\{m,n\}$),由这 $k$ 行 $k$ 列交叉处的 $k^2$ 个元素(不改变它们的相对位置)构成的 $k$ 阶行列式称为矩阵 $A$ 的一个 $k$ 阶子式.

例如,设

$$A=\begin{pmatrix}1&2&3&-1\\0&2&1&5\\-1&0&2&0\\3&-1&5&6\end{pmatrix},$$

取 $A$ 中的一个元素,如 $a_{11}=1$,则得到矩阵 $A$ 的一个一阶子式 $a_{11}$;取 $A$ 的两行两列,如第 1,3 行及第 1,2 列得 $A$ 的一个二阶子式 $\begin{vmatrix}1&2\\-1&0\end{vmatrix}$;取 $A$ 的 3 行 3 列,如第 2,3,4 行及 1,2,3 列得 $A$ 的一个三阶子式 $\begin{vmatrix}0&2&1\\-1&0&2\\3&-1&5\end{vmatrix}$;而四阶方阵 $A$ 的唯一的一个四阶子式就是 $|A|$.

由排列组合性质,$A=(a_{ij})_{m\times n}$ 的 $k$ 阶子式共有 $\mathrm{C}_n^k\mathrm{C}_m^k$ 个($1\leqslant k\leqslant\min(m,n)$).

**定义 5**　矩阵 $A$ 中不为零的子式的最高阶数称为矩阵 $A$ 的秩,记为 $r(A)$.规定零矩阵的秩为 0.

例如,设 $A=\begin{pmatrix}1&2&3\\0&1&2\\1&2&3\end{pmatrix}$,由于 $|A|=0$,而 $\begin{vmatrix}1&2\\0&1\end{vmatrix}=1\neq 0$,故由定义 5 知 $r(A)=2$.

由定义 5 还可知,非奇异方阵 $A$ 的秩就等于它的阶数(因为 $|A|\neq 0$),故非奇异方阵又称为满秩方阵,而奇异方阵则称为降秩方阵.

关于矩阵的秩,有如下的定理.

**定理 3**　若 $\boldsymbol{A}$ 中至少有一个 $k$ 阶子式不为零，而所有 $k+1$ 阶子式全为零，则 $r(\boldsymbol{A})=k$.

**证**　由于 $\boldsymbol{A}$ 的所有 $k+1$ 阶子式全为零，则由拉普拉斯展开定理，$\boldsymbol{A}$ 的任意 $k+2$ 阶子式按某行(列)展开后每项均为零，故 $\boldsymbol{A}$ 的任意 $k+2$ 阶子式必为零.据此，由数学归纳法可证，$\boldsymbol{A}$ 的所有高于 $k+1$ 阶的子式全为零.又 $\boldsymbol{A}$ 中至少有一个 $k$ 阶子式不为零，由定义 5 知 $r(\boldsymbol{A})=k$.

易证，矩阵的秩有如下结论：

(1) $r(\boldsymbol{A})=0$ 的充要条件是 $\boldsymbol{A}=\boldsymbol{O}$；

(2) $0\leqslant r(\boldsymbol{A}_{m\times n})\leqslant\min\{m,n\}$；

(3) 如果 $\boldsymbol{A}$ 中有一个 $k$ 阶子式不为零，则 $r(\boldsymbol{A})\geqslant k$；

(4) $r(\boldsymbol{A}^{\mathrm{T}})=r(\boldsymbol{A})$，$r(k\boldsymbol{A})=r(\boldsymbol{A})$（$k$ 为不等于零的常数）；

(5) 若 $r(\boldsymbol{A})=r$，则 $\boldsymbol{A}$ 中任何阶数高于 $r$ 的子式全为零.

矩阵的秩是一个非常重要的概念，在代数以及其他数学分支中都有广泛的应用.例如，本书第四章，我们将以矩阵为基本工具分析线性方程组的解的结构，其中矩阵秩的概念的引用起着本质作用.但是，直接利用定义 5 或定理 3 来计算矩阵的秩往往显得相当困难.因此，希望寻求一种可行的求矩阵的秩的计算方法.下面将介绍一种通过矩阵的初等变换来求矩阵的秩的方法.这种方法的基本思想建立在如下定理的基础之上.

**定理 4**　对矩阵施行初等变换后，矩阵的秩不变，即若 $\boldsymbol{A}\approx\boldsymbol{B}$，则 $r(\boldsymbol{A})=r(\boldsymbol{B})$.

***证**　先考虑经过一次初等行变换的情形.

设 $\boldsymbol{A}$ 经过一次初等行变换变为 $\boldsymbol{B}$，我们要证 $r(\boldsymbol{B})\geqslant r(\boldsymbol{A})$.

设 $r(\boldsymbol{A})=s$，且 $\boldsymbol{A}$ 的某个 $s$ 阶子式 $D\neq 0$.

当 $\boldsymbol{A}\xrightarrow{r_i\leftrightarrow r_j}\boldsymbol{B}$ 或 $\boldsymbol{A}\xrightarrow{r_i\times k}\boldsymbol{B}$ 时，在 $\boldsymbol{B}$ 中总能找到与 $D$ 相对应的 $s$ 阶子式 $D_1$，使 $D_1=D$ 或 $D_1=-D$ 或 $D_1=kD$，因此 $D_1\neq 0$，从而 $r(\boldsymbol{B})\geqslant s=r(\boldsymbol{A})$.

当 $\boldsymbol{A}\xrightarrow{r_i+kr_j}\boldsymbol{B}$ 时，由于对于变换 $r_i\leftrightarrow r_j$ 时结论成立，因此只需考虑 $\boldsymbol{A}\xrightarrow{r_1+kr_2}\boldsymbol{B}$ 这一特殊情形.分两种情况讨论：

(1) $\boldsymbol{A}$ 的 $s$ 阶非零子式 $D$ 不包含 $\boldsymbol{A}$ 的第一行，这时 $D$ 也是 $\boldsymbol{B}$ 的一个 $s$ 阶非零子式，故 $r(\boldsymbol{B})\geqslant s$；

(2) $D$ 包含 $\boldsymbol{A}$ 的第一行，这时把 $\boldsymbol{B}$ 中与 $D$ 对应的 $s$ 阶子式 $D_1$ 记作

$$D_1=\left|\begin{pmatrix}r_1+kr_2\\ r_p\\ \vdots\\ r_q\end{pmatrix}\right|=\left|\begin{pmatrix}r_1\\ r_p\\ \vdots\\ r_q\end{pmatrix}\right|+k\left|\begin{pmatrix}r_2\\ r_p\\ \vdots\\ r_q\end{pmatrix}\right|=D+kD_2.$$

若 $p=2$，则 $D_1=D\neq 0$；若 $p\neq 2$，则 $D_2$ 也是 $\boldsymbol{B}$ 的 $s$ 阶子式，由 $D_1-kD_2=D\neq 0$ 知 $D_1$ 与 $D_2$ 不同时为 0.总之，$\boldsymbol{B}$ 中存在 $s$ 阶非零子式 $D_1$ 或 $D_2$，故 $r(\boldsymbol{B})\geqslant s$.

以上证明了若 $\boldsymbol{A}$ 经过了一次初等行变换变为 $\boldsymbol{B}$，则 $r(\boldsymbol{B})\geqslant r(\boldsymbol{A})$.由于 $\boldsymbol{B}$ 也可经过一次初等行变换变为 $\boldsymbol{A}$（逆向变换也为初等行变换），故也有 $r(\boldsymbol{B})\leqslant r(\boldsymbol{A})$.因此

$r(\boldsymbol{A})=r(\boldsymbol{B})$.

由于经过一次初等行变换后矩阵的秩不变，即可知经过有限次初等行变换后矩阵的秩也不变.

同样可以考虑初等列变换时的情况.证毕.

根据定理 4 可知，要求矩阵的秩，只要用初等变换把这个矩阵变成行阶梯形矩阵，则行阶梯形矩阵中非零行的行数为这个矩阵的秩.

**例 3**　求矩阵 $\boldsymbol{A}=\begin{pmatrix}1&-2&-1&0&2\\-2&4&2&6&-6\\2&-1&0&2&3\\3&3&3&3&4\end{pmatrix}$ 的秩.

典型例题 2-3
矩阵的秩

**解**

$$\boldsymbol{A}\xrightarrow[r_4-3r_1]{\substack{r_2+2r_1\\r_3-2r_1}}\begin{pmatrix}1&-2&-1&0&2\\0&0&0&6&-2\\0&3&2&2&-1\\0&9&6&3&-2\end{pmatrix}$$

$$\xrightarrow[r_3\leftrightarrow r_4]{r_2\leftrightarrow r_3}\begin{pmatrix}1&-2&-1&0&2\\0&3&2&2&-1\\0&9&6&3&-2\\0&0&0&6&-2\end{pmatrix}$$

$$\xrightarrow{r_3-3r_2}\begin{pmatrix}1&-2&-1&0&2\\0&3&2&2&-1\\0&0&0&-3&1\\0&0&0&6&-2\end{pmatrix}$$

$$\xrightarrow{r_4+2r_3}\begin{pmatrix}1&-2&-1&0&2\\0&3&2&2&-1\\0&0&0&-3&1\\0&0&0&0&0\end{pmatrix}=\boldsymbol{B}.$$

于是 $r(\boldsymbol{B})=3$.这是因为 $\boldsymbol{B}$ 的任意四阶子式必为零（因为一行元素全为零），但可找到一个三阶子式不为零.例如

$$\begin{vmatrix}1&-2&0\\0&3&2\\0&0&-3\end{vmatrix}=-9,$$

从而由定理 4，$r(\boldsymbol{A})=r(\boldsymbol{B})=3$.

由于初等变换不改变矩阵的秩，且经过初等变换后得到的矩阵与原矩阵等价，因而有

**定理 5**　等价矩阵具有相同的秩.

**推论 1**　若矩阵 $\boldsymbol{A}$ 经过有限次初等行变换 $\boldsymbol{P}_1,\boldsymbol{P}_2,\cdots,\boldsymbol{P}_s$ 变为矩阵 $\boldsymbol{B}$，则

$$r(\boldsymbol{B})=r(\boldsymbol{P}_s\boldsymbol{P}_{s-1}\cdots\boldsymbol{P}_1\boldsymbol{A})=r(\boldsymbol{A}).$$

**推论 2**　若矩阵 $\boldsymbol{A}$ 经过有限次初等列变换 $\boldsymbol{Q}_1,\boldsymbol{Q}_2,\cdots,\boldsymbol{Q}_t$ 变为矩阵 $\boldsymbol{B}$，则

$$r(\boldsymbol{B})=r(\boldsymbol{A}\boldsymbol{Q}_1\boldsymbol{Q}_2\cdots\boldsymbol{Q}_t)=r(\boldsymbol{A}).$$

**推论 3**　若矩阵 $\boldsymbol{A}$ 经过有限次初等行变换 $\boldsymbol{P}_1,\boldsymbol{P}_2,\cdots,\boldsymbol{P}_s$ 及初等列变换 $\boldsymbol{Q}_1,\boldsymbol{Q}_2,\cdots,\boldsymbol{Q}_t$ 变为矩阵 $\boldsymbol{B}$，则

$$r(\boldsymbol{B})=r(\boldsymbol{P}_s\boldsymbol{P}_{s-1}\cdots\boldsymbol{P}_1\boldsymbol{A}\boldsymbol{Q}_1\boldsymbol{Q}_2\cdots\boldsymbol{Q}_t)=r(\boldsymbol{A}).$$

## 习题 2-2

1. 求下列矩阵的秩：

(1) $\begin{pmatrix}1 & 2 & 3 & 4\\ 1 & -2 & 4 & 5\\ 1 & 10 & 1 & 2\end{pmatrix}$；　(2) $\begin{pmatrix}1 & -1 & 2 & 1 & 0\\ 2 & -2 & 4 & 2 & 0\\ 3 & 0 & 6 & -1 & 1\\ 0 & 3 & 0 & 0 & 1\end{pmatrix}$.

2. 已知矩阵 $\boldsymbol{A}=\begin{pmatrix}1 & 1 & 2 & a & 3\\ 2 & 2 & 3 & 1 & 4\\ 1 & 0 & 1 & 1 & 5\\ 2 & 3 & 5 & 5 & 4\end{pmatrix}$ 的秩是 3，求 $a$ 的值.

3. 试确定参数 $\lambda$，使矩阵 $\begin{pmatrix}1 & \lambda & -1 & 2\\ 2 & -1 & \lambda & 5\\ 1 & 10 & -6 & 1\end{pmatrix}$ 的秩最小.

4. 如果 $r(\boldsymbol{A})=r$，矩阵 $\boldsymbol{A}$ 中能否有等于零的 $r-1$ 阶子式？能否有等于零的 $r$ 阶子式？能否有不为零的 $r+1$ 阶子式？

5. 用初等变换求下列矩阵的标准形：

(1) $\begin{pmatrix}0 & 1 & 1 & -1 & 2\\ 0 & -2 & -2 & -2 & 0\\ 0 & -1 & -1 & 1 & 1\\ 1 & 1 & 0 & 1 & -1\end{pmatrix}$；　(2) $\begin{pmatrix}25 & 31 & 17 & 43\\ 75 & 94 & 53 & 132\\ 75 & 94 & 54 & 134\\ 25 & 32 & 20 & 48\end{pmatrix}$.

# 第三节　逆　矩　阵

## 一、逆矩阵的定义及性质

在实数运算中，任一非零实数 $a$ 都存在倒数 $a^{-1}$，使 $a\cdot a^{-1}=a^{-1}\cdot a=1$. 在矩阵运算中，对于矩阵 $\boldsymbol{A}$，是否存在矩阵 $\boldsymbol{B}$，使 $\boldsymbol{AB}=\boldsymbol{BA}=\boldsymbol{E}$ 呢？$\boldsymbol{A}$ 要满足什么条件才会有这样的 $\boldsymbol{B}$ 存在呢？这就是本节要讨论的问题.

由矩阵乘法可知，要使 $\boldsymbol{AB}$ 与 $\boldsymbol{BA}$ 都存在且相等，矩阵 $\boldsymbol{A}$ 和 $\boldsymbol{B}$ 必须为方阵. 因此有

**定义 1**　设 $\boldsymbol{A}$ 是一个 $n$ 阶方阵，$\boldsymbol{E}$ 为 $n$ 阶单位矩阵. 如果存在 $n$ 阶方阵 $\boldsymbol{B}$，使

$$\boldsymbol{AB}=\boldsymbol{BA}=\boldsymbol{E},$$

则称矩阵 $\boldsymbol{A}$ 可逆，且称矩阵 $\boldsymbol{B}$ 为 $\boldsymbol{A}$ 的逆矩阵.

由定义 1 可知，若 $\boldsymbol{B}$ 为 $\boldsymbol{A}$ 的逆矩阵，则 $\boldsymbol{A}$ 也是 $\boldsymbol{B}$ 的逆矩阵，即 $\boldsymbol{A}$ 与 $\boldsymbol{B}$ 互为逆矩阵.

**定理 1**　若矩阵 $\boldsymbol{A}$ 是可逆的，则 $\boldsymbol{A}$ 的逆矩阵是唯一的.

**证**　设 $\boldsymbol{B},\boldsymbol{C}$ 均为 $\boldsymbol{A}$ 的逆矩阵，则

$$\boldsymbol{C}=\boldsymbol{C}\boldsymbol{E}=\boldsymbol{C}(\boldsymbol{A}\boldsymbol{B})=(\boldsymbol{C}\boldsymbol{A})\boldsymbol{B}=\boldsymbol{E}\boldsymbol{B}=\boldsymbol{B},$$

故 $\boldsymbol{A}$ 的逆矩阵是唯一的.

一般地，可逆矩阵 $\boldsymbol{A}$ 的逆矩阵记为 $\boldsymbol{A}^{-1}$.

**例 1**　设 $a_{11}a_{22}\cdots a_{nn}\neq 0$，则由定义 1 可验证出对角矩阵的逆矩阵

$$\begin{pmatrix} a_{11} & & & \\ & a_{22} & & \\ & & \ddots & \\ & & & a_{nn} \end{pmatrix}^{-1}=\begin{pmatrix} a_{11}^{-1} & & & \\ & a_{22}^{-1} & & \\ & & \ddots & \\ & & & a_{nn}^{-1} \end{pmatrix}.$$

设 $n$ 阶方阵 $\boldsymbol{A},\boldsymbol{B}$ 均可逆，容易验证逆矩阵满足下列性质：

(1) $(\boldsymbol{A}^{-1})^{-1}=\boldsymbol{A}$；

(2) $(\lambda\boldsymbol{A})^{-1}=\dfrac{1}{\lambda}\boldsymbol{A}^{-1}$（$\lambda$ 为非零常数）；

(3) $(\boldsymbol{A}^{\mathrm{T}})^{-1}=(\boldsymbol{A}^{-1})^{\mathrm{T}}$；

(4) $(\boldsymbol{A}\boldsymbol{B})^{-1}=\boldsymbol{B}^{-1}\boldsymbol{A}^{-1}$；

(5) $|\boldsymbol{A}^{-1}|=\dfrac{1}{|\boldsymbol{A}|}=|\boldsymbol{A}|^{-1}$.

上述性质中，性质(4)可推广到 $m$ 个可逆矩阵的情形，即

$$(\boldsymbol{A}_1\boldsymbol{A}_2\cdots\boldsymbol{A}_m)^{-1}=\boldsymbol{A}_m^{-1}\cdots\boldsymbol{A}_2^{-1}\boldsymbol{A}_1^{-1}.$$

特别地，

$$(\boldsymbol{A}^m)^{-1}=(\boldsymbol{A}^{-1})^m.$$

**例 2**　证明：如果对称矩阵 $\boldsymbol{A}$ 可逆，则其逆矩阵也是对称矩阵.

**证**　由于 $\boldsymbol{A}=\boldsymbol{A}^{\mathrm{T}}$，故

$$\boldsymbol{A}^{-1}=(\boldsymbol{A}^{\mathrm{T}})^{-1}=(\boldsymbol{A}^{-1})^{\mathrm{T}}.$$

从而 $\boldsymbol{A}^{-1}$ 也是对称矩阵.

## 二、矩阵可逆的条件

为了讨论方阵 $\boldsymbol{A}$ 可逆的条件及 $\boldsymbol{A}^{-1}$ 的求法，先引入 $\boldsymbol{A}$ 的伴随矩阵的概念.

**定义 2**　设 $n$ 阶方阵

$$\boldsymbol{A}=\begin{pmatrix} a_{11} & a_{12} & \cdots & a_{1n} \\ a_{21} & a_{22} & \cdots & a_{2n} \\ \vdots & \vdots & & \vdots \\ a_{n1} & a_{n2} & \cdots & a_{nn} \end{pmatrix},$$

$A_{ij}$ 为行列式 $|\boldsymbol{A}|$ 中元素 $a_{ij}$ 的代数余子式（$i,j=1,2,\cdots,n$），则矩阵

$$A^* = \begin{pmatrix} A_{11} & A_{21} & \cdots & A_{n1} \\ A_{12} & A_{22} & \cdots & A_{n2} \\ \vdots & \vdots & & \vdots \\ A_{1n} & A_{2n} & \cdots & A_{nn} \end{pmatrix}$$

称为矩阵 $\boldsymbol{A}$ 的伴随矩阵，即当 $\boldsymbol{A}=(a_{ij})$ 时，$\boldsymbol{A}^*=(A_{ij})^{\mathrm{T}}$.

**例 3**　求二阶矩阵 $\boldsymbol{A}=\begin{pmatrix} a_{11} & a_{12} \\ a_{21} & a_{22} \end{pmatrix}$ 的伴随矩阵.

**解**　由于 $A_{11}=a_{22}, A_{12}=-a_{21}, A_{21}=-a_{12}, A_{22}=a_{11}$，故

$$\boldsymbol{A}^* = \begin{pmatrix} a_{22} & -a_{12} \\ -a_{21} & a_{11} \end{pmatrix}.$$

典型例题 2-4
伴随矩阵

**例 4**　设三阶矩阵 $\boldsymbol{A}=\begin{pmatrix} 1 & 2 & 3 \\ 2 & 2 & 1 \\ 3 & 4 & 3 \end{pmatrix}$，求 $\boldsymbol{A}^*$.

**解**　由于 $A_{11}=2, A_{12}=-3, A_{13}=2, A_{21}=6, A_{22}=-6, A_{23}=2, A_{31}=-4, A_{32}=5, A_{33}=-2$，故

$$\boldsymbol{A}^* = \begin{pmatrix} 2 & 6 & -4 \\ -3 & -6 & 5 \\ 2 & 2 & -2 \end{pmatrix}.$$

**定理 2**　方阵 $\boldsymbol{A}=(a_{ij})_{n\times n}$ 可逆的充要条件是 $|\boldsymbol{A}|\neq 0$，并且当 $\boldsymbol{A}$ 可逆时，有

$$\boldsymbol{A}^{-1}=\frac{1}{|\boldsymbol{A}|}\boldsymbol{A}^*,$$

其中 $\boldsymbol{A}^*$ 为 $\boldsymbol{A}$ 的伴随矩阵.

**证**　必要性：若 $\boldsymbol{A}$ 可逆，即存在 $\boldsymbol{A}^{-1}$，使 $\boldsymbol{A}\boldsymbol{A}^{-1}=\boldsymbol{E}$，则

$$|\boldsymbol{A}|\cdot|\boldsymbol{A}^{-1}|=|\boldsymbol{A}\boldsymbol{A}^{-1}|=|\boldsymbol{E}|=1,$$

故 $|\boldsymbol{A}|\neq 0$.

充分性：若 $|\boldsymbol{A}|\neq 0$，则由行列式的拉普拉斯展开定理有

$$\boldsymbol{A}\boldsymbol{A}^* = \begin{pmatrix} a_{11} & a_{12} & \cdots & a_{1n} \\ a_{21} & a_{22} & \cdots & a_{2n} \\ \vdots & \vdots & & \vdots \\ a_{n1} & a_{n2} & \cdots & a_{nn} \end{pmatrix}\begin{pmatrix} A_{11} & A_{21} & \cdots & A_{n1} \\ A_{12} & A_{22} & \cdots & A_{n2} \\ \vdots & \vdots & & \vdots \\ A_{1n} & A_{2n} & \cdots & A_{nn} \end{pmatrix}$$

$$= \begin{pmatrix} |\boldsymbol{A}| & 0 & \cdots & 0 \\ 0 & |\boldsymbol{A}| & \cdots & 0 \\ \vdots & \vdots & & \vdots \\ 0 & 0 & \cdots & |\boldsymbol{A}| \end{pmatrix} = |\boldsymbol{A}|\boldsymbol{E},$$

$$\boldsymbol{A}^*\boldsymbol{A} = \begin{pmatrix} A_{11} & A_{21} & \cdots & A_{n1} \\ A_{12} & A_{22} & \cdots & A_{n2} \\ \vdots & \vdots & & \vdots \\ A_{1n} & A_{2n} & \cdots & A_{nn} \end{pmatrix}\begin{pmatrix} a_{11} & a_{12} & \cdots & a_{1n} \\ a_{21} & a_{22} & \cdots & a_{2n} \\ \vdots & \vdots & & \vdots \\ a_{n1} & a_{n2} & \cdots & a_{nn} \end{pmatrix}$$

$$=\begin{pmatrix} |A| & 0 & \cdots & 0 \\ 0 & |A| & \cdots & 0 \\ \vdots & \vdots & & \vdots \\ 0 & 0 & \cdots & |A| \end{pmatrix}=|A|E.$$

于是 $A\left(\frac{1}{|A|}A^*\right)=\left(\frac{1}{|A|}A^*\right)A=E$，从而 $A^{-1}=\frac{1}{|A|}A^*$.

定理 2 不但给出了矩阵可逆的充要条件，而且提供了一种求逆矩阵的方法.

**例 5**　设二阶矩阵 $A=\begin{pmatrix} a_{11} & a_{12} \\ a_{21} & a_{22} \end{pmatrix}$，且 $|A|=a_{11}a_{22}-a_{21}a_{12}\neq 0$，求 $A^{-1}$.

典型例题 2-5
伴随矩阵的
行列式

**解**　由于 $|A|=a_{11}a_{22}-a_{21}a_{12}\neq 0$，故 $A$ 可逆，由例 3，

$$A^{-1}=\frac{1}{|A|}A^*=\frac{1}{a_{11}a_{22}-a_{21}a_{12}}\begin{pmatrix} a_{22} & -a_{12} \\ -a_{21} & a_{11} \end{pmatrix}.$$

**例 6**　求例 4 中矩阵 $A$ 的逆矩阵 $A^{-1}$.

**解**　因为 $|A|=\begin{vmatrix} 1 & 2 & 3 \\ 2 & 2 & 1 \\ 3 & 4 & 3 \end{vmatrix}=2\neq 0$，故 $A$ 可逆，且由例 4 有

$$A^{-1}=\frac{1}{|A|}A^*=\frac{1}{2}\begin{pmatrix} 2 & 6 & -4 \\ -3 & -6 & 5 \\ 2 & 2 & -2 \end{pmatrix}=\begin{pmatrix} 1 & 3 & -2 \\ -3/2 & -3 & 5/2 \\ 1 & 1 & -1 \end{pmatrix}.$$

**定理 3**　设 $A,B$ 均为 $n$ 阶方阵，若 $AB=E$（或 $BA=E$），则 $B=A^{-1}$.

**证**　若 $AB=E$，则 $|A||B|=|AB|=|E|=1$，故 $|A|\neq 0$，从而 $A$ 可逆，且

$$A^{-1}=A^{-1}E=A^{-1}(AB)=(A^{-1}A)B=EB=B.$$

**例 7**　已知 $n$ 阶方阵 $A$ 满足 $A^2-2A+E=O$，试证明 $A+E$ 可逆，并求 $(A+E)^{-1}$.

典型例题 2-6
用定理求
逆矩阵

**证**　由 $A^2-2A+E=O$，有

$$(A+E)(A-3E)=-4E,$$

$$(A+E)\left[-\frac{1}{4}(A-3E)\right]=E.$$

由定理 3 知 $A+E$ 可逆，且 $(A+E)^{-1}=-\frac{1}{4}(A-3E)$.

## 三、用初等变换求逆矩阵

虽然我们可通过伴随矩阵求可逆矩阵的逆矩阵，但当矩阵的阶数较高时，计算量大，并不实用. 下面介绍一种通过矩阵的初等变换求逆矩阵的实用方法.

首先考虑初等矩阵的逆矩阵及行列式.

**定理 4**　初等矩阵有下列基本性质：

(1) $P(i,j)^{-1}=P(i,j)$，$|P(i,j)|=-1$；

(2) $P(i(\lambda))^{-1}=P(i(\lambda^{-1}))$，$|P(i(\lambda))|=\lambda$；

(3) $P(i,j(\lambda))^{-1}=P(i,j(-\lambda))$，$|P(i,j(\lambda))|=1$.

说明初等矩阵的逆矩阵也为初等矩阵.

再考虑可逆矩阵与初等矩阵的关系.

**定理 5** 若 $n$ 阶方阵 $\boldsymbol{A}$ 可逆,则存在有限个初等矩阵 $\boldsymbol{P}_1,\boldsymbol{P}_2,\cdots,\boldsymbol{P}_m$,使

$$\boldsymbol{A}=\boldsymbol{P}_1\boldsymbol{P}_2\cdots\boldsymbol{P}_m.$$

**证** 因为 $\boldsymbol{A}$ 可逆,则 $r(\boldsymbol{A})=n$,从而 $\boldsymbol{A}$ 的标准形为 $n$ 阶单位矩阵 $\boldsymbol{E}$.于是,存在有限次初等变换将 $\boldsymbol{A}$ 化为 $\boldsymbol{E}$.反过来,由定理 4 可知也存在有限次初等变换将 $\boldsymbol{E}$ 化为 $\boldsymbol{A}$,即存在有限个初等矩阵 $\boldsymbol{P}_1,\boldsymbol{P}_2,\cdots,\boldsymbol{P}_m$,使

$$\boldsymbol{P}_1\boldsymbol{P}_2\cdots\boldsymbol{P}_s\boldsymbol{E}\boldsymbol{P}_{s+1}\cdots\boldsymbol{P}_m=\boldsymbol{A}.$$

从而

$$\boldsymbol{A}=\boldsymbol{P}_1\boldsymbol{P}_2\cdots\boldsymbol{P}_m.$$

由定理 5 知,若方阵 $\boldsymbol{A}$ 可逆,则存在有限个初等矩阵 $\boldsymbol{P}_1,\boldsymbol{P}_2,\cdots,\boldsymbol{P}_m$,使 $\boldsymbol{A}=\boldsymbol{P}_1\boldsymbol{P}_2\cdots\boldsymbol{P}_m$.将其变形得

$$\boldsymbol{P}_m^{-1}\cdots\boldsymbol{P}_2^{-1}\boldsymbol{P}_1^{-1}\boldsymbol{A}=\boldsymbol{E},$$

$$\boldsymbol{P}_m^{-1}\cdots\boldsymbol{P}_2^{-1}\boldsymbol{P}_1^{-1}\boldsymbol{E}=\boldsymbol{A}^{-1}.$$

由于初等矩阵的逆矩阵仍为初等矩阵,比较上面两式可知,若矩阵 $\boldsymbol{A}$ 经过一系列初等行变换变为单位矩阵 $\boldsymbol{E}$,则单位矩阵 $\boldsymbol{E}$ 经过同样的初等行变换变为 $\boldsymbol{A}^{-1}$,其过程可表为

$$(\boldsymbol{A}\,\vdots\,\boldsymbol{E})\xrightarrow{\text{初等行变换}}(\boldsymbol{E}\,\vdots\,\boldsymbol{A}^{-1}).$$

同理,若矩阵 $\boldsymbol{A}$ 经过一系列初等列变换变为单位矩阵 $\boldsymbol{E}$,则单位矩阵 $\boldsymbol{E}$ 经过同样的初等列变换变为 $\boldsymbol{A}^{-1}$,其过程可表为

$$\begin{pmatrix}\boldsymbol{A}\\ \cdots\\ \boldsymbol{E}\end{pmatrix}\xrightarrow{\text{初等列变换}}\begin{pmatrix}\boldsymbol{E}\\ \cdots\\ \boldsymbol{A}^{-1}\end{pmatrix}.$$

**例 8** 求矩阵 $\boldsymbol{A}=\begin{pmatrix}2&2&3\\1&-1&0\\-1&2&1\end{pmatrix}$ 的逆矩阵.

**解 方法一** 用初等行变换.

$$(\boldsymbol{A}\,\vdots\,\boldsymbol{E})=\left(\begin{array}{ccc:ccc}2&2&3&1&0&0\\1&-1&0&0&1&0\\-1&2&1&0&0&1\end{array}\right)$$

$$\xrightarrow[r_2\leftrightarrow r_3]{r_1\leftrightarrow r_2}\left(\begin{array}{ccc:ccc}1&-1&0&0&1&0\\-1&2&1&0&0&1\\2&2&3&1&0&0\end{array}\right)$$

$$\xrightarrow[r_3-2r_1]{r_2+r_1}\left(\begin{array}{ccc:ccc}1&-1&0&0&1&0\\0&1&1&0&1&1\\0&4&3&1&-2&0\end{array}\right)$$

$$\xrightarrow{r_3-4r_2}\left(\begin{array}{ccc:ccc}1&-1&0&0&1&0\\0&1&1&0&1&1\\0&0&-1&1&-6&-4\end{array}\right)$$

$$\xrightarrow{r_2+r_3}\left(\begin{array}{ccc|ccc}1&-1&0&0&1&0\\0&1&0&1&-5&-3\\0&0&-1&1&-6&-4\end{array}\right)$$

$$\xrightarrow[r_3\times(-1)]{r_1+r_2}\left(\begin{array}{ccc|ccc}1&0&0&1&-4&-3\\0&1&0&1&-5&-3\\0&0&1&-1&6&4\end{array}\right),$$

所以 $\boldsymbol{A}^{-1}=\begin{pmatrix}1&-4&-3\\1&-5&-3\\-1&6&4\end{pmatrix}$.

**方法二**　用初等列变换.

$$\begin{pmatrix}\boldsymbol{A}\\ \hdashline \boldsymbol{E}\end{pmatrix}=\left(\begin{array}{ccc}2&2&3\\1&-1&0\\-1&2&1\\ \hline 1&0&0\\0&1&0\\0&0&1\end{array}\right)\xrightarrow[c_3-\frac{3}{2}c_1]{c_2-c_1}\left(\begin{array}{ccc}2&0&0\\1&-2&-\frac{3}{2}\\-1&3&\frac{5}{2}\\ \hline 1&-1&-\frac{3}{2}\\0&1&0\\0&0&1\end{array}\right)\xrightarrow[c_3-\frac{3}{4}c_2]{c_1+\frac{1}{2}c_2}\left(\begin{array}{ccc}2&0&0\\0&-2&0\\\frac{1}{2}&3&\frac{1}{4}\\ \hline \frac{1}{2}&-1&-\frac{3}{4}\\\frac{1}{2}&1&-\frac{3}{4}\\0&0&1\end{array}\right)$$

$$\xrightarrow{4\times c_3}\left(\begin{array}{ccc}2&0&0\\0&-2&0\\\frac{1}{2}&3&1\\ \hline \frac{1}{2}&-1&-3\\\frac{1}{2}&1&-3\\0&0&4\end{array}\right)\xrightarrow[c_2-3c_3]{c_1-\frac{1}{2}c_3}\left(\begin{array}{ccc}2&0&0\\0&-2&0\\0&0&1\\ \hline 2&8&-3\\2&10&-3\\-2&-12&4\end{array}\right)\xrightarrow[\left(-\frac{1}{2}\right)\times c_2]{\frac{1}{2}\times c_1}\left(\begin{array}{ccc}1&0&0\\0&1&0\\0&0&1\\ \hline 1&-4&-3\\1&-5&-3\\-1&6&4\end{array}\right),$$

所以 $\boldsymbol{A}^{-1}=\begin{pmatrix}1&-4&-3\\1&-5&-3\\-1&6&4\end{pmatrix}$.

## 四、逆矩阵的简单应用

### 1. 解方程组

设 $n$ 个方程 $n$ 个未知量组成的线性方程组的矩阵表示形式为 $\boldsymbol{AX}=\boldsymbol{b}$.若 $\boldsymbol{A}$ 可逆，则方程组的解为 $\boldsymbol{X}=\boldsymbol{A}^{-1}\boldsymbol{b}$.

克拉默法则的矩阵证法

**例 9**　设线性方程组为 $\begin{cases}2x_1+2x_2+3x_3=1,\\x_1-x_2=-1,\\-x_1+2x_2+x_3=3,\end{cases}$ 解此线性方程组.

典型例题 2-7 初等变换求逆矩阵

**解**　上述线性方程组可用矩阵表示为 $\boldsymbol{AX}=\boldsymbol{b}$，其中

$$\boldsymbol{A}=\begin{pmatrix}2&2&3\\1&-1&0\\-1&2&1\end{pmatrix},\quad \boldsymbol{X}=\begin{pmatrix}x_1\\x_2\\x_3\end{pmatrix},\quad \boldsymbol{b}=\begin{pmatrix}1\\-1\\3\end{pmatrix}.$$

由例 8 知 $\boldsymbol{A}$ 可逆，且

$$\boldsymbol{A}^{-1}=\begin{pmatrix}1&-4&-3\\1&-5&-3\\-1&6&4\end{pmatrix}.$$

因此，

$$\boldsymbol{X}=\boldsymbol{A}^{-1}\boldsymbol{b}=\begin{pmatrix}1&-4&-3\\1&-5&-3\\-1&6&4\end{pmatrix}\begin{pmatrix}1\\-1\\3\end{pmatrix}=\begin{pmatrix}-4\\-3\\5\end{pmatrix},$$

即 $x_1=-4,x_2=-3,x_3=5$.

**2. 解矩阵方程**

设矩阵 $\boldsymbol{A}$ 可逆，$\boldsymbol{B}$ 为已知矩阵，$\boldsymbol{X}$ 未知，

(1) 若 $\boldsymbol{AX}=\boldsymbol{B}$，则 $\boldsymbol{X}=\boldsymbol{A}^{-1}\boldsymbol{B}$；

(2) 若 $\boldsymbol{XA}=\boldsymbol{B}$，则 $\boldsymbol{X}=\boldsymbol{BA}^{-1}$；

(3) 若 $\boldsymbol{AX}=\boldsymbol{AB}$（或 $\boldsymbol{XA}=\boldsymbol{BA}$），则 $\boldsymbol{X}=\boldsymbol{B}$.

**例 10**　设 $\begin{pmatrix}2&1\\3&2\end{pmatrix}\boldsymbol{X}\begin{pmatrix}-3&2\\5&-3\end{pmatrix}=\begin{pmatrix}-2&4\\3&-1\end{pmatrix}$，求 $\boldsymbol{X}$.

**解**　$$\boldsymbol{X}=\begin{pmatrix}2&1\\3&2\end{pmatrix}^{-1}\begin{pmatrix}-2&4\\3&-1\end{pmatrix}\begin{pmatrix}-3&2\\5&-3\end{pmatrix}^{-1}$$

$$=\begin{pmatrix}2&-1\\-3&2\end{pmatrix}\begin{pmatrix}-2&4\\3&-1\end{pmatrix}\begin{pmatrix}3&2\\5&3\end{pmatrix}$$

$$=\begin{pmatrix}-7&9\\12&-14\end{pmatrix}\begin{pmatrix}3&2\\5&3\end{pmatrix}=\begin{pmatrix}24&13\\-34&-18\end{pmatrix}.$$

**例 11**　设 $\boldsymbol{A},\boldsymbol{B}$ 均为三阶矩阵，$\boldsymbol{E}$ 为三阶单位矩阵，且满足 $\boldsymbol{AB}+\boldsymbol{E}=\boldsymbol{A}^2+\boldsymbol{B}$，其中 $\boldsymbol{A}=\begin{pmatrix}1&0&1\\0&2&0\\-1&0&1\end{pmatrix}$，求矩阵 $\boldsymbol{B}$.

**解**　由于 $\boldsymbol{AB}+\boldsymbol{E}=\boldsymbol{A}^2+\boldsymbol{B}$，则 $\boldsymbol{AB}-\boldsymbol{B}=\boldsymbol{A}^2-\boldsymbol{E}$，即有

$$(\boldsymbol{A}-\boldsymbol{E})\boldsymbol{B}=(\boldsymbol{A}-\boldsymbol{E})(\boldsymbol{A}+\boldsymbol{E}).$$

因为

$$\boldsymbol{A}-\boldsymbol{E}=\begin{pmatrix}1&0&1\\0&2&0\\-1&0&1\end{pmatrix}-\begin{pmatrix}1&0&0\\0&1&0\\0&0&1\end{pmatrix}=\begin{pmatrix}0&0&1\\0&1&0\\-1&0&0\end{pmatrix},$$

显然 $|\boldsymbol{A}-\boldsymbol{E}|=1\neq0$，即 $\boldsymbol{A}-\boldsymbol{E}$ 可逆. 从而，

$$\boldsymbol{B}=\boldsymbol{A}+\boldsymbol{E}=\begin{pmatrix}1&0&1\\0&2&0\\-1&0&1\end{pmatrix}+\begin{pmatrix}1&0&0\\0&1&0\\0&0&1\end{pmatrix}=\begin{pmatrix}2&0&1\\0&3&0\\-1&0&2\end{pmatrix}.$$

## 习题 2-3

1. 求下列矩阵的逆矩阵：

(1) $\begin{pmatrix} 1 & 3 \\ 2 & 4 \end{pmatrix}$；　　(2) $\begin{pmatrix} \cos\theta & -\sin\theta \\ \sin\theta & \cos\theta \end{pmatrix}$.

2. 用初等行变换求下列矩阵的逆矩阵：

(1) $\begin{pmatrix} 1 & 0 & 2 \\ 2 & -1 & 3 \\ 4 & 1 & 8 \end{pmatrix}$；　　(2) $\begin{pmatrix} 1 & 2 & 2 \\ 2 & 1 & -2 \\ 2 & -2 & 1 \end{pmatrix}$；

(3) $\begin{pmatrix} 1 & 1 & 1 & 1 \\ 0 & 1 & 1 & 1 \\ 0 & 0 & 1 & 1 \\ 0 & 0 & 0 & 1 \end{pmatrix}$；　　(4) $\begin{pmatrix} 1 & 0 & 0 & 0 \\ a & 1 & 0 & 0 \\ a^2 & a & 1 & 0 \\ a^3 & a^2 & a & 1 \end{pmatrix}$.

3. 已知三阶矩阵 $\boldsymbol{A}$ 的逆矩阵 $\boldsymbol{A}^{-1}=\begin{pmatrix} 1 & 1 & 1 \\ 1 & 2 & 1 \\ 1 & 1 & 3 \end{pmatrix}$，试求伴随矩阵 $\boldsymbol{A}^*$ 的逆矩阵.

4. 设 $\boldsymbol{A}$ 是三阶方阵，且 $|\boldsymbol{A}|=\dfrac{1}{2}$，求 $|(3\boldsymbol{A})^{-1}-2\boldsymbol{A}^*|$.

5. 设 $n$ 阶方阵 $\boldsymbol{A}$ 和 $\boldsymbol{B}$ 满足条件 $\boldsymbol{A}+\boldsymbol{B}=\boldsymbol{AB}$.

(1) 证明 $\boldsymbol{A}-\boldsymbol{E}$ 可逆（$\boldsymbol{E}$ 为 $n$ 阶单位矩阵）；

(2) 已知 $\boldsymbol{B}=\begin{pmatrix} 1 & -3 & 0 \\ 2 & 1 & 0 \\ 0 & 0 & 2 \end{pmatrix}$，求矩阵 $\boldsymbol{A}$.

6. 设 $\boldsymbol{A}=\begin{pmatrix} \frac{1}{3} & 0 & 0 \\ 0 & \frac{1}{4} & 0 \\ 0 & 0 & \frac{1}{7} \end{pmatrix}$，已知 $\boldsymbol{A}^{-1}\boldsymbol{BA}=6\boldsymbol{A}+\boldsymbol{BA}$，求 $\boldsymbol{B}$.

7. 设 $\begin{pmatrix} 2 & 1 \\ 5 & 3 \end{pmatrix}\boldsymbol{X}\begin{pmatrix} -3 & 2 \\ 5 & -4 \end{pmatrix}=\begin{pmatrix} -2 & 4 \\ 3 & -1 \end{pmatrix}$，求 $\boldsymbol{X}$.

# 第四节　分 块 矩 阵

## 一、矩阵的分块

有时候，将矩阵进行分块处理，即将矩阵划分为若干个小矩阵，使大矩阵的运算转化为小矩阵的运算，会给运算带来方便.这也是处理行数、列数较大的矩阵常用的方法.

将矩阵 $\boldsymbol{A}$ 用若干条贯穿矩阵的纵横线分成许多小矩阵，每个小矩阵称为 $\boldsymbol{A}$ 的子块，将子块视为元素的矩阵 $\boldsymbol{A}$ 称为分块矩阵.例如如下分块矩阵

$$\boldsymbol{A}=\left(\begin{array}{cc:cc} 1 & 2 & 4 & 1 \\ \hdashline 3 & 0 & 5 & 7 \\ -1 & 2 & 0 & 1 \end{array}\right)=\begin{pmatrix} \boldsymbol{A}_{11} & \boldsymbol{A}_{12} \\ \boldsymbol{A}_{21} & \boldsymbol{A}_{22} \end{pmatrix},$$

其中 $\boldsymbol{A}_{11}=(1\quad 2)$，$\boldsymbol{A}_{12}=(4\quad 1)$，$\boldsymbol{A}_{21}=\begin{pmatrix} 3 & 0 \\ -1 & 2 \end{pmatrix}$，$\boldsymbol{A}_{22}=\begin{pmatrix} 5 & 7 \\ 0 & 1 \end{pmatrix}$ 为分块矩阵 $\boldsymbol{A}$ 的子块.

同一矩阵，根据其特点及不同的需要，可将其进行不同的分块.例如上面矩阵 $\boldsymbol{A}$ 也可按如下方式分块：

$$\left(\begin{array}{cc:cc} 1 & 2 & 4 & 1 \\ \hdashline 3 & 0 & 5 & 7 \\ \hdashline -1 & 2 & 0 & 1 \end{array}\right),\quad \left(\begin{array}{c:c:cc} 1 & 2 & 4 & 1 \\ 3 & 0 & 5 & 7 \\ \hdashline -1 & 2 & 0 & 1 \end{array}\right).$$

此外矩阵 $\boldsymbol{A}$ 也可按行分块或按列分块：

$$\boldsymbol{A}=\left(\begin{array}{cccc} 1 & 2 & 4 & 1 \\ \hdashline 3 & 0 & 5 & 7 \\ \hdashline -1 & 2 & 0 & 1 \end{array}\right),\boldsymbol{A}=\left(\begin{array}{c:c:c:c} 1 & 2 & 4 & 1 \\ 3 & 0 & 5 & 7 \\ -1 & 2 & 0 & 1 \end{array}\right).$$

## 二、分块矩阵的计算

可以证明，在对分块矩阵进行运算时，可将子块当作元素来处理，按矩阵的运算法则进行运算.由于分块矩阵的元素也是矩阵，因此在分块时要注意以下几点：

（1）计算 $\boldsymbol{A}\pm\boldsymbol{B}$ 时，要以同样的分块方式对 $\boldsymbol{A}$ 和 $\boldsymbol{B}$ 进行分块，以保证它们的对应子块同型；

（2）计算 $\boldsymbol{AB}$ 时，对 $\boldsymbol{A}$ 的列的分法要与对 $\boldsymbol{B}$ 的行的分法一致，以保证它们的对应子块能够相乘；

设 $\boldsymbol{A}=(a_{ik})_{s\times n}$，$\boldsymbol{B}=(b_{kj})_{n\times m}$，把 $\boldsymbol{A}$，$\boldsymbol{B}$ 分成一些小矩阵：

$$\boldsymbol{A}=\begin{matrix} & \begin{matrix} n_1 & \quad n_2 & \cdots & \quad n_l \end{matrix} \\ \begin{matrix} s_1 \\ s_2 \\ \vdots \\ s_t \end{matrix} & \begin{pmatrix} \boldsymbol{A}_{11} & \boldsymbol{A}_{12} & \cdots & \boldsymbol{A}_{1l} \\ \boldsymbol{A}_{21} & \boldsymbol{A}_{22} & \cdots & \boldsymbol{A}_{2l} \\ \vdots & \vdots & & \vdots \\ \boldsymbol{A}_{t1} & \boldsymbol{A}_{t2} & \cdots & \boldsymbol{A}_{tl} \end{pmatrix} \end{matrix}, \tag{1}$$

$$\boldsymbol{B}=\begin{matrix} & \begin{matrix} m_1 & \quad m_2 & \cdots & \quad m_r \end{matrix} \\ \begin{matrix} n_1 \\ n_2 \\ \vdots \\ n_l \end{matrix} & \begin{pmatrix} \boldsymbol{B}_{11} & \boldsymbol{B}_{12} & \cdots & \boldsymbol{B}_{1r} \\ \boldsymbol{B}_{21} & \boldsymbol{B}_{22} & \cdots & \boldsymbol{B}_{2r} \\ \vdots & \vdots & & \vdots \\ \boldsymbol{B}_{l1} & \boldsymbol{B}_{l2} & \cdots & \boldsymbol{B}_{lr} \end{pmatrix} \end{matrix}, \tag{2}$$

其中每个 $\boldsymbol{A}_{ij}$ 是 $s_i\times n_j$ 小矩阵，每个 $\boldsymbol{B}_{ij}$ 是 $n_i\times m_j$ 小矩阵，于是有

$$C=AB=\begin{matrix} & m_1 & m_2 & \cdots & m_r \\ s_1 & C_{11} & C_{12} & \cdots & C_{1r} \\ s_2 & C_{21} & C_{22} & \cdots & C_{2r} \\ \vdots & \vdots & \vdots & & \vdots \\ s_t & C_{t1} & C_{t2} & \cdots & C_{tr} \end{matrix}, \tag{3}$$

其中

$$\begin{aligned} C_{pq} &= A_{p1}B_{1q}+A_{p2}B_{2q}+\cdots+A_{pl}B_{lq} \\ &= \sum_{k=1}^{l} A_{pk}B_{kq}(p=1,2,\cdots,t;q=1,2,\cdots,r). \end{aligned} \tag{4}$$

这个结果由矩阵乘法的定义直接验证即可.此时(1)中 $A$ 的列的分法与(2)中 $B$ 的行的分法一致.

(3) 求 $A^{\mathrm{T}}$ 时,要将子块作为元素将分块矩阵转置后,再将各子块转置.

如

$$\begin{pmatrix} A_{11} & A_{12} & A_{13} \\ A_{21} & A_{22} & A_{23} \end{pmatrix}^{\mathrm{T}}=\begin{pmatrix} A_{11}^{\mathrm{T}} & A_{21}^{\mathrm{T}} \\ A_{12}^{\mathrm{T}} & A_{22}^{\mathrm{T}} \\ A_{13}^{\mathrm{T}} & A_{23}^{\mathrm{T}} \end{pmatrix}.$$

**例 1**　设

$$A=\begin{pmatrix} 1 & 0 & 0 & 0 \\ 0 & 1 & 0 & 0 \\ 0 & 0 & 1 & -1 \\ 0 & 0 & -1 & 0 \end{pmatrix}, B=\begin{pmatrix} 1 & 0 & 1 & 0 \\ 0 & 1 & 0 & 1 \\ 0 & 0 & 1 & 2 \\ 0 & 0 & 0 & -1 \end{pmatrix}.$$

利用分块矩阵求 $AB$.

**解**　将 $A,B$ 分块成

$$A=\left(\begin{array}{cc:cc} 1 & 0 & 0 & 0 \\ 0 & 1 & 0 & 0 \\ \hdashline 0 & 0 & 1 & -1 \\ 0 & 0 & -1 & 0 \end{array}\right)=\begin{pmatrix} E & O \\ O & A_1 \end{pmatrix}, B=\left(\begin{array}{cc:cc} 1 & 0 & 1 & 0 \\ 0 & 1 & 0 & 1 \\ \hdashline 0 & 0 & 1 & 2 \\ 0 & 0 & 0 & -1 \end{array}\right)=\begin{pmatrix} E & E \\ O & B_1 \end{pmatrix},$$

其中

$$E=\begin{pmatrix} 1 & 0 \\ 0 & 1 \end{pmatrix}, A_1=\begin{pmatrix} 1 & -1 \\ -1 & 0 \end{pmatrix}, B_1=\begin{pmatrix} 1 & 2 \\ 0 & -1 \end{pmatrix},$$

则

$$AB=\begin{pmatrix} E & O \\ O & A_1 \end{pmatrix}\begin{pmatrix} E & E \\ O & B_1 \end{pmatrix}=\begin{pmatrix} E & E \\ O & A_1B_1 \end{pmatrix},$$

而

$$A_1B_1=\begin{pmatrix} 1 & -1 \\ -1 & 0 \end{pmatrix}\begin{pmatrix} 1 & 2 \\ 0 & -1 \end{pmatrix}=\begin{pmatrix} 1 & 3 \\ -1 & -2 \end{pmatrix},$$

故

$$AB=\begin{pmatrix}1&0&1&0\\0&1&0&1\\0&0&1&3\\0&0&-1&-2\end{pmatrix}.$$

若方阵 $A$ 经过分块后能划分成如下形式

$$A=\begin{pmatrix}A_1&O&\cdots&O\\O&A_2&\cdots&O\\\vdots&\vdots&&\vdots\\O&O&\cdots&A_m\end{pmatrix},$$

其中 $A_i(i=1,2,\cdots,m)$ 均为方阵(可以不同型),则称 $A$ 为准对角矩阵.例如矩阵

$$A=\left(\begin{array}{cc:cc:c}1&2&0&0&0\\3&4&0&0&0\\\hdashline 0&0&-1&3&0\\0&0&2&0&0\\\hdashline 0&0&0&0&1\end{array}\right)=\begin{pmatrix}A_1&&\\&A_2&\\&&A_3\end{pmatrix}$$

就是一个准对角矩阵.准对角矩阵与对角矩阵有类似的性质.如

$$A^k=\begin{pmatrix}A_1^k&&&\\&A_2^k&&\\&&\ddots&\\&&&A_m^k\end{pmatrix}.$$

典型例题 2-8
分块矩阵
求秩

**例 2**　若方阵 $A_1,A_2,\cdots,A_m$ 均可逆,则准对角矩阵

$$\begin{pmatrix}A_1&&&\\&A_2&&\\&&\ddots&\\&&&A_m\end{pmatrix}$$

有逆矩阵,且

$$\begin{pmatrix}A_1&&&\\&A_2&&\\&&\ddots&\\&&&A_m\end{pmatrix}^{-1}=\begin{pmatrix}A_1^{-1}&&&\\&A_2^{-1}&&\\&&\ddots&\\&&&A_m^{-1}\end{pmatrix}.$$

典型例题 2-9
分块矩阵
求逆

**例 3**　求矩阵

$$D=\begin{pmatrix}a_{11}&\cdots&a_{1n}&0&\cdots&0\\\vdots&&\vdots&\vdots&&\vdots\\a_{n1}&\cdots&a_{nn}&0&\cdots&0\\c_{11}&\cdots&c_{1n}&b_{11}&\cdots&b_{1m}\\\vdots&&\vdots&\vdots&&\vdots\\c_{m1}&\cdots&c_{mn}&b_{m1}&\cdots&b_{mm}\end{pmatrix}=\begin{pmatrix}A&O\\C&B\end{pmatrix}$$

的逆矩阵,其中 $\boldsymbol{A},\boldsymbol{B}$ 分别是 $n$ 阶和 $m$ 阶的可逆矩阵,$\boldsymbol{C}$ 是$m\times n$矩阵,$\boldsymbol{O}$ 是 $n\times m$ 零矩阵.

**解**　首先,因为

$$|\boldsymbol{D}|=|\boldsymbol{A}|\,|\boldsymbol{B}|,$$

所以,当 $\boldsymbol{A},\boldsymbol{B}$ 可逆时,$\boldsymbol{D}$ 也可逆,设 $\boldsymbol{D}^{-1}$ 有分块形式

$$\boldsymbol{D}^{-1}=\begin{pmatrix}\boldsymbol{X}_{11} & \boldsymbol{X}_{12}\\ \boldsymbol{X}_{21} & \boldsymbol{X}_{22}\end{pmatrix},$$

于是

$$\begin{pmatrix}\boldsymbol{A} & \boldsymbol{O}\\ \boldsymbol{C} & \boldsymbol{B}\end{pmatrix}\begin{pmatrix}\boldsymbol{X}_{11} & \boldsymbol{X}_{12}\\ \boldsymbol{X}_{21} & \boldsymbol{X}_{22}\end{pmatrix}=\begin{pmatrix}\boldsymbol{E}_n & \boldsymbol{O}\\ \boldsymbol{O} & \boldsymbol{E}_m\end{pmatrix},$$

这里 $\boldsymbol{E}$ 代表单位矩阵.左边乘出并比较两边可得

$$\begin{cases}\boldsymbol{A}\boldsymbol{X}_{11}=\boldsymbol{E}_n,\\ \boldsymbol{A}\boldsymbol{X}_{12}=\boldsymbol{O},\\ \boldsymbol{C}\boldsymbol{X}_{11}+\boldsymbol{B}\boldsymbol{X}_{21}=\boldsymbol{O},\\ \boldsymbol{C}\boldsymbol{X}_{12}+\boldsymbol{B}\boldsymbol{X}_{22}=\boldsymbol{E}_m.\end{cases}$$

由第一、二个方程得

$$\boldsymbol{X}_{11}=\boldsymbol{A}^{-1},\boldsymbol{X}_{12}=\boldsymbol{O},$$

代入第四个方程得

$$\boldsymbol{X}_{22}=\boldsymbol{B}^{-1},$$

再代入第三个方程得

$$\boldsymbol{X}_{21}=-\boldsymbol{B}^{-1}\boldsymbol{C}\boldsymbol{X}_{11}=-\boldsymbol{B}^{-1}\boldsymbol{C}\boldsymbol{A}^{-1},$$

因此,

$$\boldsymbol{D}^{-1}=\begin{pmatrix}\boldsymbol{A}^{-1} & \boldsymbol{O}\\ -\boldsymbol{B}^{-1}\boldsymbol{C}\boldsymbol{A}^{-1} & \boldsymbol{B}^{-1}\end{pmatrix}.$$

## 习题 2-4

1. 设

$$\boldsymbol{A}=\begin{pmatrix}3 & 4 & 0 & 0\\ 4 & -3 & 0 & 0\\ 0 & 0 & 2 & 0\\ 0 & 0 & 2 & 2\end{pmatrix},\quad \boldsymbol{B}=\begin{pmatrix}3 & 2 & 0 & 0\\ 4 & 5 & 0 & 0\\ 0 & 0 & 4 & 1\\ 0 & 0 & 6 & 2\end{pmatrix},$$

试用分块矩阵求 $\boldsymbol{AB}-\boldsymbol{BA},\boldsymbol{A}^4$ 及 $\boldsymbol{A}^{-1}$.

*2. 利用拉普拉斯展开定理的推广证明:

(1) $\begin{vmatrix}\boldsymbol{A}_{m\times m} & \boldsymbol{O}\\ * & \boldsymbol{B}_{n\times n}\end{vmatrix}=\begin{vmatrix}\boldsymbol{A}_{m\times m} & *\\ \boldsymbol{O} & \boldsymbol{B}_{n\times n}\end{vmatrix}=|\boldsymbol{A}|\cdot|\boldsymbol{B}|$;

(2) $\begin{vmatrix} A_1 & & & \\ & A_2 & & \\ & & \ddots & \\ & & & A_t \end{vmatrix} = |A_1||A_2|\cdots|A_t|$,其中 $A_i$ 为方阵,$i=1,2,\cdots,t$;

(3) $\begin{vmatrix} O & A_{m\times m} \\ B_{n\times n} & * \end{vmatrix} = \begin{vmatrix} * & A_{m\times m} \\ B_{n\times n} & O \end{vmatrix} = (-1)^{mn}|A||B|$.

# *第五节 矩阵理论在经济学中的应用

本节我们给出矩阵理论在经济学中的一个应用,介绍一个国家或地区的投入产出模型.

投入产出分析的出发点是因为任何国家或地区的经济都可以划分为若干个不同的部门,而每个部门有双重身份:一方面作为生产者将自己的总产出分配给各个部门作为生产资料,并满足居民和社会的非生产性的消费需要,以及提供积累和出口;另一方面,为进行生产也需要消耗其他部门的产品和物质作为投入,从而在各部门之间形成错综复杂的依存关系.

为简单起见,考虑三个部门之间的投入产出情况.设有 $C_1,C_2,C_3$ 三个部门,假设 $C_1$ 部门生产一个单位(折算成货币,如:万元)产品,需要消耗 0.2 个单位 $C_1$ 部门产品,0.4 个单位 $C_2$ 部门产品及 0.1 个单位 $C_3$ 部门产品;而 $C_2$ 部门生产一个单位产品需要消耗 0.3 个单位 $C_1$ 部门产品,0.1 个单位 $C_2$ 部门产品及 0.3 个单位 $C_3$ 部门产品;$C_3$ 部门生产一个单位产品需要消耗 $C_1,C_2$ 和 $C_3$ 三部门的产品各 0.2 个单位.上述关系可用图 2-1 表示.

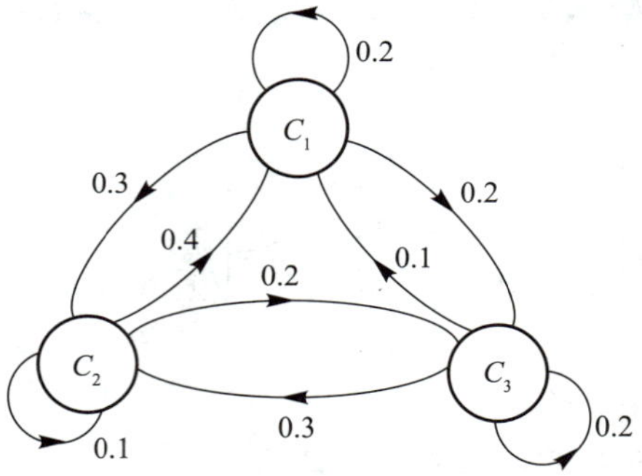


图 2-1

现假设 $C_1,C_2,C_3$ 各部门最终的产品需求分别为 $d_1,d_2,d_3$ 个单位,需计算 $C_1$,$C_2,C_3$ 各部门的总产出 $x_1,x_2,x_3$,使得供求平衡.

先考虑 $C_1$ 部门，它的总产出 $x_1$ 应等于 $C_1$ 部门最终的产品需求量 $d_1$ 及 $C_1,C_2,C_3$ 各部门生产时消耗的 $C_1$ 部门的产品数 $0.2x_1, 0.3x_2, 0.2x_3$ 之和，即

$$x_1=d_1+0.2x_1+0.3x_2+0.2x_3.$$

同理有

$$x_2=d_2+0.4x_1+0.1x_2+0.2x_3,$$
$$x_3=d_3+0.1x_1+0.3x_2+0.2x_3.$$

若记

$$\boldsymbol{X}=\begin{pmatrix}x_1\\x_2\\x_3\end{pmatrix},\quad \boldsymbol{d}=\begin{pmatrix}d_1\\d_2\\d_3\end{pmatrix},\quad \boldsymbol{A}=\begin{pmatrix}0.2&0.3&0.2\\0.4&0.1&0.2\\0.1&0.3&0.2\end{pmatrix},$$

则上述三个方程组成的方程组可用矩阵表示为

$$\boldsymbol{X}=\boldsymbol{d}+\boldsymbol{A}\boldsymbol{X},$$

或

$$(\boldsymbol{E}-\boldsymbol{A})\boldsymbol{X}=\boldsymbol{d},$$

其中 $\boldsymbol{E}$ 为三阶单位矩阵.通过计算可知，此处 $\boldsymbol{E}-\boldsymbol{A}$ 可逆，且

$$(\boldsymbol{E}-\boldsymbol{A})^{-1}=\begin{pmatrix}1.72&0.78&0.63\\0.89&1.61&0.63\\0.55&0.70&1.56\end{pmatrix}.$$

于是，线性方程组有唯一解

$$\boldsymbol{X}=(\boldsymbol{E}-\boldsymbol{A})^{-1}\boldsymbol{d}=\begin{pmatrix}1.72&0.78&0.63\\0.89&1.61&0.63\\0.55&0.70&1.56\end{pmatrix}\begin{pmatrix}d_1\\d_2\\d_3\end{pmatrix},$$

即

$$x_1=1.72d_1+0.78d_2+0.63d_3,$$
$$x_2=0.89d_1+1.61d_2+0.63d_3,$$
$$x_3=0.55d_1+0.70d_2+1.56d_3.$$

一般地，若有 $n$ 个部门 $C_1,C_2,\cdots,C_n$，假设 $C_i$ 部门生产一个单位产品需要消耗 $C_1,C_2,\cdots,C_n$ 各部门的产品数分别为 $a_{i1},a_{i2},\cdots,a_{in}$，$C_i$ 部门产品需求量为 $d_i$，$C_i$ 部门的总产出为 $x_i(i=1,2,\cdots,n)$，则

$$x_i=d_i+a_{i1}x_1+a_{i2}x_2+\cdots+a_{in}x_n,\quad i=1,2,\cdots,n.$$

记

$$\boldsymbol{X}=\begin{pmatrix}x_1\\x_2\\\vdots\\x_n\end{pmatrix},\quad \boldsymbol{d}=\begin{pmatrix}d_1\\d_2\\\vdots\\d_n\end{pmatrix},\quad \boldsymbol{A}=\begin{pmatrix}a_{11}&a_{12}&\cdots&a_{1n}\\a_{21}&a_{22}&\cdots&a_{2n}\\\vdots&\vdots&&\vdots\\a_{n1}&a_{n2}&\cdots&a_{nn}\end{pmatrix},$$

则方程组可用矩阵表示为

$$\boldsymbol{X}=\boldsymbol{d}+\boldsymbol{A}\boldsymbol{X},$$

这里的 $\boldsymbol{A}$ 称为直接消耗系数矩阵.将上述方程变形，得

$$(\boldsymbol{E}-\boldsymbol{A})\boldsymbol{X}=\boldsymbol{d},$$

称之为投入产出公式.通常将矩阵 $\boldsymbol{E}-\boldsymbol{A}$ 称为列昂惕夫(Leontief)矩阵.

在实际问题中,列昂惕夫矩阵 $\boldsymbol{E}-\boldsymbol{A}$ 一般是非奇异的,它的逆矩阵 $(\boldsymbol{E}-\boldsymbol{A})^{-1}$ 称为列昂惕夫逆矩阵,以大写字母 $\boldsymbol{R}$ 表示.于是,投入产出公式可变形为

$$\boldsymbol{X}=\boldsymbol{R}\boldsymbol{d}.$$

利用列昂惕夫逆矩阵,可将任何已知的、预测的或计划的最终产品需求 $\boldsymbol{d}$ 代入公式 $\boldsymbol{X}=\boldsymbol{R}\boldsymbol{d}$,从而确定各部门相应的总产出水平.

进一步,还可计算各种最终需求量发生变化时,对各部门产生的影响.例如,若给 $\boldsymbol{d}$ 以增量 $\Delta\boldsymbol{d}$,则由投入产出公式得

$$\boldsymbol{X}+\Delta\boldsymbol{X}=\boldsymbol{R}(\boldsymbol{d}+\Delta\boldsymbol{d})=\boldsymbol{R}\boldsymbol{d}+\boldsymbol{R}\Delta\boldsymbol{d}=\boldsymbol{X}+\boldsymbol{R}\Delta\boldsymbol{d},$$

即

$$\Delta\boldsymbol{X}=\boldsymbol{R}\Delta\boldsymbol{d}.$$

在前面的例子中,$n=3$,列昂惕夫逆矩阵

$$\boldsymbol{R}=\begin{pmatrix}1.72 & 0.78 & 0.63\\ 0.89 & 1.61 & 0.63\\ 0.55 & 0.70 & 1.56\end{pmatrix}.$$

不妨设 $\Delta\boldsymbol{d}=(0,0,10)^{\mathrm{T}}$,则

$$\Delta\boldsymbol{X}=\boldsymbol{R}\Delta\boldsymbol{d}=\begin{pmatrix}1.72 & 0.78 & 0.63\\ 0.89 & 1.61 & 0.63\\ 0.55 & 0.70 & 1.56\end{pmatrix}\begin{pmatrix}0\\ 0\\ 10\end{pmatrix}=\begin{pmatrix}6.3\\ 6.3\\ 15.6\end{pmatrix},$$

即

$$\Delta x_1=6.3,\qquad \Delta x_2=6.3,\qquad \Delta x_3=15.6.$$

这说明当 $C_3$ 部门最终产品需求增加 10 单位,而 $C_1,C_2$ 部门需求不变时,$C_1,C_2,C_3$ 各部门的总产出应分别增加 6.3,6.3 和 15.6 单位.

由上可看出,某部门最终产品的增加或减少,将通过错综复杂的相互依存关系,直接或间接地影响到其他各部门,而投入产出分析可以帮助我们在一定的简化条件下估计出所有影响,因此投入产出分析法在经济领域有着广泛的应用.

## 习题 2-5

考虑一个简化的国民经济模型,只划分两个经济部门:部门Ⅰ和部门Ⅱ,设直接消耗系数矩阵为 $\begin{pmatrix}0 & 0.5\\ 0.25 & 0\end{pmatrix}$,求其列昂惕夫逆矩阵.若要求部门Ⅰ的最终产品增加 5 单位,部门Ⅱ的最终产品不变,则部门Ⅰ和Ⅱ的总产出应各增加多少?

# 第二章延伸阅读　实矩阵的广义逆

当矩阵 $\boldsymbol{A}$ 是方阵，并且是非奇异矩阵时，我们知道矩阵 $\boldsymbol{A}$ 是可逆的，并且其逆矩阵 $\boldsymbol{A}^{-1}$ 是唯一的. 但当矩阵 $\boldsymbol{A}$ 不是方阵，或者 $\boldsymbol{A}$ 是奇异矩阵时，一般意义上的逆矩阵就不存在了，所以我们给出广义逆的定义.

**定义 1**　设 $\boldsymbol{A}\in\mathbf{R}^{m\times n}$ 为实矩阵，若 $\boldsymbol{X}\in\mathbf{R}^{n\times m}$ 满足下面四个彭罗斯(Penrose)方程

(1) $\boldsymbol{AXA}=\boldsymbol{A}$;

(2) $\boldsymbol{XAX}=\boldsymbol{X}$;

(3) $(\boldsymbol{AX})^{\mathrm{T}}=\boldsymbol{AX}$;

(4) $(\boldsymbol{XA})^{\mathrm{T}}=\boldsymbol{XA}$,

则称 $\boldsymbol{X}$ 为矩阵 $\boldsymbol{A}$ 的莫尔-彭罗斯(Moore-Penrose)广义逆，简称 M-P 逆，记为 $\boldsymbol{A}^{+}$.

**例 1**　容易由定义直接验证：

若 $\boldsymbol{A}=\begin{pmatrix}1&1\\0&0\end{pmatrix}$，则 $\boldsymbol{A}^{+}=\begin{pmatrix}\frac{1}{2}&0\\\frac{1}{2}&0\end{pmatrix}$；

若 $\boldsymbol{A}=\begin{pmatrix}1\\1\end{pmatrix}$，则 $\boldsymbol{A}^{+}=\left(\frac{1}{2},\frac{1}{2}\right)$；

若 $|\boldsymbol{B}|\neq0$，$\boldsymbol{A}=\begin{pmatrix}\boldsymbol{B}&\boldsymbol{O}\\\boldsymbol{O}&\boldsymbol{O}\end{pmatrix}$，则 $\boldsymbol{A}^{+}=\begin{pmatrix}\boldsymbol{B}^{-1}&\boldsymbol{O}\\\boldsymbol{O}&\boldsymbol{O}\end{pmatrix}$.

**定理 1**　设 $\boldsymbol{A}\in\mathbf{R}^{m\times n}$，$r(\boldsymbol{A})=r$，则 $\boldsymbol{A}$ 的 M-P 逆存在而且唯一.

**证**　若 $\boldsymbol{A}=\boldsymbol{O}$，则可取 $\boldsymbol{A}^{+}=\boldsymbol{O}$.

若 $r>0$，由奇异值分解定理(见第六章)，$\boldsymbol{A}$ 有如下奇异值分解

$$\boldsymbol{A}=\boldsymbol{U}\begin{pmatrix}\boldsymbol{\Sigma}&\boldsymbol{O}\\\boldsymbol{O}&\boldsymbol{O}\end{pmatrix}\boldsymbol{V}^{\mathrm{T}},$$

其中，$\boldsymbol{U}$ 与 $\boldsymbol{V}$ 分别是 $m$ 阶和 $n$ 阶正交矩阵，$\boldsymbol{\Sigma}=\mathrm{diag}(\sigma_1,\sigma_2,\cdots,\sigma_r)$，$\sigma_i>0(i=1,2,\cdots,r)$. 令

$$\boldsymbol{X}=\boldsymbol{V}\begin{pmatrix}\boldsymbol{\Sigma}^{-1}&\boldsymbol{O}\\\boldsymbol{O}&\boldsymbol{O}\end{pmatrix}\boldsymbol{U}^{\mathrm{T}},$$

可以验证 $\boldsymbol{X}$ 是 $\boldsymbol{A}$ 的一个 M-P 逆.

下证唯一性. 设 $\boldsymbol{X},\boldsymbol{Y}$ 均满足方程(1)—(4)，则

$$\begin{aligned}\boldsymbol{X}&=\boldsymbol{XAX}=\boldsymbol{X}(\boldsymbol{AX})^{\mathrm{T}}=\boldsymbol{XX}^{\mathrm{T}}\boldsymbol{A}^{\mathrm{T}}\\&=\boldsymbol{XX}^{\mathrm{T}}(\boldsymbol{AYA})^{\mathrm{T}}=\boldsymbol{XX}^{\mathrm{T}}\boldsymbol{A}^{\mathrm{T}}\boldsymbol{Y}^{\mathrm{T}}\boldsymbol{A}^{\mathrm{T}}\\&=\boldsymbol{X}(\boldsymbol{AX})^{\mathrm{T}}(\boldsymbol{AY})^{\mathrm{T}}=\boldsymbol{XAXAY}=\boldsymbol{XAY},\end{aligned}$$

$$\begin{aligned}\boldsymbol{Y}&=\boldsymbol{YAY}=(\boldsymbol{YA})^{\mathrm{T}}\boldsymbol{Y}=(\boldsymbol{YAXA})^{\mathrm{T}}\boldsymbol{Y}\\&=(\boldsymbol{XA})^{\mathrm{T}}(\boldsymbol{YA})^{\mathrm{T}}\boldsymbol{Y}=\boldsymbol{XAYAY}=\boldsymbol{XAY},\end{aligned}$$

所以，$X=Y$，即 $A$ 的广义逆是唯一的.

# 第二章综合题

1. 设 $\alpha,\beta,\gamma_2,\gamma_3,\gamma_4$ 均为四维列向量，矩阵 $A=(\alpha,\gamma_2,\gamma_3,\gamma_4)$，$B=(\beta,\gamma_2,\gamma_3,\gamma_4)$，且已知行列式 $|A|=4$，$|B|=1$，求行列式 $|A+B|$.

2. 已知 $\alpha=(1,2,3)$，$\beta=\left(1,\frac{1}{2},\frac{1}{3}\right)$，设 $A=\alpha^{\mathrm{T}}\beta$，其中 $\alpha^{\mathrm{T}}$ 是 $\alpha$ 的转置，求 $A^n$.

3. 已知 $AP=PB$，其中 $B=\begin{pmatrix}1&0&0\\0&0&0\\0&0&-1\end{pmatrix}$，$P=\begin{pmatrix}1&0&0\\2&-1&0\\2&1&1\end{pmatrix}$，求 $A$ 及 $A^5$.

4. 已知 $n$ 阶方阵 $A$ 满足矩阵方程 $A^2-3A-2E=O$，其中 $A$ 给定，$E$ 是单位矩阵，证明 $A$ 可逆，并求 $A^{-1}$.

5. 已知 $n$ 阶矩阵 $A$ 满足 $2A(A-E)=A^3$，求 $(E-A)^{-1}$.

6. 已知矩阵 $A$ 满足关系式 $A^2+2A-3E=O$，求 $(A+4E)^{-1}$.

7. 设 $n$ 阶矩阵 $A,B$ 和 $A+B$ 均可逆，证明：

(1) $A^{-1}+B^{-1}$ 也可逆，且 $(A^{-1}+B^{-1})^{-1}=A(A+B)^{-1}B=B(A+B)^{-1}A$；

(2) $(A+B)^{-1}=A^{-1}-A^{-1}(A^{-1}+B^{-1})^{-1}A^{-1}$.

8. 设 $A$ 和 $B$ 均为可逆矩阵，$X=\begin{pmatrix}O&A\\B&O\end{pmatrix}$ 为分块矩阵，求 $X^{-1}$.

9. 设 $A=\begin{pmatrix}1&0&0\\2&2&0\\3&4&5\end{pmatrix}$，$A^*$ 是 $A$ 的伴随矩阵，求 $(A^*)^{-1}$.

10. 设 $A$ 为 $n$ 阶方阵 $(n\geqslant 3)$，证明 $(A^*)^*=|A|^{n-2}A$.

11. 设 $A=\begin{pmatrix}1&2&-2\\4&t&3\\3&-1&1\end{pmatrix}$，$B$ 为三阶非零矩阵，且 $AB=O$，求 $t$.

12. 设矩阵 $A=\begin{pmatrix}k&1&1&1\\1&k&1&1\\1&1&k&1\\1&1&1&k\end{pmatrix}$，且 $r(A)=3$，求 $k$.

13. 设矩阵 $A$ 和 $B$ 满足关系式 $AB=A+2B$，其中 $A=\begin{pmatrix}3&0&1\\1&1&0\\0&1&4\end{pmatrix}$，求矩阵 $B$.

14. 已知 $\boldsymbol{A}=\begin{pmatrix}1 & 0 & 2\\ 2 & 1 & 5\\ -1 & 0 & a-3\end{pmatrix}$ 不可逆，又矩阵 $\boldsymbol{B}=\begin{pmatrix}2 & 2 & 3\\ 3 & 4 & 8\\ b+1 & c-2 & -3\end{pmatrix}$，满足矩阵方程 $\boldsymbol{AX}=\boldsymbol{B}$.

（1）求 $a,b,c$ 的值；

（2）求矩阵 $\boldsymbol{X}$.

第二章综合题参考答案

第二章自测题

# 第三章

# 向 量 空 间

$n$ 维向量空间是三维向量空间的推广，它是线性代数最基本的概念之一.向量空间理论不仅是线性代数的核心内容，而且广泛渗透于自然科学、工程技术、经济管理科学的各个分支.

在这一章里，我们将三维向量及三维向量空间中的概念和性质推广到 $n$ 维向量和 $n$ 维向量空间，同时给出欧氏空间的定义和性质.因此，从某种意义上讲，向量空间可视为空间解析几何学的进一步推广和升华，而空间解析几何则为本章较为抽象的学习内容提供了一个生动具体的图文并茂的实体.

## 第一节　向　　量

### 一、 $n$ 维向量及其线性运算

我们知道，三维向量与三元有序数组构成一一对应关系，用它可以描述空间中的点、线、面及其关系.在现实生活中，往往需要更多的标量来描述某一个物理量.例如，温度场中各点的温度 $T$，不仅与各点的空间位置 $x,y,z$ 有关，而且与时间 $t$ 有关，即 $T$ 与四元有序数组 $(x,y,z,t)$ 构成对应关系；再如，空中导弹的飞行状态，需要用导弹在空中的位置 $x,y,z$ 及相应的飞行速率 $v_x,v_y,v_z$ 来刻画，即可用六元有序数组 $(x,y,z,v_x,v_y,v_z)$ 描述导弹的飞行状态.因此，多元有序数组在实际问题中有着广泛应用.据此，引入多维向量的基本概念如下.

**定义 1**　由 $n$ 个数组成的有序数组 $(a_1,a_2,\cdots,a_n)$ 称为一个 $n$ 维向量，记为

$$\boldsymbol{\alpha}=(a_1,a_2,\cdots,a_n), \tag{1}$$

其中数 $a_i(i=1,2,\cdots,n)$ 称为向量 $\boldsymbol{\alpha}$ 的第 $i$ 个分量或第 $i$ 个坐标.

有时 $n$ 维向量也可写为一列的形式，即

$$\boldsymbol{\alpha}=\begin{pmatrix}a_1\\a_2\\\vdots\\a_n\end{pmatrix}, \tag{2}$$

为区别起见,(1),(2)分别称为行向量和列向量.对于列向量(2),为书写方便,有时记为 $\boldsymbol{\alpha}=(a_1,a_2,\cdots,a_n)^{\mathrm{T}}$.

$n$ 维行向量(或列向量)$\boldsymbol{\alpha}$ 可以视为 $1\times n$(或 $n\times 1$)矩阵.这样,一个 $n\times m$ 矩阵 $\boldsymbol{A}=(a_{ij})_{n\times m}$便可用其各列组成的列向量或者各行组成的行向量来表示,即

$$\boldsymbol{A}=(\boldsymbol{\alpha}_1,\boldsymbol{\alpha}_2,\cdots,\boldsymbol{\alpha}_m)=\begin{pmatrix}\boldsymbol{\beta}_1\\\boldsymbol{\beta}_2\\\vdots\\\boldsymbol{\beta}_n\end{pmatrix},$$

其中 $\boldsymbol{\alpha}_j=(a_{1j},a_{2j},\cdots,a_{nj})^{\mathrm{T}}(j=1,2,\cdots,m)$ 为 $n$ 维列向量,$\boldsymbol{\beta}_i=(a_{i1},a_{i2},\cdots,a_{im})(i=1,2,\cdots,n)$ 为 $m$ 维行向量.

$n$ 维向量一般用小写希腊字母 $\boldsymbol{\alpha},\boldsymbol{\beta},\cdots$ 表示.分量全为实数的向量称为实向量.如果没有特别声明,本书中所讨论的向量均指实向量.

类似于矩阵的运算,我们下面给出 $n$ 维向量相等的概念以及 $n$ 维向量的加法运算和数乘运算.

若两个 $n$ 维向量

$$\boldsymbol{\alpha}=(a_1,a_2,\cdots,a_n),\quad \boldsymbol{\beta}=(b_1,b_2,\cdots,b_n)$$

的对应分量都相等,即

$$a_i=b_i,\qquad i=1,2,\cdots,n,$$

则称向量 $\boldsymbol{\alpha}$ 与 $\boldsymbol{\beta}$ 相等,记为 $\boldsymbol{\alpha}=\boldsymbol{\beta}$.

分量都是零的向量称为零向量,记为 $\mathbf{0}$,即 $\mathbf{0}=(0,0,\cdots,0)$.

向量$(-a_1,-a_2,\cdots,-a_n)$称为向量 $\boldsymbol{\alpha}=(a_1,a_2,\cdots,a_n)$的负向量,记为$-\boldsymbol{\alpha}$.

**定义 2**　设 $\boldsymbol{\alpha}=(a_1,a_2,\cdots,a_n)$,$\boldsymbol{\beta}=(b_1,b_2,\cdots,b_n)$是两个 $n$ 维向量,向量$(a_1+b_1,a_2+b_2,\cdots,a_n+b_n)$称为向量 $\boldsymbol{\alpha}$ 与 $\boldsymbol{\beta}$ 的和,记为 $\boldsymbol{\alpha}+\boldsymbol{\beta}$,即

$$\boldsymbol{\alpha}+\boldsymbol{\beta}=(a_1+b_1,a_2+b_2,\cdots,a_n+b_n).$$

设 $k$ 是一个实数,向量$(ka_1,ka_2,\cdots,ka_n)$称为 $k$ 与 $\boldsymbol{\alpha}$ 的乘积(简称数乘),记为 $k\boldsymbol{\alpha}$,即

$$k\boldsymbol{\alpha}=(ka_1,ka_2,\cdots,ka_n).$$

由向量的加法和负向量的概念,可定义向量的减法:

$$\boldsymbol{\alpha}-\boldsymbol{\beta}=\boldsymbol{\alpha}+(-\boldsymbol{\beta})=(a_1-b_1,a_2-b_2,\cdots,a_n-b_n).$$

向量的加法与数乘统称为向量的线性运算.根据定义,不难验证 $n$ 维向量的线性运算满足以下基本运算规律:

(1) $\boldsymbol{\alpha}+\boldsymbol{\beta}=\boldsymbol{\beta}+\boldsymbol{\alpha}$;(加法交换律)

(2) $(\boldsymbol{\alpha}+\boldsymbol{\beta})+\boldsymbol{\gamma}=\boldsymbol{\alpha}+(\boldsymbol{\beta}+\boldsymbol{\gamma})$;(加法结合律)

(3) $\boldsymbol{\alpha}+\mathbf{0}=\boldsymbol{\alpha}$;

(4) $\boldsymbol{\alpha}+(-\boldsymbol{\alpha})=\mathbf{0}$;

(5) $1\boldsymbol{\alpha}=\boldsymbol{\alpha}$;

(6) $k(l\boldsymbol{\alpha})=(kl)\boldsymbol{\alpha}$;(数乘结合律)

(7) $k(\boldsymbol{\alpha}+\boldsymbol{\beta})=k\boldsymbol{\alpha}+k\boldsymbol{\beta}$;(数乘对加法的分配律)

(8) $(k+l)\boldsymbol{\alpha}=k\boldsymbol{\alpha}+l\boldsymbol{\alpha}$,

其中 $\boldsymbol{\alpha},\boldsymbol{\beta},\boldsymbol{\gamma}$ 是任意 $n$ 维向量,$k,l$ 为任意实数.

由上面八条基本运算规律,易推出向量的线性运算还满足:

$$k\mathbf{0}=\mathbf{0},\quad 0\boldsymbol{\alpha}=\mathbf{0};$$
$$(-1)\boldsymbol{\alpha}=-\boldsymbol{\alpha};$$

若 $k\boldsymbol{\alpha}=\mathbf{0}$,则 $k=0$ 或 $\boldsymbol{\alpha}=\mathbf{0}$.

**例 1** 设 $\boldsymbol{\alpha}=(2,0,-1,3)^{\mathrm{T}},\boldsymbol{\beta}=(1,7,4,-2)^{\mathrm{T}},\boldsymbol{\gamma}=(0,1,0,1)^{\mathrm{T}}$,

(1) 求 $2\boldsymbol{\alpha}+\boldsymbol{\beta}-3\boldsymbol{\gamma}$;

(2) 若有 $\boldsymbol{x}$,满足 $3\boldsymbol{\alpha}-\boldsymbol{\beta}+5\boldsymbol{\gamma}+2\boldsymbol{x}=\mathbf{0}$,求 $\boldsymbol{x}$.

**解** (1) $$\begin{aligned}2\boldsymbol{\alpha}+\boldsymbol{\beta}-3\boldsymbol{\gamma}&=2(2,0,-1,3)^{\mathrm{T}}+(1,7,4,-2)^{\mathrm{T}}-3(0,1,0,1)^{\mathrm{T}}\\&=(4,0,-2,6)^{\mathrm{T}}+(1,7,4,-2)^{\mathrm{T}}-(0,3,0,3)^{\mathrm{T}}\\&=(5,4,2,1)^{\mathrm{T}}.\end{aligned}$$

(2) 由 $3\boldsymbol{\alpha}-\boldsymbol{\beta}+5\boldsymbol{\gamma}+2\boldsymbol{x}=\mathbf{0}$,得

$$\begin{aligned}\boldsymbol{x}&=\frac{1}{2}(-3\boldsymbol{\alpha}+\boldsymbol{\beta}-5\boldsymbol{\gamma})\\&=\frac{1}{2}[-3(2,0,-1,3)^{\mathrm{T}}+(1,7,4,-2)^{\mathrm{T}}-5(0,1,0,1)^{\mathrm{T}}]\\&=\left(-\frac{5}{2},1,\frac{7}{2},-8\right)^{\mathrm{T}}.\end{aligned}$$

## 二、向量组的线性组合

先介绍向量组的线性组合和线性表示的概念.

**定义 3** 设 $\boldsymbol{\alpha}_1,\boldsymbol{\alpha}_2,\cdots,\boldsymbol{\alpha}_r$ 为 $r$ 个 $n$ 维向量,$k_1,k_2,\cdots,k_r$ 为 $r$ 个实数,称

$$k_1\boldsymbol{\alpha}_1+k_2\boldsymbol{\alpha}_2+\cdots+k_r\boldsymbol{\alpha}_r$$

为向量组 $\boldsymbol{\alpha}_1,\boldsymbol{\alpha}_2,\cdots,\boldsymbol{\alpha}_r$ 的一个线性组合,而 $k_1,k_2,\cdots,k_r$ 称为相应的组合系数.

如果向量 $\boldsymbol{\beta}$ 可以表示成向量组 $\boldsymbol{\alpha}_1,\boldsymbol{\alpha}_2,\cdots,\boldsymbol{\alpha}_r$ 的一个线性组合,则称 $\boldsymbol{\beta}$ 可以由向量组 $\boldsymbol{\alpha}_1,\boldsymbol{\alpha}_2,\cdots,\boldsymbol{\alpha}_r$ 线性表示或线性表出.

**例 2** 向量组 $\boldsymbol{\alpha}_1,\boldsymbol{\alpha}_2,\cdots,\boldsymbol{\alpha}_r$ 中每个向量 $\boldsymbol{\alpha}_i(i=1,2,\cdots,r)$ 均可由该向量组线性表示:$\boldsymbol{\alpha}_i=0\boldsymbol{\alpha}_1+\cdots+1\boldsymbol{\alpha}_i+\cdots+0\boldsymbol{\alpha}_r$.

**例 3** 设 $\mathbf{R}^3$ 中的向量 $\boldsymbol{\alpha}_1=(1,2,1),\boldsymbol{\alpha}_2=(0,1,2),\boldsymbol{\alpha}_3=(4,0,1),\boldsymbol{\beta}=(14,3,3)$. 由于

$$2\boldsymbol{\alpha}_1-\boldsymbol{\alpha}_2+3\boldsymbol{\alpha}_3=2(1,2,1)-(0,1,2)+3(4,0,1)=(14,3,3)=\boldsymbol{\beta},$$

所以 $\boldsymbol{\beta}$ 是 $\boldsymbol{\alpha}_1,\boldsymbol{\alpha}_2,\boldsymbol{\alpha}_3$ 的一个线性组合,即 $\boldsymbol{\beta}$ 可以由 $\boldsymbol{\alpha}_1,\boldsymbol{\alpha}_2,\boldsymbol{\alpha}_3$ 线性表示.

**例 4** 设 $\boldsymbol{\varepsilon}_1=(1,0,0),\boldsymbol{\varepsilon}_2=(0,1,0),\boldsymbol{\varepsilon}_3=(0,0,1)$,则对任意的 $\boldsymbol{\alpha}=(a_1,a_2,a_3)\in\mathbf{R}^3$,有

$$\boldsymbol{\alpha}=a_1\boldsymbol{\varepsilon}_1+a_2\boldsymbol{\varepsilon}_2+a_3\boldsymbol{\varepsilon}_3.$$

所以,$\mathbf{R}^3$ 中的任一向量都可以由 $\boldsymbol{\varepsilon}_1,\boldsymbol{\varepsilon}_2,\boldsymbol{\varepsilon}_3$ 线性表示.

**例 5** $n$ 维零向量可以由任一 $n$ 维向量组线性表示.事实上,对任意向量组 $\boldsymbol{\alpha}_1,\boldsymbol{\alpha}_2,\cdots,\boldsymbol{\alpha}_r$,有 $\mathbf{0}=0\boldsymbol{\alpha}_1+0\boldsymbol{\alpha}_2+\cdots+0\boldsymbol{\alpha}_r$.

**例 6** 用线性组合关系表示线性方程组

$$\begin{cases} a_{11}x_1+a_{12}x_2+\cdots+a_{1n}x_n=b_1, \\ a_{21}x_1+a_{22}x_2+\cdots+a_{2n}x_n=b_2, \\ \cdots\cdots\cdots\cdots \\ a_{m1}x_1+a_{m2}x_2+\cdots+a_{mn}x_n=b_m. \end{cases} \tag{3}$$

**解** 令

$$\boldsymbol{\alpha}_j=\begin{pmatrix} a_{1j} \\ a_{2j} \\ \vdots \\ a_{mj} \end{pmatrix}(j=1,2,\cdots,n),\ \boldsymbol{\beta}=\begin{pmatrix} b_1 \\ b_2 \\ \vdots \\ b_m \end{pmatrix}, \tag{4}$$

则线性方程组(3)可表示成如下线性组合关系式:

$$\boldsymbol{\beta}=x_1\boldsymbol{\alpha}_1+x_2\boldsymbol{\alpha}_2+\cdots+x_n\boldsymbol{\alpha}_n. \tag{5}$$

于是线性方程组(3)是否有解,就相当于是否存在一组数 $k_1,k_2,\cdots,k_n$,使得下列线性关系式成立:

$$\boldsymbol{\beta}=k_1\boldsymbol{\alpha}_1+k_2\boldsymbol{\alpha}_2+\cdots+k_n\boldsymbol{\alpha}_n.$$

所以,对于向量 $\boldsymbol{\beta}$ 与向量组 $\boldsymbol{\alpha}_1,\boldsymbol{\alpha}_2,\cdots,\boldsymbol{\alpha}_n$ 之间的线性表示的关系可以转化为方程组(5)解的判定问题:

(1) $\boldsymbol{\beta}$ 能由向量组 $\boldsymbol{\alpha}_1,\cdots,\boldsymbol{\alpha}_2,\cdots,\boldsymbol{\alpha}_n$ 线性表示且表示唯一,等价于方程组(5)有唯一解.

(2) $\boldsymbol{\beta}$ 能由向量组 $\boldsymbol{\alpha}_1,\boldsymbol{\alpha}_2,\cdots,\boldsymbol{\alpha}_n$ 线性表示且表示不唯一,等价于方程组(5)有无穷组解.

(3) $\boldsymbol{\beta}$ 不能由向量组 $\boldsymbol{\alpha}_1,\boldsymbol{\alpha}_2,\cdots,\boldsymbol{\alpha}_n$ 线性表示,等价于方程组(5)无解.

**定义 4** 设有两向量组

$$A:\boldsymbol{\alpha}_1,\boldsymbol{\alpha}_2,\cdots,\boldsymbol{\alpha}_s;\ B:\boldsymbol{\beta}_1,\boldsymbol{\beta}_2,\cdots,\boldsymbol{\beta}_t,$$

若向量组 $B$ 中每一个向量都能由向量组 $A$ 线性表示,则称向量组 $B$ 能由向量组 $A$ 线性表示.若向量组 $A$ 与向量组 $B$ 能相互线性表示,则称这两个向量组等价.

典型例题 3-1
向量组互相线性表示

按定义,若向量组 $B$ 能由向量组 $A$ 线性表示,则存在系数 $k_{ij}(i=1,2,\cdots,s,j=1,2,\cdots,t)$,使

$$\begin{cases} \boldsymbol{\beta}_1=k_{11}\boldsymbol{\alpha}_1+k_{21}\boldsymbol{\alpha}_2+\cdots+k_{s1}\boldsymbol{\alpha}_s, \\ \boldsymbol{\beta}_2=k_{12}\boldsymbol{\alpha}_1+k_{22}\boldsymbol{\alpha}_2+\cdots+k_{s2}\boldsymbol{\alpha}_s, \\ \cdots\cdots\cdots\cdots \\ \boldsymbol{\beta}_t=k_{1t}\boldsymbol{\alpha}_1+k_{2t}\boldsymbol{\alpha}_2+\cdots+k_{st}\boldsymbol{\alpha}_s, \end{cases} \tag{6}$$

式(6)可以简记为

$$(\boldsymbol{\beta}_1,\boldsymbol{\beta}_2,\cdots,\boldsymbol{\beta}_t)=(\boldsymbol{\alpha}_1,\boldsymbol{\alpha}_2,\cdots,\boldsymbol{\alpha}_s)\begin{pmatrix} k_{11} & k_{12} & \cdots & k_{1t} \\ k_{21} & k_{22} & \cdots & k_{2t} \\ \vdots & \vdots & & \vdots \\ k_{s1} & k_{s2} & \cdots & k_{st} \end{pmatrix}. \tag{7}$$

若令 $\boldsymbol{B}=(\boldsymbol{\beta}_1,\boldsymbol{\beta}_2,\cdots,\boldsymbol{\beta}_t)$,$\boldsymbol{A}=(\boldsymbol{\alpha}_1,\boldsymbol{\alpha}_2,\cdots,\boldsymbol{\alpha}_s)$,则式(7)表示 $\boldsymbol{B}$ 的列向量组可由 $\boldsymbol{A}$ 的列向量组线性表示,若令 $\boldsymbol{K}=(k_{ij})_{s\times t}$,我们称 $\boldsymbol{K}$ 为向量组 $B$ 由向量组 $A$ 线性表示的系

数矩阵.

此时式(7)可简写为

$$B=AK.$$

向量组的线性表示关系具有传递性,即有

**定理 1**　若向量组 $C:\boldsymbol{\gamma}_1,\boldsymbol{\gamma}_2,\cdots,\boldsymbol{\gamma}_m$ 可由向量组 $B:\boldsymbol{\beta}_1,\boldsymbol{\beta}_2,\cdots,\boldsymbol{\beta}_t$ 线性表示,而向量组 $B$ 又可由向量组 $A:\boldsymbol{\alpha}_1,\boldsymbol{\alpha}_2,\cdots,\boldsymbol{\alpha}_s$ 线性表示,则向量组 $C$ 可由向量组 $A$ 线性表示.

**证**　由定理条件可知,存在矩阵 $\boldsymbol{K}_1,\boldsymbol{K}_2$,使

$$\boldsymbol{C}=\boldsymbol{B}\boldsymbol{K}_1,\boldsymbol{B}=\boldsymbol{A}\boldsymbol{K}_2,$$

从而

$$\boldsymbol{C}=\boldsymbol{B}\boldsymbol{K}_1=\boldsymbol{A}\boldsymbol{K}_2\boldsymbol{K}_1=\boldsymbol{A}(\boldsymbol{K}_2\boldsymbol{K}_1),$$

所以向量组 $C$ 可由向量组 $A$ 线性表示,且系数矩阵为 $\boldsymbol{K}=\boldsymbol{K}_2\boldsymbol{K}_1$.

同样,向量组之间的等价关系也具有传递性.

**例 7**　求向量组 $B:\boldsymbol{\beta}_1=(a_{11},a_{21},a_{31})^{\mathrm{T}},\boldsymbol{\beta}_2=(a_{12},a_{22},a_{32})^{\mathrm{T}}$ 由向量组 $A:\boldsymbol{\varepsilon}_1=(1,0,0)^{\mathrm{T}},\boldsymbol{\varepsilon}_2=(0,1,0)^{\mathrm{T}},\boldsymbol{\varepsilon}_3=(0,0,1)^{\mathrm{T}}$ 线性表示的系数矩阵 $\boldsymbol{K}$.

**解**

$$\begin{cases}\boldsymbol{\beta}_1=a_{11}\boldsymbol{\varepsilon}_1+a_{21}\boldsymbol{\varepsilon}_2+a_{31}\boldsymbol{\varepsilon}_3,\\ \boldsymbol{\beta}_2=a_{12}\boldsymbol{\varepsilon}_1+a_{22}\boldsymbol{\varepsilon}_2+a_{32}\boldsymbol{\varepsilon}_3,\end{cases}$$

所以,

$$(\boldsymbol{\beta}_1,\boldsymbol{\beta}_2)=(\boldsymbol{\varepsilon}_1,\boldsymbol{\varepsilon}_2,\boldsymbol{\varepsilon}_3)\begin{pmatrix}a_{11}&a_{12}\\a_{21}&a_{22}\\a_{31}&a_{32}\end{pmatrix},$$

从而所求系数矩阵为

$$\boldsymbol{K}=\begin{pmatrix}a_{11}&a_{12}\\a_{21}&a_{22}\\a_{31}&a_{32}\end{pmatrix}.$$

## 习题 3-1

1. 设 $\boldsymbol{\alpha}=(1,2,0,1),\boldsymbol{\beta}=(2,1,4,3)$,计算 $2\boldsymbol{\alpha}-3\boldsymbol{\beta}$.

2. 设 $\boldsymbol{\alpha}_1=(1,1,0),\boldsymbol{\alpha}_2=(1,0,1),\boldsymbol{\alpha}_3=(0,1,1),\boldsymbol{\beta}=(2,0,0)$,试用向量组 $\boldsymbol{\alpha}_1,\boldsymbol{\alpha}_2,\boldsymbol{\alpha}_3$ 表示向量 $\boldsymbol{\beta}$.

3. 证明向量组 $\boldsymbol{\alpha}_1=(1,-3,1,5),\boldsymbol{\alpha}_2=(3,1,-1,8)$ 与向量组 $\boldsymbol{\beta}_1=(1,7,-3,-2),\boldsymbol{\beta}_2=(10,0,-2,29)$ 等价.

# 第二节　向量组的线性相关性

## 一、线性相关与线性无关

向量组的线性相关与线性无关是线性代数最重要的概念之一，我们给出如下定义.

**定义 1**　对于向量组 $\boldsymbol{\alpha}_1,\boldsymbol{\alpha}_2,\cdots,\boldsymbol{\alpha}_s(s\geqslant 1)$，如果存在不全为零的实数 $k_1,k_2,\cdots,k_s$，使

$$k_1\boldsymbol{\alpha}_1+k_2\boldsymbol{\alpha}_2+\cdots+k_s\boldsymbol{\alpha}_s=\mathbf{0},$$

则称向量组 $\boldsymbol{\alpha}_1,\boldsymbol{\alpha}_2,\cdots,\boldsymbol{\alpha}_s$ 线性相关，否则称向量组 $\boldsymbol{\alpha}_1,\boldsymbol{\alpha}_2,\cdots,\boldsymbol{\alpha}_s$ 线性无关.

根据定义，若向量组 $\boldsymbol{\alpha}_1,\boldsymbol{\alpha}_2,\cdots,\boldsymbol{\alpha}_s$ 线性无关，则由关系式

$$k_1\boldsymbol{\alpha}_1+k_2\boldsymbol{\alpha}_2+\cdots+k_s\boldsymbol{\alpha}_s=\mathbf{0}$$

必可得 $k_1=k_2=\cdots=k_s=0$.

根据向量组的线性相关性定义可知，两个三维向量线性相关即表示它们共线，三个三维向量线性相关即表示它们共面.反之亦然.

**定理 1**　向量组 $\boldsymbol{\alpha}_1,\boldsymbol{\alpha}_2,\cdots,\boldsymbol{\alpha}_s(s\geqslant 2)$ 线性相关当且仅当向量组中至少有一个向量可以由其余向量线性表示.

**证**　如果向量组 $\boldsymbol{\alpha}_1,\boldsymbol{\alpha}_2,\cdots,\boldsymbol{\alpha}_s$ 中有一个向量可以由其余向量线性表示，不妨设

$$\boldsymbol{\alpha}_s=k_1\boldsymbol{\alpha}_1+k_2\boldsymbol{\alpha}_2+\cdots+k_{s-1}\boldsymbol{\alpha}_{s-1},$$

则

$$k_1\boldsymbol{\alpha}_1+k_2\boldsymbol{\alpha}_2+\cdots+k_{s-1}\boldsymbol{\alpha}_{s-1}+(-1)\boldsymbol{\alpha}_s=\mathbf{0}.$$

因为 $k_1,k_2,\cdots,k_{s-1},-1$ 不全为零，所以向量组 $\boldsymbol{\alpha}_1,\boldsymbol{\alpha}_2,\cdots,\boldsymbol{\alpha}_s$ 线性相关.

反之，如果向量组 $\boldsymbol{\alpha}_1,\boldsymbol{\alpha}_2,\cdots,\boldsymbol{\alpha}_s$ 线性相关，则存在不全为零的实数 $k_1,k_2,\cdots,k_s$ 使

$$k_1\boldsymbol{\alpha}_1+k_2\boldsymbol{\alpha}_2+\cdots+k_s\boldsymbol{\alpha}_s=\mathbf{0}.$$

不妨设 $k_s\neq 0$，于是上式可改写为

$$\boldsymbol{\alpha}_s=-\frac{k_1}{k_s}\boldsymbol{\alpha}_1-\frac{k_2}{k_s}\boldsymbol{\alpha}_2-\cdots-\frac{k_{s-1}}{k_s}\boldsymbol{\alpha}_{s-1},$$

即 $\boldsymbol{\alpha}_s$ 可以由其余向量线性表示.

**例 1**　$\mathbf{R}^3$ 中的向量组 $\boldsymbol{\alpha}_1=(1,1,1),\boldsymbol{\alpha}_2=(1,2,1),\boldsymbol{\alpha}_3=(1,0,1)$ 线性相关，因为 $\boldsymbol{\alpha}_3=2\boldsymbol{\alpha}_1-\boldsymbol{\alpha}_2$.

**例 2**　含有零向量的向量组一定线性相关.事实上，设向量组 $\boldsymbol{\alpha}_1,\boldsymbol{\alpha}_2,\cdots,\boldsymbol{\alpha}_s$ 中 $\boldsymbol{\alpha}_1=\mathbf{0}$，则

$$1\cdot\boldsymbol{\alpha}_1+0\cdot\boldsymbol{\alpha}_2+0\cdot\boldsymbol{\alpha}_3+\cdots+0\cdot\boldsymbol{\alpha}_s=\mathbf{0}.$$

**定理 2**　若向量组 $\boldsymbol{\alpha}_1,\boldsymbol{\alpha}_2,\cdots,\boldsymbol{\alpha}_s$ 中有一个部分组线性相关，则向量组 $\boldsymbol{\alpha}_1,\boldsymbol{\alpha}_2,\cdots,\boldsymbol{\alpha}_s$ 也线性相关；若向量组 $\boldsymbol{\alpha}_1,\boldsymbol{\alpha}_2,\cdots,\boldsymbol{\alpha}_s$ 线性无关，则其任何部分组也线性无关.

此定理可简述为:部分相关则整体相关,整体无关则部分无关.

**证**　不妨设部分组 $\boldsymbol{\alpha}_1,\boldsymbol{\alpha}_2,\cdots,\boldsymbol{\alpha}_r(r<s)$ 线性相关,即存在不全为零的数 $k_1,k_2,\cdots,k_r$,使得

$$k_1\boldsymbol{\alpha}_1+k_2\boldsymbol{\alpha}_2+\cdots+k_r\boldsymbol{\alpha}_r=\mathbf{0}.$$

因此,存在不全为零的数 $k_1,k_2,\cdots,k_r,0,\cdots,0$,使得

$$k_1\boldsymbol{\alpha}_1+k_2\boldsymbol{\alpha}_2+\cdots+k_r\boldsymbol{\alpha}_r+0\boldsymbol{\alpha}_{r+1}+\cdots+0\boldsymbol{\alpha}_s=\mathbf{0},$$

即向量组 $\boldsymbol{\alpha}_1,\boldsymbol{\alpha}_2,\cdots,\boldsymbol{\alpha}_s$ 线性相关,故部分相关则整体相关.另一方面,若整体无关而部分相关,则立即从上面的推导过程中导出矛盾,即整体无关则必部分无关.

**定理 3**　如果向量组 $\boldsymbol{\alpha}_1,\boldsymbol{\alpha}_2,\cdots,\boldsymbol{\alpha}_s$ 线性无关,而向量组 $\boldsymbol{\alpha}_1,\boldsymbol{\alpha}_2,\cdots,\boldsymbol{\alpha}_s,\boldsymbol{\beta}$ 线性相关,那么 $\boldsymbol{\beta}$ 一定可以由向量组 $\boldsymbol{\alpha}_1,\boldsymbol{\alpha}_2,\cdots,\boldsymbol{\alpha}_s$ 线性表示,且表示法唯一.

**证**　由 $\boldsymbol{\alpha}_1,\boldsymbol{\alpha}_2,\cdots,\boldsymbol{\alpha}_s,\boldsymbol{\beta}$ 的线性相关性知,存在不全为零的数 $k_1,k_2,\cdots,k_s,k$,使

$$k_1\boldsymbol{\alpha}_1+k_2\boldsymbol{\alpha}_2+\cdots+k_s\boldsymbol{\alpha}_s+k\boldsymbol{\beta}=\mathbf{0}.$$

如果 $k=0$,那么上式变为

$$k_1\boldsymbol{\alpha}_1+k_2\boldsymbol{\alpha}_2+\cdots+k_s\boldsymbol{\alpha}_s=\mathbf{0},$$

并且 $k_1,k_2,\cdots,k_s$ 不全为零,这与 $\boldsymbol{\alpha}_1,\boldsymbol{\alpha}_2,\cdots,\boldsymbol{\alpha}_s$ 线性无关矛盾,故 $k\neq0$.从而,

$$\boldsymbol{\beta}=-\frac{k_1}{k}\boldsymbol{\alpha}_1-\frac{k_2}{k}\boldsymbol{\alpha}_2-\cdots-\frac{k_s}{k}\boldsymbol{\alpha}_s,$$

即 $\boldsymbol{\beta}$ 可以由 $\boldsymbol{\alpha}_1,\boldsymbol{\alpha}_2,\cdots,\boldsymbol{\alpha}_s$ 线性表示.若存在两组数 $t_1,t_2,\cdots,t_s,l_1,l_2,\cdots,l_s$,使得

$$\boldsymbol{\beta}=t_1\boldsymbol{\alpha}_1+t_2\boldsymbol{\alpha}_2+\cdots+t_s\boldsymbol{\alpha}_s=l_1\boldsymbol{\alpha}_1+l_2\boldsymbol{\alpha}_2+\cdots+l_s\boldsymbol{\alpha}_s,$$

则

$$(t_1-l_1)\boldsymbol{\alpha}_1+(t_2-l_2)\boldsymbol{\alpha}_2+\cdots+(t_s-l_s)\boldsymbol{\alpha}_s=\mathbf{0}.$$

由 $\boldsymbol{\alpha}_1,\boldsymbol{\alpha}_2,\cdots,\boldsymbol{\alpha}_s$ 的线性无关性得 $t_i=l_i(i=1,2,\cdots,s)$,因此,表示法唯一.

典型例题 3-2 含参数的向量组之间的关系

**例 3**　证明:若向量组 $\boldsymbol{\alpha},\boldsymbol{\beta},\boldsymbol{\gamma}$ 线性无关,则向量组 $\boldsymbol{\alpha}+\boldsymbol{\beta},\boldsymbol{\beta}+\boldsymbol{\gamma},\boldsymbol{\gamma}+\boldsymbol{\alpha}$ 亦线性无关.

**证**　设有一组数 $k_1,k_2,k_3$,使

$$k_1(\boldsymbol{\alpha}+\boldsymbol{\beta})+k_2(\boldsymbol{\beta}+\boldsymbol{\gamma})+k_3(\boldsymbol{\gamma}+\boldsymbol{\alpha})=\mathbf{0}$$

成立,即

$$(k_1+k_3)\boldsymbol{\alpha}+(k_1+k_2)\boldsymbol{\beta}+(k_2+k_3)\boldsymbol{\gamma}=\mathbf{0},$$

因 $\boldsymbol{\alpha},\boldsymbol{\beta},\boldsymbol{\gamma}$ 线性无关,故有

$$\begin{cases}k_1+k_3=0,\\k_1+k_2=0,\\k_2+k_3=0,\end{cases}$$

典型例题 3-3 用定义判断相关性

由克拉默法则可知,此方程组系数行列式 $D=2\neq0$,从而方程组只有零解,即 $k_1=k_2=k_3=0$,所以 $\boldsymbol{\alpha}+\boldsymbol{\beta},\boldsymbol{\beta}+\boldsymbol{\gamma},\boldsymbol{\gamma}+\boldsymbol{\alpha}$ 线性无关.

## 二、利用矩阵的秩判定向量组的线性相关性

由于矩阵可视为由行向量或列向量组成的,我们这里将通过向量组的线性相关性概念给出矩阵秩的一个等价定义.

**定理 4**　设矩阵 $\boldsymbol{A}$ 的秩为 $r$,则 $\boldsymbol{A}$ 中存在 $r$ 个行向量(列向量)线性无关,且 $\boldsymbol{A}$ 的任一行向量(列向量)都可以由这 $r$ 个行向量(列向量)线性表示.

*证　设

$$\boldsymbol{A}=\begin{pmatrix} a_{11} & a_{12} & \cdots & a_{1n} \\ a_{21} & a_{22} & \cdots & a_{2n} \\ \vdots & \vdots & & \vdots \\ a_{m1} & a_{m2} & \cdots & a_{mn} \end{pmatrix}=\begin{pmatrix} \boldsymbol{\alpha}_1 \\ \boldsymbol{\alpha}_2 \\ \vdots \\ \boldsymbol{\alpha}_m \end{pmatrix},$$

其中 $\boldsymbol{\alpha}_i=(a_{i1},a_{i2},\cdots,a_{in})(i=1,2,\cdots,m)$，则由矩阵的秩的定义，矩阵 $\boldsymbol{A}$ 存在一个不为零的 $r$ 阶子式.不妨设 $\boldsymbol{A}$ 的左上角的 $r$ 阶子式不为零，即

$$|\boldsymbol{D}|=\begin{vmatrix} a_{11} & a_{12} & \cdots & a_{1r} \\ a_{21} & a_{22} & \cdots & a_{2r} \\ \vdots & \vdots & & \vdots \\ a_{r1} & a_{r2} & \cdots & a_{rr} \end{vmatrix}\neq 0.$$

我们将证明 $\boldsymbol{\alpha}_1,\boldsymbol{\alpha}_2,\cdots,\boldsymbol{\alpha}_r$ 线性无关，且每一个 $\boldsymbol{\alpha}_k(k=1,2,\cdots,m)$ 都能由 $\boldsymbol{\alpha}_1,\boldsymbol{\alpha}_2,\cdots,\boldsymbol{\alpha}_r$ 线性表示.

如果 $\boldsymbol{\alpha}_1,\boldsymbol{\alpha}_2,\cdots,\boldsymbol{\alpha}_r$ 线性相关，则其中必有一个向量可由其余向量线性表示，不妨设

$$\boldsymbol{\alpha}_r=k_1\boldsymbol{\alpha}_1+k_2\boldsymbol{\alpha}_2+\cdots+k_{r-1}\boldsymbol{\alpha}_{r-1}.$$

分别把 $|\boldsymbol{D}|$ 的第 $1,2,\cdots,r-1$ 行乘 $-k_1,-k_2,\cdots,-k_{r-1}$ 后加到第 $r$ 行，则把 $|\boldsymbol{D}|$ 的最后一行元素全化为零，从而 $|\boldsymbol{D}|=0$，与假设矛盾，所以 $\boldsymbol{\alpha}_1,\boldsymbol{\alpha}_2,\cdots,\boldsymbol{\alpha}_r$ 线性无关.

因为向量组中的每一个向量都能由其本身线性表示，所以下面只需证明当 $k>r$ 时，每一个 $\boldsymbol{\alpha}_k$ 都能由 $\boldsymbol{\alpha}_1,\boldsymbol{\alpha}_2,\cdots,\boldsymbol{\alpha}_r$ 线性表示.考察下面的 $r+1$ 阶行列式

$$|\boldsymbol{D}_t|=\begin{vmatrix} a_{11} & \cdots & a_{1r} & a_{1t} \\ a_{21} & \cdots & a_{2r} & a_{2t} \\ \vdots & & \vdots & \vdots \\ a_{r1} & \cdots & a_{rr} & a_{rt} \\ a_{k1} & \cdots & a_{kr} & a_{kt} \end{vmatrix},\quad t=1,2,\cdots,n.$$

当 $t\leqslant r$ 时，$\boldsymbol{D}_t$ 有两列相同，于是有 $|\boldsymbol{D}_t|=0$；当 $t>r$ 时，$|\boldsymbol{D}_t|$ 是 $\boldsymbol{A}$ 的 $r+1$ 阶子式，同样有 $|\boldsymbol{D}_t|=0$.将行列式 $|\boldsymbol{D}_t|$ 按最后一列展开，得

$$a_{1t}A_1+a_{2t}A_2+\cdots+a_{rt}A_r+a_{kt}|\boldsymbol{D}|=0,$$

这里 $A_1,A_2,\cdots,A_r$ 分别是 $a_{1t},a_{2t},\cdots,a_{rt}$ 在 $|\boldsymbol{D}_t|$ 中的代数余子式，它们均与 $t$ 的取值无关.又 $|\boldsymbol{D}|\neq 0$，所以

$$a_{kt}=-\frac{A_1}{|\boldsymbol{D}|}a_{1t}-\frac{A_2}{|\boldsymbol{D}|}a_{2t}-\cdots-\frac{A_r}{|\boldsymbol{D}|}a_{rt},\quad t=1,2,\cdots,n.$$

于是

$$(a_{k1},a_{k2},\cdots,a_{kn})=-\frac{A_1}{|\boldsymbol{D}|}(a_{11},a_{12},\cdots,a_{1n})-\cdots-\frac{A_r}{|\boldsymbol{D}|}(a_{r1},a_{r2},\cdots,a_{rn}),$$

即

$$\boldsymbol{\alpha}_k=-\frac{A_1}{|\boldsymbol{D}|}\boldsymbol{\alpha}_1-\frac{A_2}{|\boldsymbol{D}|}\boldsymbol{\alpha}_2-\cdots-\frac{A_r}{|\boldsymbol{D}|}\boldsymbol{\alpha}_r.$$

也就是说 $\boldsymbol{\alpha}_k$ 可以由 $\boldsymbol{\alpha}_1,\boldsymbol{\alpha}_2,\cdots,\boldsymbol{\alpha}_r$ 线性表示.

在上述过程中,用 $\boldsymbol{A}^{\mathrm{T}}$ 替换 $\boldsymbol{A}$,就可以证明定理中关于列向量的结论.

**推论 1(向量组线性相关的矩阵判别法)**　设 $\boldsymbol{\alpha}_1,\boldsymbol{\alpha}_2,\cdots,\boldsymbol{\alpha}_s$ 为一 $n$ 维列向量组,令

$$\boldsymbol{A}=(\boldsymbol{\alpha}_1,\boldsymbol{\alpha}_2,\cdots,\boldsymbol{\alpha}_s)$$

为 $n\times s$ 矩阵,则 $\boldsymbol{\alpha}_1,\boldsymbol{\alpha}_2,\cdots,\boldsymbol{\alpha}_s$ 线性相关的充要条件是 $r(\boldsymbol{A})<s$,线性无关的充要条件是 $r(\boldsymbol{A})=s$.特别地,当 $s=n$ 时,向量组 $\boldsymbol{\alpha}_1,\boldsymbol{\alpha}_2,\cdots,\boldsymbol{\alpha}_s$ 线性相关的充要条件是 $|\boldsymbol{A}|=0$.

**证**　设 $r(\boldsymbol{A})=r$.由定理 4,$\boldsymbol{A}$ 有 $r$ 个列向量线性无关.若 $r=s$,则 $\boldsymbol{A}$ 的 $s$ 个列向量线性无关,即 $\boldsymbol{\alpha}_1,\boldsymbol{\alpha}_2,\cdots,\boldsymbol{\alpha}_s$ 线性无关.若 $r<s$,则 $\boldsymbol{A}$ 的其余的列向量可由这 $r$ 个列向量线性表示,所以,$\boldsymbol{\alpha}_1,\boldsymbol{\alpha}_2,\cdots,\boldsymbol{\alpha}_s$ 线性相关.

此定理对矩阵的行向量组也成立.由推论 1 可知

**推论 2**　当 $m>n$ 时,$m$ 个 $n$ 维向量一定线性相关.

**例 4**　$n$ 维向量组

$$\boldsymbol{\varepsilon}_1=(1,0,\cdots,0)^{\mathrm{T}},\boldsymbol{\varepsilon}_2=(0,1,\cdots,0)^{\mathrm{T}},\cdots,\boldsymbol{\varepsilon}_n=(0,0,\cdots,1)^{\mathrm{T}}$$

称为 $n$ 维单位坐标向量组,试讨论其线性相关性.

**解**　$n$ 维单位坐标向量组构成的矩阵

$$\boldsymbol{E}=(\boldsymbol{\varepsilon}_1,\boldsymbol{\varepsilon}_2,\cdots,\boldsymbol{\varepsilon}_n)=\begin{pmatrix}1&0&\cdots&0\\0&1&\cdots&0\\\vdots&\vdots&&\vdots\\0&0&\cdots&1\end{pmatrix}$$

是 $n$ 阶单位矩阵,由 $|\boldsymbol{E}|=1\neq0$ 及推论 1 知,此向量组是线性无关的.

**例 5**　已知 $\boldsymbol{\alpha}_1=\begin{pmatrix}1\\1\\1\end{pmatrix},\boldsymbol{\alpha}_2=\begin{pmatrix}0\\2\\5\end{pmatrix},\boldsymbol{\alpha}_3=\begin{pmatrix}2\\4\\7\end{pmatrix}$,试讨论向量组 $\boldsymbol{\alpha}_1,\boldsymbol{\alpha}_2,\boldsymbol{\alpha}_3$ 及向量组 $\boldsymbol{\alpha}_1,\boldsymbol{\alpha}_2$ 的线性相关性.

**解　方法一**　由矩阵 $\boldsymbol{A}=(\boldsymbol{\alpha}_1,\boldsymbol{\alpha}_2,\boldsymbol{\alpha}_3)$ 的行列式 $|\boldsymbol{A}|=0$ 而左上角的二阶子式 $\begin{vmatrix}1&0\\1&2\end{vmatrix}\neq0$ 知,$\boldsymbol{A}$ 的秩 $r(\boldsymbol{A})=2$.故 $\boldsymbol{\alpha}_1,\boldsymbol{\alpha}_2,\boldsymbol{\alpha}_3$ 线性相关,而矩阵 $\boldsymbol{B}=(\boldsymbol{\alpha}_1,\boldsymbol{\alpha}_2)$ 的秩 $r(\boldsymbol{B})=2$,所以 $\boldsymbol{\alpha}_1,\boldsymbol{\alpha}_2$ 线性无关.

**方法二**　用初等变换法求出矩阵的秩.

$$\boldsymbol{A}=(\boldsymbol{\alpha}_1,\boldsymbol{\alpha}_2,\boldsymbol{\alpha}_3)=(\boldsymbol{B},\boldsymbol{\alpha}_3)=\begin{pmatrix}1&0&2\\1&2&4\\1&5&7\end{pmatrix}\to\begin{pmatrix}1&0&2\\0&2&2\\0&5&5\end{pmatrix}\to\begin{pmatrix}1&0&2\\0&1&1\\0&0&0\end{pmatrix},$$

可见 $r(\boldsymbol{A})=2,r(\boldsymbol{B})=2$,故向量组 $\boldsymbol{\alpha}_1,\boldsymbol{\alpha}_2,\boldsymbol{\alpha}_3$ 线性相关,向量组 $\boldsymbol{\alpha}_1,\boldsymbol{\alpha}_2$ 线性无关.

典型例题 3-4 由空间解析性质讨论向量之间的关系

## 三、向量组的秩

**定义 2**　如果向量组 $A$(其中可以含有无穷多个向量)中的部分组 $\boldsymbol{\alpha}_1,\boldsymbol{\alpha}_2,\cdots,\boldsymbol{\alpha}_r$ 满足条件:

(1) $\boldsymbol{\alpha}_1,\boldsymbol{\alpha}_2,\cdots,\boldsymbol{\alpha}_r$ 线性无关;

（2）向量组 $A$ 中每一个向量都可以由 $\boldsymbol{\alpha}_1,\boldsymbol{\alpha}_2,\cdots,\boldsymbol{\alpha}_r$ 线性表示，

则 $\boldsymbol{\alpha}_1,\boldsymbol{\alpha}_2,\cdots,\boldsymbol{\alpha}_r$ 称为向量组 $A$ 的一个最大无关组或极大无关组.

由定义可知，一个向量组的最大无关组与该向量组等价，且线性无关向量组的最大无关组就是它本身.

**例 6**　向量组 $\boldsymbol{\alpha}_1=(1,0,0)$，$\boldsymbol{\alpha}_2=(1,1,0)$，$\boldsymbol{\alpha}_3=(2,1,0)$ 中，$\boldsymbol{\alpha}_1,\boldsymbol{\alpha}_2$ 线性无关，而 $\boldsymbol{\alpha}_3=\boldsymbol{\alpha}_1+\boldsymbol{\alpha}_2$，所以 $\boldsymbol{\alpha}_1,\boldsymbol{\alpha}_2$ 是向量组的一个最大无关组. 同样可以推出 $\boldsymbol{\alpha}_1,\boldsymbol{\alpha}_3$ 及 $\boldsymbol{\alpha}_2,\boldsymbol{\alpha}_3$ 也是向量组的最大无关组.

上例说明，一个向量组的最大无关组一般不是唯一的. 然而，我们有

**定理 5**　由有限个行向量 $\boldsymbol{\alpha}_1,\boldsymbol{\alpha}_2,\cdots,\boldsymbol{\alpha}_s$ 组成的向量组的任一最大无关组中所含向量的个数均相等，且等于矩阵

$$\boldsymbol{A}=\begin{pmatrix}\boldsymbol{\alpha}_1\\\boldsymbol{\alpha}_2\\\vdots\\\boldsymbol{\alpha}_s\end{pmatrix}$$

的秩.

* **证**　设向量组 $\boldsymbol{\alpha}_{i_1},\boldsymbol{\alpha}_{i_2},\cdots,\boldsymbol{\alpha}_{i_k}$ 是向量组 $\boldsymbol{\alpha}_1,\boldsymbol{\alpha}_2,\cdots,\boldsymbol{\alpha}_s$ 的任一最大无关组. 令

$$\boldsymbol{B}=\begin{pmatrix}\boldsymbol{\alpha}_{i_1}\\\boldsymbol{\alpha}_{i_2}\\\vdots\\\boldsymbol{\alpha}_{i_k}\end{pmatrix}.$$

因为 $\boldsymbol{\alpha}_{i_1},\boldsymbol{\alpha}_{i_2},\cdots,\boldsymbol{\alpha}_{i_k}$ 线性无关，由推论 1 可知 $r(\boldsymbol{B})=k$. 又因为 $\boldsymbol{B}$ 的行向量都是 $\boldsymbol{A}$ 的行向量，$\boldsymbol{B}$ 的子式或是 $\boldsymbol{A}$ 的子式，或与 $\boldsymbol{A}$ 的子式相差一个符号，所以 $\boldsymbol{B}$ 的不为零的子式的最高阶数小于或等于 $\boldsymbol{A}$ 的不为零的子式的最高阶数，即 $k\leqslant r(\boldsymbol{A})$.

由于 $\boldsymbol{\alpha}_{i_1},\boldsymbol{\alpha}_{i_2},\cdots,\boldsymbol{\alpha}_{i_k}$ 是向量组 $\boldsymbol{\alpha}_1,\boldsymbol{\alpha}_2,\cdots,\boldsymbol{\alpha}_s$ 的一个最大无关组，对于每一个 $\boldsymbol{\alpha}_j(j\neq i_1,i_2,\cdots,i_k)$，有

$$\boldsymbol{\alpha}_j=l_{j1}\boldsymbol{\alpha}_{i_1}+l_{j2}\boldsymbol{\alpha}_{i_2}+\cdots+l_{jk}\boldsymbol{\alpha}_{i_k}.$$

分别把 $\boldsymbol{A}$ 的第 $i_1,i_2,\cdots,i_k$ 行乘 $-l_{j1},-l_{j2},\cdots,-l_{jk}$ 后加到第 $j$ 行，就把 $\boldsymbol{A}$ 的第 $j$ 行化为零，这样 $\boldsymbol{A}$ 可以通过若干次初等变换化为有 $s-k$ 行全为零的矩阵，从而 $r(\boldsymbol{A})\leqslant k$.

由上可知 $k=r(\boldsymbol{A})$，从而向量组 $\boldsymbol{\alpha}_1,\boldsymbol{\alpha}_2,\cdots,\boldsymbol{\alpha}_s$ 的任一最大无关组中所含向量的个数均相等，且等于矩阵 $\boldsymbol{A}$ 的秩.

**定义 3**　向量组的最大无关组中所含向量的个数称为向量组的秩.

例如，例 6 中向量组的秩为 2.

由定理 5 得

**定理 6**　矩阵 $\boldsymbol{A}$ 的秩等于它的行向量组的秩，也等于它的列向量组的秩.

由定理 6 可知，求向量组的秩等价于求矩阵的秩.

**例 7**　判断向量组

$\boldsymbol{\alpha}_1=(1,4,1,0)^{\mathrm{T}}$，$\boldsymbol{\alpha}_2=(2,1,-1,-3)^{\mathrm{T}}$，$\boldsymbol{\alpha}_3=(1,0,-3,-1)^{\mathrm{T}}$，$\boldsymbol{\alpha}_4=(0,2,-6,3)^{\mathrm{T}}$

是否线性相关，并求它的秩.

**解**　以 $\boldsymbol{\alpha}_1,\boldsymbol{\alpha}_2,\boldsymbol{\alpha}_3,\boldsymbol{\alpha}_4$ 为列向量构成矩阵

$$\boldsymbol{A}=(\boldsymbol{\alpha}_1,\boldsymbol{\alpha}_2,\boldsymbol{\alpha}_3,\boldsymbol{\alpha}_4)=\begin{pmatrix}1&2&1&0\\4&1&0&2\\1&-1&-3&-6\\0&-3&-1&3\end{pmatrix}.$$

用初等行变换化 $\boldsymbol{A}$ 为阶梯形矩阵:

$$\boldsymbol{A}=\begin{pmatrix}1&2&1&0\\4&1&0&2\\1&-1&-3&-6\\0&-3&-1&3\end{pmatrix}\xrightarrow[r_3+(-1)\times r_1]{r_2+(-4)\times r_1}\begin{pmatrix}1&2&1&0\\0&-7&-4&2\\0&-3&-4&-6\\0&-3&-1&3\end{pmatrix}$$

$$\xrightarrow{r_2\leftrightarrow r_4}\begin{pmatrix}1&2&1&0\\0&-3&-1&3\\0&-3&-4&-6\\0&-7&-4&2\end{pmatrix}\xrightarrow[r_4+\left(-\frac{7}{3}\right)\times r_2]{r_3+(-1)\times r_2}$$

$$\begin{pmatrix}1&2&1&0\\0&-3&-1&3\\0&0&-3&-9\\0&0&-5/3&-5\end{pmatrix}\xrightarrow{r_4+\left(-\frac{5}{9}\right)\times r_3}\begin{pmatrix}1&2&1&0\\0&-3&-1&3\\0&0&-3&-9\\0&0&0&0\end{pmatrix}.$$

因此,$r(\boldsymbol{A})=3$,从而向量组 $\boldsymbol{\alpha}_1,\boldsymbol{\alpha}_2,\boldsymbol{\alpha}_3,\boldsymbol{\alpha}_4$ 线性相关,它的秩也为 3.

典型例题 3-5
用定义和秩判定相关性

**例 8**　求例 7 中向量组 $\boldsymbol{\alpha}_1,\boldsymbol{\alpha}_2,\boldsymbol{\alpha}_3,\boldsymbol{\alpha}_4$ 的一个最大无关组.

**解**　由例 7 知矩阵 $\boldsymbol{A}=(\boldsymbol{\alpha}_1,\boldsymbol{\alpha}_2,\boldsymbol{\alpha}_3,\boldsymbol{\alpha}_4)$经过初等行变换后化为矩阵

$$\boldsymbol{B}=\begin{pmatrix}1&2&1&0\\0&-3&-1&3\\0&0&-3&-9\\0&0&0&0\end{pmatrix}.$$

显然矩阵 $\boldsymbol{B}$ 的左上角的三阶子式不为零,因此,$\boldsymbol{B}$ 中前三列对应的三个列向量 $\boldsymbol{\alpha}_1$,$\boldsymbol{\alpha}_2,\boldsymbol{\alpha}_3$ 线性无关,即 $\boldsymbol{\alpha}_1,\boldsymbol{\alpha}_2,\boldsymbol{\alpha}_3$ 就是向量组 $\boldsymbol{\alpha}_1,\boldsymbol{\alpha}_2,\boldsymbol{\alpha}_3,\boldsymbol{\alpha}_4$ 的一个最大无关组.

典型例题 3-6
用相关性求秩

**定理 7**　如果线性无关向量组 $\boldsymbol{\alpha}_1,\boldsymbol{\alpha}_2,\cdots,\boldsymbol{\alpha}_s$ 可以由向量组 $\boldsymbol{\beta}_1,\boldsymbol{\beta}_2,\cdots,\boldsymbol{\beta}_t$ 线性表示,则 $s\leqslant t$.

***证**　设 $\boldsymbol{\alpha}_i,\boldsymbol{\beta}_j(i=1,2,\cdots,s;j=1,2,\cdots,t)$都是 $n$ 维列向量.令

$$\boldsymbol{A}=(\boldsymbol{\alpha}_1,\boldsymbol{\alpha}_2,\cdots,\boldsymbol{\alpha}_s),\quad \boldsymbol{B}=(\boldsymbol{\alpha}_1,\boldsymbol{\alpha}_2,\cdots,\boldsymbol{\alpha}_s,\boldsymbol{\beta}_1,\boldsymbol{\beta}_2,\cdots,\boldsymbol{\beta}_t).$$

由于矩阵 $\boldsymbol{A}$ 的任一子式都为矩阵 $\boldsymbol{B}$ 的一个子式,故 $r(\boldsymbol{A})\leqslant r(\boldsymbol{B})$.因为 $\boldsymbol{\alpha}_1,\boldsymbol{\alpha}_2$,$\cdots,\boldsymbol{\alpha}_s$ 线性无关,由推论 1 知 $r(\boldsymbol{A})=s\leqslant r(\boldsymbol{B})$.另一方面,因为 $\boldsymbol{\alpha}_1,\boldsymbol{\alpha}_2,\cdots,\boldsymbol{\alpha}_s$ 可以由向量组 $\boldsymbol{\beta}_1,\boldsymbol{\beta}_2,\cdots,\boldsymbol{\beta}_t$ 线性表示,所以矩阵

$$\boldsymbol{B}=(\boldsymbol{\alpha}_1,\boldsymbol{\alpha}_2,\cdots,\boldsymbol{\alpha}_s,\boldsymbol{\beta}_1,\boldsymbol{\beta}_2,\cdots,\boldsymbol{\beta}_t)$$

可经初等列变换化为

$$\boldsymbol{C}=(\boldsymbol{0},\boldsymbol{0},\cdots,\boldsymbol{0},\boldsymbol{\beta}_1,\boldsymbol{\beta}_2,\cdots,\boldsymbol{\beta}_t),$$

从而 $r(\boldsymbol{B})=r(\boldsymbol{C})\leqslant t$,故 $s\leqslant t$.

定理 7 可以等价地叙述为:如果向量组 $\boldsymbol{\alpha}_1,\boldsymbol{\alpha}_2,\cdots,\boldsymbol{\alpha}_s$ 可以由向量组 $\boldsymbol{\beta}_1,\boldsymbol{\beta}_2,\cdots,\boldsymbol{\beta}_t$

线性表示,并且 $s>t$,则向量组 $\boldsymbol{\alpha}_1,\boldsymbol{\alpha}_2,\cdots,\boldsymbol{\alpha}_s$ 线性相关.

**推论 3** 设向量组的秩为 $r$,向量组中任意多于 $r$ 个向量构成的向量组一定线性相关,从而向量组中任意 $r$ 个线性无关的向量都构成向量组的一个最大无关组.

**推论 4** 向量组的任一线性无关部分组都可以扩充为向量组的一个最大无关组.

**推论 5** 若两个线性无关向量组 $\boldsymbol{\alpha}_1,\boldsymbol{\alpha}_2,\cdots,\boldsymbol{\alpha}_s$ 与 $\boldsymbol{\beta}_1,\boldsymbol{\beta}_2,\cdots,\boldsymbol{\beta}_t$ 等价,则 $s=t$.

**推论 6** 若向量组 $A:\boldsymbol{\alpha}_1,\boldsymbol{\alpha}_2,\cdots,\boldsymbol{\alpha}_s$ 与向量组 $B:\boldsymbol{\beta}_1,\boldsymbol{\beta}_2,\cdots,\boldsymbol{\beta}_t$ 等价,则向量组 $A$ 与向量组 $B$ 有相同的秩.

**例 9** 设向量组 $\boldsymbol{\alpha}_1,\boldsymbol{\alpha}_2,\boldsymbol{\alpha}_3$ 线性相关,向量组 $\boldsymbol{\alpha}_2,\boldsymbol{\alpha}_3,\boldsymbol{\alpha}_4$ 线性无关,证明:

(1) $\boldsymbol{\alpha}_1$ 能由 $\boldsymbol{\alpha}_2,\boldsymbol{\alpha}_3$ 线性表示;

(2) $\boldsymbol{\alpha}_4$ 不能由 $\boldsymbol{\alpha}_1,\boldsymbol{\alpha}_2,\boldsymbol{\alpha}_3$ 线性表示.

**证** (1) 因 $\boldsymbol{\alpha}_2,\boldsymbol{\alpha}_3,\boldsymbol{\alpha}_4$ 线性无关,由定理 2 知,$\boldsymbol{\alpha}_2,\boldsymbol{\alpha}_3$ 线性无关,而 $\boldsymbol{\alpha}_1,\boldsymbol{\alpha}_2,\boldsymbol{\alpha}_3$ 线性相关,由定理 3 知,$\boldsymbol{\alpha}_1$ 能由 $\boldsymbol{\alpha}_2,\boldsymbol{\alpha}_3$ 线性表示.

(2) 用反证法.假设 $\boldsymbol{\alpha}_4$ 能由 $\boldsymbol{\alpha}_1,\boldsymbol{\alpha}_2,\boldsymbol{\alpha}_3$ 线性表示,而由(1)知 $\boldsymbol{\alpha}_1$ 能由 $\boldsymbol{\alpha}_2,\boldsymbol{\alpha}_3$ 线性表示,因此 $\boldsymbol{\alpha}_4$ 能由 $\boldsymbol{\alpha}_2,\boldsymbol{\alpha}_3$ 线性表示,这与 $\boldsymbol{\alpha}_2,\boldsymbol{\alpha}_3,\boldsymbol{\alpha}_4$ 线性无关相矛盾.

**定理 8** 若向量组线性无关,则在各向量中相应增加分量后,所得的向量组仍线性无关.

**证** 设 $s$ 个 $m$ 维向量 $\boldsymbol{\alpha}_1,\boldsymbol{\alpha}_2,\cdots,\boldsymbol{\alpha}_s$ 线性无关,在每一个向量中添加 $n-m$ 个分量后得到 $n$ 维向量组 $\boldsymbol{\beta}_1,\boldsymbol{\beta}_2,\cdots,\boldsymbol{\beta}_s$.

分情况讨论.先证明分量全部添加在各个 $\boldsymbol{\alpha}_i$ 后面时结论成立,即若 $\boldsymbol{\alpha}_i=(a_{i1},a_{i2},\cdots,a_{im})^{\mathrm{T}}$,则相应地,$\boldsymbol{\beta}_i=(a_{i1},a_{i2},\cdots,a_{im},a_{i,m+1},\cdots,a_{in})^{\mathrm{T}},i=1,2,\cdots,s$.

设

$$x_1\boldsymbol{\beta}_1+x_2\boldsymbol{\beta}_2+\cdots+x_s\boldsymbol{\beta}_s=\mathbf{0}, \tag{1}$$

展开得到齐次线性方程组

$$\begin{cases} a_{11}x_1+a_{21}x_2+\cdots+a_{s1}x_s=0, \\ a_{12}x_1+a_{22}x_2+\cdots+a_{s2}x_s=0, \\ \quad\cdots\cdots\cdots\cdots \\ a_{1m}x_1+a_{2m}x_2+\cdots+a_{sm}x_s=0, \\ a_{1,m+1}x_1+a_{2,m+1}x_2+\cdots+a_{s,m+1}x_s=0, \\ \quad\cdots\cdots\cdots\cdots \\ a_{1n}x_1+a_{2n}x_2+\cdots+a_{sn}x_s=0. \end{cases} \tag{2}$$

此方程组的前 $m$ 个方程可以写成

$$x_1\boldsymbol{\alpha}_1+x_2\boldsymbol{\alpha}_2+\cdots+x_s\boldsymbol{\alpha}_s=\mathbf{0}. \tag{3}$$

因 $\boldsymbol{\alpha}_1,\boldsymbol{\alpha}_2,\cdots,\boldsymbol{\alpha}_s$ 线性无关,从而知方程组(3)只有零解.即方程组(1)只有零解.故向量组 $\boldsymbol{\beta}_1,\boldsymbol{\beta}_2,\cdots,\boldsymbol{\beta}_s$ 线性无关.

从上述证明过程可以看出,若分量相应添加在 $\boldsymbol{\alpha}_i$ 的各分量之间,定理仍然成立.

**推论 7** 若向量组线性相关,则在各向量中减少相应分量后向量组仍线性相关.

**例 10** 设 $\boldsymbol{\alpha}_1=(0,1,1)^{\mathrm{T}},\boldsymbol{\alpha}_2=(1,0,1)^{\mathrm{T}},\boldsymbol{\alpha}_3=(1,1,0)^{\mathrm{T}}$ 线性无关,则在向量后面添加两个分量,分别记为 $\boldsymbol{\beta}_1=(0,1,1,2,-1)^{\mathrm{T}},\boldsymbol{\beta}_2=(1,0,1,1,-1)^{\mathrm{T}},\boldsymbol{\beta}_3=(1,1,0,$

$-4,-1)^{\mathrm{T}}$，则 $\boldsymbol{\beta}_1,\boldsymbol{\beta}_2,\boldsymbol{\beta}_3$ 线性无关；反之，若令 $\boldsymbol{\alpha}_1=(-1,1,0,1,0)^{\mathrm{T}},\boldsymbol{\alpha}_2=(0,1,1,2,-1)^{\mathrm{T}},\boldsymbol{\alpha}_3=(1,0,1,1,-1)^{\mathrm{T}}$ 线性相关，则去掉第 1 和第 4 个分量后得 $\boldsymbol{\beta}_1=(1,0,0)^{\mathrm{T}},\boldsymbol{\beta}_2=(1,1,-1)^{\mathrm{T}},\boldsymbol{\beta}_3=(0,1,-1)^{\mathrm{T}}$ 线性相关.

## 习题 3-2

1. 判定下列向量组是否线性相关：

(1) $(1,2,-3),(1,-3,2),(2,-1,3)$；

(2) $(1,-1,0),(0,1,1),(3,0,0)$；

(3) $(1,1,3),(2,4,5),(1,-1,0),(2,2,6)$；

(4) $(1,2,3,4),(1,0,1,2),(2,2,4,6),(1,2,0,-5)$.

2. 下列论断哪些是对的，哪些是错的？如果是对的，给出证明；如果是错的，举出反例.

(1) 如果存在 $m$ 个数 $\lambda_1,\lambda_2,\cdots,\lambda_m$，使得 $\lambda_1\boldsymbol{\alpha}_1+\lambda_2\boldsymbol{\alpha}_2+\cdots+\lambda_m\boldsymbol{\alpha}_m=\mathbf{0}$，那么 $\boldsymbol{\alpha}_1,\boldsymbol{\alpha}_2,\cdots,\boldsymbol{\alpha}_m$ 线性相关；

(2) 如果 $\boldsymbol{\alpha}_1,\boldsymbol{\alpha}_2,\cdots,\boldsymbol{\alpha}_m$ 线性无关，那么其中每一个向量都不是其余向量的线性组合；

(3) 如果向量组 $\boldsymbol{\alpha}_1,\boldsymbol{\alpha}_2,\cdots,\boldsymbol{\alpha}_m(m\geqslant 2)$ 线性相关，那么其中每一个向量都可以是其余向量的线性组合；

(4) 设向量 $\boldsymbol{\beta}$ 可以由 $\boldsymbol{\alpha}_1,\boldsymbol{\alpha}_2,\cdots,\boldsymbol{\alpha}_m$ 线性表示，但不能由 $\boldsymbol{\alpha}_1,\boldsymbol{\alpha}_2,\cdots,\boldsymbol{\alpha}_{m-1}$ 线性表示，那么向量组 $\boldsymbol{\alpha}_1,\boldsymbol{\alpha}_2,\cdots,\boldsymbol{\alpha}_{m-1},\boldsymbol{\alpha}_m$ 与向量组 $\boldsymbol{\alpha}_1,\boldsymbol{\alpha}_2,\cdots,\boldsymbol{\alpha}_{m-1},\boldsymbol{\beta}$ 有相同的秩.

3. 试问 $k$ 取何值时，向量组 $\boldsymbol{\alpha}_1=(6,k+1,7),\boldsymbol{\alpha}_2=(k,2,2),\boldsymbol{\alpha}_3=(k,1,0)$ 线性相关？

4. 求下列向量组的秩，并分别找出它的一个最大无关组.

(1) $(2,1),(1,-1),(1,1)$；

(2) $(1,5,-6),(2,1,8),(3,-1,4),(2,1,1)$；

(3) $(1,-2,4,1),(2,1,0,3),(3,-6,1,4)$.

5. 设 $\boldsymbol{\alpha}_i=(a_{i1},a_{i2},\cdots,a_{in})\in\mathbf{R}^n(i=1,2,\cdots,m)$ 线性无关，对每一个 $\boldsymbol{\alpha}_i$ 任意添上 $p$ 个数，得到 $\mathbf{R}^{n+p}$ 中的 $m$ 个向量 $\boldsymbol{\beta}_i=(a_{i1},\cdots,a_{in},b_{i1},\cdots,b_{ip}),i=1,2,\cdots,m$. 证明：向量组 $\boldsymbol{\beta}_1,\boldsymbol{\beta}_2,\cdots,\boldsymbol{\beta}_m$ 也线性无关.

# 第三节　向量空间

## 一、向量空间

设 $S$ 是由 $n$ 维向量组成的集合，如果对任意的 $\boldsymbol{\alpha},\boldsymbol{\beta}\in S$，有 $\boldsymbol{\alpha}+\boldsymbol{\beta}\in S$，则称集合 $S$

关于向量的加法封闭;如果对任意的 $\boldsymbol{\alpha}\in S,k\in\mathbf{R}$,有 $k\boldsymbol{\alpha}\in S$,则称集合 $S$ 关于向量的数乘封闭.

**定义 1**　设 $V$ 为 $n$ 维向量组成的非空集合,如果 $V$ 关于向量的加法和数乘都封闭,则称 $V$ 为向量空间.

全体 $n$ 维实向量的集合就是一个向量空间,称为 $n$ 维向量空间,记为 $\mathbf{R}^n$.平面或空间中的向量可分别用二维向量或三维向量表示,所以,$\mathbf{R}^2$ 和 $\mathbf{R}^3$ 可分别视为通常的二维和三维空间.

仅由一个零向量构成的集合 $\{\mathbf{0}\}$ 也是一个向量空间,称此空间为零空间.

**例 1**　判断下列 $n$ 维向量组成的集合哪些是向量空间.

$A=\{(a_1,0,\cdots,0)\mid a_1\in\mathbf{R}\}$;

$B=\{(a_1,1,0,\cdots,0)\mid a_1\in\mathbf{R}\}$;

$C=\{(a_1,a_2,\cdots,a_n)\mid a_1+a_2+\cdots+a_n=0,a_i\in\mathbf{R},i=1,2,\cdots,n\}$.

**解**　$A$ 是向量空间.事实上,任取 $A$ 中的两向量 $\boldsymbol{\alpha}=(a,0,\cdots,0),\boldsymbol{\beta}=(b,0,\cdots,0)$ 以及实数 $k$,有

$$\boldsymbol{\alpha}+\boldsymbol{\beta}=(a+b,0,\cdots,0)\in A,$$
$$k\boldsymbol{\alpha}=(ka,0,\cdots,0)\in A,$$

即 $A$ 关于向量的加法和数乘都封闭.

$B$ 不是向量空间.因为对于 $B$ 中两向量

$$\boldsymbol{\alpha}=(a,1,0,\cdots,0),\quad \boldsymbol{\beta}=(b,1,0,\cdots,0),$$

其和

$$\boldsymbol{\alpha}+\boldsymbol{\beta}=(a+b,2,0,\cdots,0)\notin B,$$

即 $B$ 关于向量的加法不封闭.

$C$ 是向量空间.因为对 $C$ 中的任意两个向量

$$\boldsymbol{\alpha}=(a_1,a_2,\cdots,a_n),\quad \boldsymbol{\beta}=(b_1,b_2,\cdots,b_n),$$

其中 $a_1+a_2+\cdots+a_n=0,b_1+b_2+\cdots+b_n=0$,有

$$\boldsymbol{\alpha}+\boldsymbol{\beta}=(a_1+b_1,a_2+b_2,\cdots,a_n+b_n),$$

且 $a_1+b_1+a_2+b_2+\cdots+a_n+b_n=(a_1+a_2+\cdots+a_n)+(b_1+b_2+\cdots+b_n)=0$,即 $\boldsymbol{\alpha}+\boldsymbol{\beta}\in C$.

对于任意的实数 $k$,由 $ka_1+ka_2+\cdots+ka_n=k(a_1+a_2+\cdots+a_n)=0$,知

$$k\boldsymbol{\alpha}=(ka_1,ka_2,\cdots,ka_n)\in C,$$

即 $k\boldsymbol{\alpha}\in C$.因此 $C$ 关于向量的加法和数乘都封闭.

## 二、子空间

**定义 2**　设 $W$ 是向量空间 $V$ 的一个非空子集,如果 $W$ 关于向量的加法与数乘都封闭,那么称 $W$ 是 $V$ 的一个子空间.

由定义 2 可知,向量空间 $V$ 的非空子集 $W$ 是 $V$ 的子空间当且仅当对任意的 $\boldsymbol{\alpha},\boldsymbol{\beta}\in W$ 及数 $k,l\in\mathbf{R}$,都有 $k\boldsymbol{\alpha}+l\boldsymbol{\beta}\in W$(请读者自己证明).

**例 2**　向量空间 $V$ 本身和 $V$ 中零向量组成的零空间都是 $V$ 的子空间,这两个子空间称为 $V$ 的平凡子空间,它们分别构成 $V$ 的最大的和最小的子空间.$V$ 的其他的子空间称为非平凡子空间.

例 1 中的集合 $A,C$ 都是 $\mathbf{R}^n$ 的子空间.不难验证,集合

$$W_1=\left\{\left(a_1,a_2,\cdots,a_{n-1},\sum_{i=1}^{n-1}a_i\right)\mid a_i\in\mathbf{R},i=1,2,\cdots,n-1\right\},$$

$$W_2=\{(a_1,a_2,\cdots,a_n)\mid a_1=a_2=\cdots=a_n\in\mathbf{R}\},$$

$$W_3=\{(a,a+b,a+2b,\cdots,a+(n-1)b)\mid a,b\in\mathbf{R}\}$$

也都是 $\mathbf{R}^n$ 的子空间,其中 $W_2$ 又是 $W_3$ 的子空间.

**例 3**　设 $V$ 是一个向量空间,$\boldsymbol{\alpha}_1,\boldsymbol{\alpha}_2,\cdots,\boldsymbol{\alpha}_r\in V$,则

$$W=\{k_1\boldsymbol{\alpha}_1+k_2\boldsymbol{\alpha}_2+\cdots+k_r\boldsymbol{\alpha}_r\mid k_i\in\mathbf{R},i=1,2,\cdots,r\}$$

是 $V$ 的子空间.这个子空间称为由 $\boldsymbol{\alpha}_1,\boldsymbol{\alpha}_2,\cdots,\boldsymbol{\alpha}_r$ 生成的子空间,记为 $L(\boldsymbol{\alpha}_1,\boldsymbol{\alpha}_2,\cdots,\boldsymbol{\alpha}_r)$,$\boldsymbol{\alpha}_1,\boldsymbol{\alpha}_2,\cdots,\boldsymbol{\alpha}_r$ 称为这个子空间的一组生成元.

特别地,对 $\boldsymbol{\alpha}\in V$,$L(\boldsymbol{\alpha})=\{k\boldsymbol{\alpha}\mid k\in\mathbf{R}\}$ 是由 $\boldsymbol{\alpha}$ 生成的 $V$ 的子空间.

**例 4**　设 $W_1,W_2$ 是向量空间 $V$ 的两个子空间,则 $V$ 的子集

$$\{\boldsymbol{\alpha}\mid\boldsymbol{\alpha}\in W_1\text{ 且 }\boldsymbol{\alpha}\in W_2\}$$

以及

$$\{\boldsymbol{\alpha}\mid\boldsymbol{\alpha}=\boldsymbol{\alpha}_1+\boldsymbol{\alpha}_2,\text{其中 }\boldsymbol{\alpha}_1\in W_1,\boldsymbol{\alpha}_2\in W_2\}$$

都是 $V$ 的子空间.前者称为两个子空间 $W_1$ 与 $W_2$ 的交,记为 $W_1\cap W_2$;后者称为两个子空间 $W_1$ 与 $W_2$ 的和,记为 $W_1+W_2$.

事实上,由 $\mathbf{0}\in W_1,\mathbf{0}\in W_2$,可知 $\mathbf{0}\in W_1\cap W_2$,因而 $W_1\cap W_2$ 非空.对任何 $\boldsymbol{\alpha},\boldsymbol{\beta}\in W_1\cap W_2$,有 $\boldsymbol{\alpha}+\boldsymbol{\beta}\in W_1,\boldsymbol{\alpha}+\boldsymbol{\beta}\in W_2$,因此 $\boldsymbol{\alpha}+\boldsymbol{\beta}\in W_1\cap W_2$,即 $W_1\cap W_2$ 关于向量的加法封闭;同样可证明 $W_1\cap W_2$ 关于向量的数乘也封闭.所以,$W_1\cap W_2$ 是 $V$ 的子空间.

关于 $W_1+W_2$ 的结论留给读者自己证明(见习题).

**例 5**　线性方程组 $\boldsymbol{A}\boldsymbol{x}=\mathbf{0}$ 的解集合 $S$ 是 $\mathbf{R}^n$ 的一个子空间,其中 $\boldsymbol{A}$ 为已知 $m\times n$ 矩阵,$\boldsymbol{x}$ 为 $n$ 维未知列向量.

因为 $\mathbf{0}\in S$,所以 $S$ 非空,而对任意的 $\boldsymbol{x},\boldsymbol{y}\in S,k\in\mathbf{R}$,由 $\boldsymbol{A}\boldsymbol{x}=\mathbf{0},\boldsymbol{A}\boldsymbol{y}=\mathbf{0}$ 有

$$\boldsymbol{A}(\boldsymbol{x}+\boldsymbol{y})=\boldsymbol{A}\boldsymbol{x}+\boldsymbol{A}\boldsymbol{y}=\mathbf{0},\quad \boldsymbol{A}(k\boldsymbol{x})=k(\boldsymbol{A}\boldsymbol{x})=\mathbf{0},$$

即 $S$ 关于向量的加法和数乘都封闭.因此,$S$ 构成 $\mathbf{R}^n$ 的一个子空间.

## 三、向量空间的基与维数

**定义 3**　设 $V$ 为一个向量空间,$\boldsymbol{\alpha}_1,\boldsymbol{\alpha}_2,\cdots,\boldsymbol{\alpha}_r\in V$,如果

(1) $\boldsymbol{\alpha}_1,\boldsymbol{\alpha}_2,\cdots,\boldsymbol{\alpha}_r$ 线性无关;

(2) $V$ 中任一向量都可以由 $\boldsymbol{\alpha}_1,\boldsymbol{\alpha}_2,\cdots,\boldsymbol{\alpha}_r$ 线性表示,

则向量组 $\boldsymbol{\alpha}_1,\boldsymbol{\alpha}_2,\cdots,\boldsymbol{\alpha}_r$ 称为向量空间 $V$ 的一组基,$r$ 称为向量空间 $V$ 的维数,记为 $\dim(V)=r$.

零空间的维数规定为 0.

若把向量空间 $V$ 视为一个向量组,则 $V$ 的基就是它的一个最大无关组,$V$ 的维数就是它的秩.由上一节有关定理及推论知,向量空间可以有很多组基,但每组基所含向量的个数是相同的,所以向量空间的维数是唯一确定的.

**例 6**　证明:$\boldsymbol{\varepsilon}_1=(1,0,\cdots,0),\boldsymbol{\varepsilon}_2=(0,1,\cdots,0),\cdots,\boldsymbol{\varepsilon}_n=(0,0,\cdots,1)$ 是 $\mathbf{R}^n$ 的一组

基，从而知 $\mathbf{R}^n$ 的维数等于 $n$.

**证** 由本章第二节例 4 知，$\boldsymbol{\varepsilon}_1,\boldsymbol{\varepsilon}_2,\cdots,\boldsymbol{\varepsilon}_n$ 线性无关.

对任意的 $\boldsymbol{\alpha}\in\mathbf{R}^n$，设 $\boldsymbol{\alpha}=(a_1,a_2,\cdots,a_n)$，则

$$\boldsymbol{\alpha}=a_1\boldsymbol{\varepsilon}_1+a_2\boldsymbol{\varepsilon}_2+\cdots+a_n\boldsymbol{\varepsilon}_n,$$

故 $\boldsymbol{\varepsilon}_1,\boldsymbol{\varepsilon}_2,\cdots,\boldsymbol{\varepsilon}_n$ 为向量空间 $\mathbf{R}^n$ 的基，且 $\dim(\mathbf{R}^n)=n$.

$\boldsymbol{\varepsilon}_1,\boldsymbol{\varepsilon}_2,\cdots,\boldsymbol{\varepsilon}_n$ 称为向量空间 $\mathbf{R}^n$ 的标准基.

**例 7** 设 $\boldsymbol{\alpha}_1,\boldsymbol{\alpha}_2,\cdots,\boldsymbol{\alpha}_m$ 是 $m$ 个 $n$ 维向量，

$$\begin{aligned}V&=L(\boldsymbol{\alpha}_1,\boldsymbol{\alpha}_2,\cdots,\boldsymbol{\alpha}_m)\\&=\{k_1\boldsymbol{\alpha}_1+k_2\boldsymbol{\alpha}_2+\cdots+k_m\boldsymbol{\alpha}_m \mid k_i\in\mathbf{R},i=1,2,\cdots,m\},\end{aligned}$$

则向量组 $\boldsymbol{\alpha}_1,\boldsymbol{\alpha}_2,\cdots,\boldsymbol{\alpha}_m$ 的一个最大无关组就是 $V$ 的一组基，从而向量组 $\boldsymbol{\alpha}_1,\boldsymbol{\alpha}_2,\cdots,\boldsymbol{\alpha}_m$ 的秩就等于 $V$ 的维数.

由上一节推论 3 及推论 4 可以得到如下两个关于向量空间的基和维数的定理.

**定理 1** 设 $V$ 是一个向量空间，$\dim(V)=r$，那么 $V$ 中任意 $r$ 个线性无关的向量都是 $V$ 的一组基，且 $V$ 中任意多于 $r$ 个向量的向量组一定线性相关.

特别地，任意 $n$ 个线性无关的 $n$ 维向量都是 $\mathbf{R}^n$ 的一组基.

**定理 2** 向量空间 $V$ 中任一线性无关向量组都可以扩充为 $V$ 的一组基. 特别地，$V$ 的任一子空间的基都可以扩充为 $V$ 的基.

**证** 设 $V$ 是 $n$ 维向量空间，$\boldsymbol{\alpha}_1,\boldsymbol{\alpha}_2\cdots,\boldsymbol{\alpha}_s(s\leqslant n)$ 是 $V$ 中一组线性无关的向量，对 $k=n-s$ 作归纳法.

当 $k=0$，即 $s=n$ 时，显然 $\boldsymbol{\alpha}_1,\boldsymbol{\alpha}_2,\cdots,\boldsymbol{\alpha}_s$ 就是 $V$ 的一组基，定理结论成立.

当 $k=1$，即 $n=s+1$ 时，$V$ 中必有一向量不能被 $\boldsymbol{\alpha}_1,\boldsymbol{\alpha}_2,\cdots,\boldsymbol{\alpha}_s$ 线性表出，不妨设为 $\boldsymbol{\alpha}_{s+1}$，此时必有 $\boldsymbol{\alpha}_1,\boldsymbol{\alpha}_2,\cdots,\boldsymbol{\alpha}_s,\boldsymbol{\alpha}_{s+1}$ 线性无关（由上一节定理 3），所以，$\boldsymbol{\alpha}_1,\boldsymbol{\alpha}_2,\cdots,\boldsymbol{\alpha}_s,\boldsymbol{\alpha}_{s+1}$ 就是 $V$ 的一组基.

假定当 $k=t$ 时结论成立，即当 $n=s+t$ 时，存在 $\boldsymbol{\alpha}_{s+1},\boldsymbol{\alpha}_{s+2},\cdots,\boldsymbol{\alpha}_{s+t}$ 使 $\boldsymbol{\alpha}_1,\cdots,\boldsymbol{\alpha}_s,\boldsymbol{\alpha}_{s+1},\cdots,\boldsymbol{\alpha}_{s+t}$ 线性无关，从而是 $V$ 的一组基. 那么当 $k=t+1$，即 $n=s+t+1$ 时，在 $V$ 中必有一个向量，不妨设为 $\boldsymbol{\alpha}_{s+1}$ 不能被 $\boldsymbol{\alpha}_1,\boldsymbol{\alpha}_2,\cdots,\boldsymbol{\alpha}_s$ 线性表示，此时 $\boldsymbol{\alpha}_1,\boldsymbol{\alpha}_2,\cdots,\boldsymbol{\alpha}_s,\boldsymbol{\alpha}_{s+1}$ 是 $V$ 中一组线性无关的向量. 因为 $n-(s+1)=t$，由归纳法假设，$\boldsymbol{\alpha}_1,\cdots,\boldsymbol{\alpha}_s,\boldsymbol{\alpha}_{s+1}$ 可扩充为 $V$ 中的一组基 $\boldsymbol{\alpha}_1,\cdots,\boldsymbol{\alpha}_s,\boldsymbol{\alpha}_{s+1},\boldsymbol{\alpha}_{s+2},\cdots,\boldsymbol{\alpha}_n$. 证毕.

典型例题 3-7 由维数求参数

## 四、向量在给定基下的坐标

设 $\boldsymbol{\alpha}_1,\boldsymbol{\alpha}_2,\cdots,\boldsymbol{\alpha}_r$ 是向量空间 $V$ 的一组基，则 $V$ 的每一个向量 $\boldsymbol{\alpha}$ 可以表示为

$$\boldsymbol{\alpha}=x_1\boldsymbol{\alpha}_1+x_2\boldsymbol{\alpha}_2+\cdots+x_r\boldsymbol{\alpha}_r,$$

且有序数组 $x_1,x_2,\cdots,x_r$ 是唯一的. 事实上，若还有 $y_1,y_2,\cdots,y_r$，使

$$\boldsymbol{\alpha}=y_1\boldsymbol{\alpha}_1+y_2\boldsymbol{\alpha}_2+\cdots+y_r\boldsymbol{\alpha}_r,$$

则

$$(x_1-y_1)\boldsymbol{\alpha}_1+(x_2-y_2)\boldsymbol{\alpha}_2+\cdots+(x_r-y_r)\boldsymbol{\alpha}_r=\mathbf{0}.$$

由于 $\boldsymbol{\alpha}_1,\boldsymbol{\alpha}_2,\cdots,\boldsymbol{\alpha}_r$ 线性无关，必有 $x_1=y_1,x_2=y_2,\cdots,x_r=y_r$.

**定义 4** 设 $\boldsymbol{\alpha}_1,\boldsymbol{\alpha}_2,\cdots,\boldsymbol{\alpha}_r$ 是向量空间 $V$ 的一组基，$\boldsymbol{\alpha}\in V$. 如果

$$\boldsymbol{\alpha}=x_1\boldsymbol{\alpha}_1+x_2\boldsymbol{\alpha}_2+\cdots+x_r\boldsymbol{\alpha}_r,$$

则 $r$ 维向量$(x_1,x_2,\cdots,x_r)$称为向量 $\boldsymbol{\alpha}$ 在基 $\boldsymbol{\alpha}_1,\boldsymbol{\alpha}_2,\cdots,\boldsymbol{\alpha}_r$ 下的坐标.

由例 6 知,向量空间 $\mathbf{R}^n$ 中向量 $\boldsymbol{\alpha}=(a_1,a_2,\cdots,a_n)^{\mathrm{T}}$ 在标准基 $\boldsymbol{\varepsilon}_1,\boldsymbol{\varepsilon}_2,\cdots,\boldsymbol{\varepsilon}_n$ 下的坐标为$(a_1,a_2,\cdots,a_n)$,即 $\mathbf{R}^n$ 中任一向量在标准基下的坐标就是其自身.

**例 8**　设 $\boldsymbol{\alpha}_1=(1,1,1)^{\mathrm{T}},\boldsymbol{\alpha}_2=(1,1,-1)^{\mathrm{T}},\boldsymbol{\alpha}_3=(1,-1,-1)^{\mathrm{T}}$.证明 $\boldsymbol{\alpha}_1,\boldsymbol{\alpha}_2,\boldsymbol{\alpha}_3$ 是向量空间 $\mathbf{R}^3$ 的一组基,并求向量 $\boldsymbol{\beta}=(1,2,1)^{\mathrm{T}}$ 在此基下的坐标.

**解**　令 $\boldsymbol{A}=(\boldsymbol{\alpha}_1,\boldsymbol{\alpha}_2,\boldsymbol{\alpha}_3)$,则

$$|\boldsymbol{A}|=\begin{vmatrix}1&1&1\\1&1&-1\\1&-1&-1\end{vmatrix}=-4\neq 0,$$

所以 $\boldsymbol{\alpha}_1,\boldsymbol{\alpha}_2,\boldsymbol{\alpha}_3$ 线性无关,从而是 $\mathbf{R}^3$ 的一组基.

令 $\boldsymbol{\beta}=x_1\boldsymbol{\alpha}_1+x_2\boldsymbol{\alpha}_2+x_3\boldsymbol{\alpha}_3$,即

$$\begin{pmatrix}1\\2\\1\end{pmatrix}=x_1\begin{pmatrix}1\\1\\1\end{pmatrix}+x_2\begin{pmatrix}1\\1\\-1\end{pmatrix}+x_3\begin{pmatrix}1\\-1\\-1\end{pmatrix}=\begin{pmatrix}x_1+x_2+x_3\\x_1+x_2-x_3\\x_1-x_2-x_3\end{pmatrix}.$$

由此得线性方程组

$$\begin{cases}x_1+x_2+x_3=1,\\x_1+x_2-x_3=2,\\x_1-x_2-x_3=1,\end{cases}$$

解之得 $x_1=1,x_2=\dfrac{1}{2},x_3=-\dfrac{1}{2}$.所以 $\boldsymbol{\beta}$ 在基 $\boldsymbol{\alpha}_1,\boldsymbol{\alpha}_2,\boldsymbol{\alpha}_3$ 下的坐标为 $\left(1,\dfrac{1}{2},-\dfrac{1}{2}\right)$.

在向量空间 $V$ 中取定一组基 $\boldsymbol{\alpha}_1,\boldsymbol{\alpha}_2,\cdots,\boldsymbol{\alpha}_r$ 后,$V$ 中的每一个向量 $\boldsymbol{\alpha}$ 就唯一对应一个 $r$ 维坐标的向量$(x_1,x_2,\cdots,x_r)$.由向量坐标定义可知这个对应具有下述性质:

如果 $\boldsymbol{\alpha},\boldsymbol{\beta}$ 的坐标分别为$(x_1,x_2,\cdots,x_r)$及$(y_1,y_2,\cdots,y_r)$,那么 $\boldsymbol{\alpha}+\boldsymbol{\beta}$ 的坐标为

$$(x_1+y_1,x_2+y_2,\cdots,x_r+y_r)=(x_1,x_2,\cdots,x_r)+(y_1,y_2,\cdots,y_r).$$

$\lambda\boldsymbol{\alpha}(\lambda\in\mathbf{R})$的坐标为

$$(\lambda x_1,\lambda x_2,\cdots,\lambda x_r)=\lambda(x_1,x_2,\cdots,x_r).$$

即向量的和的坐标等于向量坐标的和,向量与数的乘积的坐标等于向量坐标与数的乘积.

如果向量 $\boldsymbol{\alpha}$ 在基 $\boldsymbol{\alpha}_1,\boldsymbol{\alpha}_2,\cdots,\boldsymbol{\alpha}_r$ 下的坐标为$(x_1,x_2,\cdots,x_r)$,即

$$\boldsymbol{\alpha}=x_1\boldsymbol{\alpha}_1+x_2\boldsymbol{\alpha}_2+\cdots+x_r\boldsymbol{\alpha}_r,$$

用矩阵符号可记为

$$\boldsymbol{\alpha}=(\boldsymbol{\alpha}_1,\boldsymbol{\alpha}_2,\cdots,\boldsymbol{\alpha}_r)\begin{pmatrix}x_1\\x_2\\\vdots\\x_r\end{pmatrix}.$$

## 五、基变换与坐标变换

向量的坐标与所取的基有关,同一个向量在不同基下的坐标一般是不同的.例

如,在例 8 中,向量 $\boldsymbol{\beta}=(1,2,1)^{\mathrm{T}}$ 在基 $\boldsymbol{\alpha}_1,\boldsymbol{\alpha}_2,\boldsymbol{\alpha}_3$ 下的坐标为 $\left(1,\frac{1}{2},-\frac{1}{2}\right)$,而我们知道它在标准基 $\boldsymbol{\varepsilon}_1,\boldsymbol{\varepsilon}_2,\boldsymbol{\varepsilon}_3$ 下的坐标为向量 $\boldsymbol{\beta}$ 的分量,即$(1,2,1)$.下面我们讨论向量空间不同的两组基之间的关系以及同一向量在不同基下的坐标之间的关系.

设 $\boldsymbol{\alpha}_1,\boldsymbol{\alpha}_2,\cdots,\boldsymbol{\alpha}_r$ 和 $\boldsymbol{\beta}_1,\boldsymbol{\beta}_2,\cdots,\boldsymbol{\beta}_r$ 是向量空间 $V$ 的两组基,则由基的定义可知,$\boldsymbol{\beta}_1,\boldsymbol{\beta}_2,\cdots,\boldsymbol{\beta}_r$ 可以由 $\boldsymbol{\alpha}_1,\boldsymbol{\alpha}_2,\cdots,\boldsymbol{\alpha}_r$ 线性表示,即

$$\begin{cases}\boldsymbol{\beta}_1=a_{11}\boldsymbol{\alpha}_1+a_{21}\boldsymbol{\alpha}_2+\cdots+a_{r1}\boldsymbol{\alpha}_r,\\ \boldsymbol{\beta}_2=a_{12}\boldsymbol{\alpha}_1+a_{22}\boldsymbol{\alpha}_2+\cdots+a_{r2}\boldsymbol{\alpha}_r,\\ \cdots\cdots\cdots\cdots\\ \boldsymbol{\beta}_r=a_{1r}\boldsymbol{\alpha}_1+a_{2r}\boldsymbol{\alpha}_2+\cdots+a_{rr}\boldsymbol{\alpha}_r.\end{cases}$$

我们可以把上式写成矩阵的形式

$$(\boldsymbol{\beta}_1,\boldsymbol{\beta}_2,\cdots,\boldsymbol{\beta}_r)=(\boldsymbol{\alpha}_1,\boldsymbol{\alpha}_2,\cdots,\boldsymbol{\alpha}_r)\boldsymbol{A},\tag{1}$$

其中

$$\boldsymbol{A}=\begin{pmatrix}a_{11}&a_{12}&\cdots&a_{1r}\\a_{21}&a_{22}&\cdots&a_{2r}\\\vdots&\vdots&&\vdots\\a_{r1}&a_{r2}&\cdots&a_{rr}\end{pmatrix}.$$

矩阵 $\boldsymbol{A}$ 的第 $i$ 列正好是 $\boldsymbol{\beta}_i$ 在基 $\boldsymbol{\alpha}_1,\boldsymbol{\alpha}_2,\cdots,\boldsymbol{\alpha}_r$ 下的坐标$(i=1,2,\cdots,r)$.我们称 $\boldsymbol{A}$ 为由基 $\boldsymbol{\alpha}_1,\boldsymbol{\alpha}_2,\cdots,\boldsymbol{\alpha}_r$ 到基 $\boldsymbol{\beta}_1,\boldsymbol{\beta}_2,\cdots,\boldsymbol{\beta}_r$ 的过渡矩阵,而式(1)称为基变换公式.

因为 $\boldsymbol{\beta}_1,\boldsymbol{\beta}_2,\cdots,\boldsymbol{\beta}_r$ 也是 $V$ 的一组基,所以 $\boldsymbol{\alpha}_1,\boldsymbol{\alpha}_2,\cdots,\boldsymbol{\alpha}_r$ 也能由 $\boldsymbol{\beta}_1,\boldsymbol{\beta}_2,\cdots,\boldsymbol{\beta}_r$ 线性表示,即存在由 $\boldsymbol{\beta}_1,\boldsymbol{\beta}_2,\cdots,\boldsymbol{\beta}_r$ 到 $\boldsymbol{\alpha}_1,\boldsymbol{\alpha}_2,\cdots,\boldsymbol{\alpha}_r$ 的过渡矩阵 $\boldsymbol{B}$,使

$$(\boldsymbol{\alpha}_1,\boldsymbol{\alpha}_2,\cdots,\boldsymbol{\alpha}_r)=(\boldsymbol{\beta}_1,\boldsymbol{\beta}_2,\cdots,\boldsymbol{\beta}_r)\boldsymbol{B}.$$

从而

$$(\boldsymbol{\beta}_1,\boldsymbol{\beta}_2,\cdots,\boldsymbol{\beta}_r)=(\boldsymbol{\alpha}_1,\boldsymbol{\alpha}_2,\cdots,\boldsymbol{\alpha}_r)\boldsymbol{A}=(\boldsymbol{\beta}_1,\boldsymbol{\beta}_2,\cdots,\boldsymbol{\beta}_r)\boldsymbol{BA}.$$

由 $\boldsymbol{\beta}_1,\boldsymbol{\beta}_2,\cdots,\boldsymbol{\beta}_r$ 的线性无关性可得 $\boldsymbol{BA}=\boldsymbol{E}$,即 $\boldsymbol{B}=\boldsymbol{A}^{-1}$.

所以,由一组基到另一组基的过渡矩阵是可逆矩阵.

设 $V$ 中向量 $\boldsymbol{\alpha}$ 在基 $\boldsymbol{\alpha}_1,\boldsymbol{\alpha}_2,\cdots,\boldsymbol{\alpha}_r$ 及基 $\boldsymbol{\beta}_1,\boldsymbol{\beta}_2,\cdots,\boldsymbol{\beta}_r$ 下的坐标分别为$(x_1,x_2,\cdots,x_r)$及$(y_1,y_2,\cdots,y_r)$,即

$$\boldsymbol{\alpha}=(\boldsymbol{\alpha}_1,\boldsymbol{\alpha}_2,\cdots,\boldsymbol{\alpha}_r)\begin{pmatrix}x_1\\x_2\\\vdots\\x_r\end{pmatrix}=(\boldsymbol{\beta}_1,\boldsymbol{\beta}_2,\cdots,\boldsymbol{\beta}_r)\begin{pmatrix}y_1\\y_2\\\vdots\\y_r\end{pmatrix}.$$

把式(1)代入上式得

$$\boldsymbol{\alpha}=(\boldsymbol{\alpha}_1,\boldsymbol{\alpha}_2,\cdots,\boldsymbol{\alpha}_r)\begin{pmatrix}x_1\\x_2\\\vdots\\x_r\end{pmatrix}=(\boldsymbol{\alpha}_1,\boldsymbol{\alpha}_2,\cdots,\boldsymbol{\alpha}_r)\boldsymbol{A}\begin{pmatrix}y_1\\y_2\\\vdots\\y_r\end{pmatrix}.$$

由向量坐标的唯一性,可得

$$\begin{pmatrix} x_1 \\ x_2 \\ \vdots \\ x_r \end{pmatrix} = A \begin{pmatrix} y_1 \\ y_2 \\ \vdots \\ y_r \end{pmatrix}. \tag{2}$$

于是就得到下面的定理：

**定理 3**　设 $\boldsymbol{\alpha}_1, \boldsymbol{\alpha}_2, \cdots, \boldsymbol{\alpha}_r$ 与 $\boldsymbol{\beta}_1, \boldsymbol{\beta}_2, \cdots, \boldsymbol{\beta}_r$ 是向量空间 $V$ 的两组基，由基 $\boldsymbol{\alpha}_1, \boldsymbol{\alpha}_2, \cdots, \boldsymbol{\alpha}_r$ 到基 $\boldsymbol{\beta}_1, \boldsymbol{\beta}_2, \cdots, \boldsymbol{\beta}_r$ 的过渡矩阵为 $\boldsymbol{A}$，向量 $\boldsymbol{\alpha}$ 在基 $\boldsymbol{\alpha}_1, \boldsymbol{\alpha}_2, \cdots, \boldsymbol{\alpha}_r$ 与基 $\boldsymbol{\beta}_1, \boldsymbol{\beta}_2, \cdots, \boldsymbol{\beta}_r$ 下的坐标分别为 $(x_1, x_2, \cdots, x_r)$ 和 $(y_1, y_2, \cdots, y_r)$，则

$$\begin{pmatrix} x_1 \\ x_2 \\ \vdots \\ x_r \end{pmatrix} = \boldsymbol{A} \begin{pmatrix} y_1 \\ y_2 \\ \vdots \\ y_r \end{pmatrix}, \quad \text{或} \quad \begin{pmatrix} y_1 \\ y_2 \\ \vdots \\ y_r \end{pmatrix} = \boldsymbol{A}^{-1} \begin{pmatrix} x_1 \\ x_2 \\ \vdots \\ x_r \end{pmatrix}, \tag{3}$$

并称式(3)为坐标变换公式.

**例 9**　已知向量 $\boldsymbol{\beta}$ 在基 $\boldsymbol{\alpha}_1 = (1,1,1)^{\mathrm{T}}, \boldsymbol{\alpha}_2 = (1,1,-1)^{\mathrm{T}}, \boldsymbol{\alpha}_3 = (1,-1,-1)^{\mathrm{T}}$ 下的坐标为 $\left(1, \frac{1}{2}, -\frac{1}{2}\right)$，即 $\boldsymbol{\beta} = \boldsymbol{\alpha}_1 + \frac{1}{2}\boldsymbol{\alpha}_2 - \frac{1}{2}\boldsymbol{\alpha}_3$，求它在标准基 $\boldsymbol{\varepsilon}_1, \boldsymbol{\varepsilon}_2, \boldsymbol{\varepsilon}_3$ 下的坐标.

**解**　由于

$$(\boldsymbol{\alpha}_1, \boldsymbol{\alpha}_2, \boldsymbol{\alpha}_3) = (\boldsymbol{\varepsilon}_1, \boldsymbol{\varepsilon}_2, \boldsymbol{\varepsilon}_3) \begin{pmatrix} 1 & 1 & 1 \\ 1 & 1 & -1 \\ 1 & -1 & -1 \end{pmatrix} = (\boldsymbol{\varepsilon}_1, \boldsymbol{\varepsilon}_2, \boldsymbol{\varepsilon}_3)\boldsymbol{A},$$

其中 $\boldsymbol{A} = \begin{pmatrix} 1 & 1 & 1 \\ 1 & 1 & -1 \\ 1 & -1 & -1 \end{pmatrix}$，即矩阵 $\boldsymbol{A}$ 为由基 $\boldsymbol{\varepsilon}_1, \boldsymbol{\varepsilon}_2, \boldsymbol{\varepsilon}_3$ 到基 $\boldsymbol{\alpha}_1, \boldsymbol{\alpha}_2, \boldsymbol{\alpha}_3$ 的过渡矩阵.根据坐标变换公式(3)，向量 $\boldsymbol{\beta}$ 在基 $\boldsymbol{\varepsilon}_1, \boldsymbol{\varepsilon}_2, \boldsymbol{\varepsilon}_3$ 下的坐标为

$$\begin{pmatrix} x_1 \\ x_2 \\ x_3 \end{pmatrix} = \boldsymbol{A} \begin{pmatrix} 1 \\ \frac{1}{2} \\ -\frac{1}{2} \end{pmatrix} = \begin{pmatrix} 1 & 1 & 1 \\ 1 & 1 & -1 \\ 1 & -1 & -1 \end{pmatrix} \begin{pmatrix} 1 \\ \frac{1}{2} \\ -\frac{1}{2} \end{pmatrix} = \begin{pmatrix} 1 \\ 2 \\ 1 \end{pmatrix}.$$

上述结果与例 8 一致.

## 习题 3-3

1. 证明：如果一个向量空间含有一个非零向量，那么它一定含有无穷多个向量.

2. 对于任意的向量空间 $V$，是否一定含有零向量？请说明理由.

3. 判断下列子集哪些是 $\mathbf{R}^n$ 的子空间：

(1) $\{(1+a, 2+a, \cdots, n+a) \mid a \in \mathbf{R}\}$；　(2) $\{(a, 2a, \cdots, na) \mid a \in \mathbf{R}\}$；

(3) $\{(a, 0, \cdots, 0, b) \mid a, b \in \mathbf{R}\}$；　(4) $\{(a, a^2, a^3, \cdots, a^n) \mid a \in \mathbf{R}\}$.

4. 设 $\boldsymbol{\alpha},\boldsymbol{\beta}$ 是 $\mathbf{R}^2$ 中两个不共线的向量，用图形表示子空间 $W_1=L(\boldsymbol{\alpha})$，$W_2=L(\boldsymbol{\beta})$，$W_1\cap W_2$ 和 $W_1+W_2$.

5. 设 $W_1$ 为 $\mathbf{R}^3$ 中平面：$2x+3y+z=0$，$W_2$ 为 $\mathbf{R}^3$ 中平面：$x+2y+2z=0$. 问 $W_1$，$W_2$ 是否为 $\mathbf{R}^3$ 的子空间？若是，则 $W_1\cap W_2$ 是怎样的子空间？$W_1+W_2$ 呢？

6. 设 $W_1$，$W_2$ 是向量空间 $V$ 的子空间，证明 $W_1+W_2$ 也是 $V$ 的子空间.

7. 证明 $\boldsymbol{\alpha}_1=(1,1,1)$，$\boldsymbol{\alpha}_2=(1,2,3)$，$\boldsymbol{\alpha}_3=(1,4,0)$ 是向量空间 $\mathbf{R}^3$ 的一组基，并分别求向量 $\boldsymbol{\beta}_1=(2,3,5)$，$\boldsymbol{\beta}_2=(1,4,1)$ 在这组基下的坐标.

8. 设 $\boldsymbol{\alpha}_1=(1,-1,2,3)$，$\boldsymbol{\alpha}_2=(3,0,4,-2)$，试求向量 $\boldsymbol{\alpha}_3$，$\boldsymbol{\alpha}_4$，使 $\boldsymbol{\alpha}_1$，$\boldsymbol{\alpha}_2$，$\boldsymbol{\alpha}_3$，$\boldsymbol{\alpha}_4$ 构成 $\mathbf{R}^4$ 的一组基.

9. 设

$$\boldsymbol{\alpha}_1=(1,2,-1),\boldsymbol{\alpha}_2=(0,-1,3),\boldsymbol{\alpha}_3=(1,-1,0);$$
$$\boldsymbol{\beta}_1=(2,1,5),\boldsymbol{\beta}_2=(-2,3,1),\boldsymbol{\beta}_3=(1,3,2).$$

验证 $\boldsymbol{\alpha}_1$，$\boldsymbol{\alpha}_2$，$\boldsymbol{\alpha}_3$ 和 $\boldsymbol{\beta}_1$，$\boldsymbol{\beta}_2$，$\boldsymbol{\beta}_3$ 都是 $\mathbf{R}^3$ 的基，并求前者到后者的过渡矩阵.

10. 设 $\boldsymbol{\alpha}_1$，$\boldsymbol{\alpha}_2$，$\boldsymbol{\alpha}_3$ 和 $\boldsymbol{\beta}_1$，$\boldsymbol{\beta}_2$，$\boldsymbol{\beta}_3$ 是 $\mathbf{R}^3$ 中的两组不同基，且

$$\boldsymbol{\beta}_1=\boldsymbol{\alpha}_1-\boldsymbol{\alpha}_2,\boldsymbol{\beta}_2=2\boldsymbol{\alpha}_1+3\boldsymbol{\alpha}_2+2\boldsymbol{\alpha}_3,\boldsymbol{\beta}_3=\boldsymbol{\alpha}_1+3\boldsymbol{\alpha}_2+2\boldsymbol{\alpha}_3,$$

试求向量 $\boldsymbol{\alpha}=2\boldsymbol{\beta}_1-\boldsymbol{\beta}_2+3\boldsymbol{\beta}_3$ 在基 $\boldsymbol{\alpha}_1$，$\boldsymbol{\alpha}_2$，$\boldsymbol{\alpha}_3$ 下的坐标.

11. 在 $\mathbf{R}^4$ 中求由向量

$$\boldsymbol{\alpha}_1=(2,1,3,1),\boldsymbol{\alpha}_2=(1,2,0,1),\boldsymbol{\alpha}_3=(-1,1,-3,0),\boldsymbol{\alpha}_4=(1,1,1,1)$$

生成的子空间 $L=L(\boldsymbol{\alpha}_1,\boldsymbol{\alpha}_2,\boldsymbol{\alpha}_3,\boldsymbol{\alpha}_4)$ 的一组基与维数.

12. 设向量 $\boldsymbol{\alpha}_1=(1,1,0,0)$，$\boldsymbol{\alpha}_2=(1,0,1,1)$ 生成向量空间 $V_1$，而向量 $\boldsymbol{\beta}_1=(2,-1,3,3)$，$\boldsymbol{\beta}_2=(0,1,-1,-1)$ 生成向量空间 $V_2$，试证 $V_1=V_2$.

13. 设 $\boldsymbol{\alpha}_1=(2,1,-1,1)$，$\boldsymbol{\alpha}_2=(0,3,1,0)$，$\boldsymbol{\alpha}_3=(5,3,2,1)$，$\boldsymbol{\alpha}_4=(6,6,1,3)$，验证 $\boldsymbol{\alpha}_1$，$\boldsymbol{\alpha}_2$，$\boldsymbol{\alpha}_3$，$\boldsymbol{\alpha}_4$ 构成 $\mathbf{R}^4$ 的一组基，在 $\mathbf{R}^4$ 中求一非零向量，使它关于这个基的坐标与关于标准基 $\boldsymbol{\varepsilon}_1$，$\boldsymbol{\varepsilon}_2$，$\boldsymbol{\varepsilon}_3$，$\boldsymbol{\varepsilon}_4$ 的坐标相同.

# 第四节 欧几里得空间

## 一、向量的内积

我们已经看到，$n$ 维向量空间作为三维向量空间的推广，定义了其向量的线性运算，并有着相同的运算性质. 但三维向量的度量性质，如长度、夹角等，在前面向量空间的讨论中并未涉及，而实际问题中有关向量的问题往往都离不开向量的度量性质. 因此，我们将在 $n$ 维向量中引入度量概念.

在解析几何中，我们定义了两个三维向量 $\boldsymbol{\alpha}=(x_1,y_1,z_1)$ 与 $\boldsymbol{\beta}=(x_2,y_2,z_2)$ 的数量积

$$\boldsymbol{\alpha}\cdot\boldsymbol{\beta}=x_1x_2+y_1y_2+z_1z_2.$$

在 $n$ 维向量中,我们可类似地引入相应的概念.

**定义 1**　设 $\boldsymbol{\alpha}=(x_1,x_2,\cdots,x_n)$,$\boldsymbol{\beta}=(y_1,y_2,\cdots,y_n)$为两个 $n$ 维向量,则实数 $x_1y_1+x_2y_2+\cdots+x_ny_n$ 称为向量 $\boldsymbol{\alpha}$ 与 $\boldsymbol{\beta}$ 的内积,并记为$(\boldsymbol{\alpha},\boldsymbol{\beta})$,即

$$(\boldsymbol{\alpha},\boldsymbol{\beta})=x_1y_1+x_2y_2+\cdots+x_ny_n.$$

定义了内积的向量空间称为欧几里得(Euclid)空间,简称为欧氏空间.

根据定义 1,易验证欧氏空间 $V$ 的内积与三维向量空间 $\mathbf{R}^3$ 中的数量积一样具有如下运算规律:

(1) 对称性:　$(\boldsymbol{\alpha},\boldsymbol{\beta})=(\boldsymbol{\beta},\boldsymbol{\alpha})$;

(2) 双线性性:　$(k_1\boldsymbol{\alpha}_1+k_2\boldsymbol{\alpha}_2,\boldsymbol{\beta})=k_1(\boldsymbol{\alpha}_1,\boldsymbol{\beta})+k_2(\boldsymbol{\alpha}_2,\boldsymbol{\beta})$,

$(\boldsymbol{\alpha},k_1\boldsymbol{\beta}_1+k_2\boldsymbol{\beta}_2)=k_1(\boldsymbol{\alpha},\boldsymbol{\beta}_1)+k_2(\boldsymbol{\alpha},\boldsymbol{\beta}_2)$;

(3) 非负性:　$(\boldsymbol{\alpha},\boldsymbol{\alpha})\geqslant 0$,等号成立当且仅当 $\boldsymbol{\alpha}=\mathbf{0}$,

其中 $\boldsymbol{\alpha},\boldsymbol{\beta},\boldsymbol{\alpha}_1,\boldsymbol{\alpha}_2,\boldsymbol{\beta}_1,\boldsymbol{\beta}_2$ 是 $V$ 中的任意向量,$k_1,k_2$ 是任意实数.

## 二、向量的长度与夹角

我们知道,三维向量的长度以及两向量的夹角等度量性质都可以通过三维向量的数量积表示:向量 $\boldsymbol{\alpha}$ 的长度为 $\|\boldsymbol{\alpha}\|=\sqrt{(\boldsymbol{\alpha},\boldsymbol{\alpha})}$;两向量 $\boldsymbol{\alpha},\boldsymbol{\beta}$ 的夹角为 $\arccos\dfrac{\boldsymbol{\alpha}\cdot\boldsymbol{\beta}}{\|\boldsymbol{\alpha}\|\ \|\boldsymbol{\beta}\|}$.下面类似地定义 $n$ 维向量空间中向量的长度以及向量的夹角的概念.

**定义 2**　设 $\boldsymbol{\alpha}=(x_1,x_2,\cdots,x_n)$为欧氏空间 $V$ 中一向量,定义 $\boldsymbol{\alpha}$ 的长度为

$$\|\boldsymbol{\alpha}\|=\sqrt{(\boldsymbol{\alpha},\boldsymbol{\alpha})}=\sqrt{x_1^2+x_2^2+\cdots+x_n^2}.$$

这样,每一个 $n$ 维向量都有一个确定的长度.零向量的长度为 0,任意非零向量的长度都为正数.

根据定义 2,易知向量的长度具有下述性质:

(1) 非负性:$\|\boldsymbol{\alpha}\|\geqslant 0$,当且仅当 $\boldsymbol{\alpha}=\mathbf{0}$ 时,$\|\boldsymbol{\alpha}\|=0$;

(2) 正齐次性:$\|k\boldsymbol{\alpha}\|=|k|\ \|\boldsymbol{\alpha}\|$,　$k\in\mathbf{R}$;

(3) 三角不等式:$\|\boldsymbol{\alpha}+\boldsymbol{\beta}\|\leqslant\|\boldsymbol{\alpha}\|+\|\boldsymbol{\beta}\|$.

长度为 1 的向量称为单位向量.设 $\boldsymbol{\alpha}$ 是任一非零向量,则$\dfrac{1}{\|\boldsymbol{\alpha}\|}\boldsymbol{\alpha}$ 是单位向量,即用数$\dfrac{1}{\|\boldsymbol{\alpha}\|}$乘向量 $\boldsymbol{\alpha}$,则将 $\boldsymbol{\alpha}$ 单位化.

对于欧氏空间的两个向量 $\boldsymbol{\alpha}=(a_1,a_2,\cdots,a_n)$,$\boldsymbol{\beta}=(b_1,b_2,\cdots,b_n)$,定义它们的距离为 $\|\boldsymbol{\alpha}-\boldsymbol{\beta}\|$,即 $\boldsymbol{\alpha}$ 与 $\boldsymbol{\beta}$ 的距离等于$\sqrt{(a_1-b_1)^2+(a_2-b_2)^2+\cdots+(a_n-b_n)^2}$.

**定理 1**　向量的内积满足下面的柯西(Cauchy)不等式:

$$(\boldsymbol{\alpha},\boldsymbol{\beta})^2\leqslant(\boldsymbol{\alpha},\boldsymbol{\alpha})(\boldsymbol{\beta},\boldsymbol{\beta}),\quad\forall\,\boldsymbol{\alpha},\boldsymbol{\beta}\in V,$$

等号成立当且仅当 $\boldsymbol{\alpha}$ 与 $\boldsymbol{\beta}$ 线性相关.

此不等式也可写成

$$|(\boldsymbol{\alpha},\boldsymbol{\beta})|\leqslant\|\boldsymbol{\alpha}\|\ \|\boldsymbol{\beta}\|.$$

**证**　如果 $\boldsymbol{\alpha},\boldsymbol{\beta}$ 线性相关，不妨设 $\boldsymbol{\alpha}=k\boldsymbol{\beta}$，则

$$(\boldsymbol{\alpha},\boldsymbol{\beta})^2=(k\boldsymbol{\beta},\boldsymbol{\beta})^2=k^2(\boldsymbol{\beta},\boldsymbol{\beta})^2=(k\boldsymbol{\beta},k\boldsymbol{\beta})(\boldsymbol{\beta},\boldsymbol{\beta})=(\boldsymbol{\alpha},\boldsymbol{\alpha})(\boldsymbol{\beta},\boldsymbol{\beta}).$$

如果 $\boldsymbol{\alpha},\boldsymbol{\beta}$ 线性无关，那么对任意的实数 $t$，$t\boldsymbol{\alpha}+\boldsymbol{\beta}\neq\mathbf{0}$，所以

$$(t\boldsymbol{\alpha}+\boldsymbol{\beta},t\boldsymbol{\alpha}+\boldsymbol{\beta})>0,$$

即

$$(\boldsymbol{\alpha},\boldsymbol{\alpha})t^2+2(\boldsymbol{\alpha},\boldsymbol{\beta})t+(\boldsymbol{\beta},\boldsymbol{\beta})>0.$$

从而知判别式　$\Delta=4[(\boldsymbol{\alpha},\boldsymbol{\beta})^2-(\boldsymbol{\alpha},\boldsymbol{\alpha})(\boldsymbol{\beta},\boldsymbol{\beta})]<0$，即

$$(\boldsymbol{\alpha},\boldsymbol{\beta})^2<(\boldsymbol{\alpha},\boldsymbol{\alpha})(\boldsymbol{\beta},\boldsymbol{\beta}).$$

由柯西不等式可知，对任意的非零向量 $\boldsymbol{\alpha},\boldsymbol{\beta}$ 有

$$\frac{|(\boldsymbol{\alpha},\boldsymbol{\beta})|}{\|\boldsymbol{\alpha}\|\ \|\boldsymbol{\beta}\|}\leqslant 1.$$

这样，我们可以定义两向量的夹角如下：

**定义 3**　设 $\boldsymbol{\alpha},\boldsymbol{\beta}$ 是欧氏空间 $V$ 中两个非零向量，$\boldsymbol{\alpha}$ 与 $\boldsymbol{\beta}$ 的夹角定义为

$$\langle\boldsymbol{\alpha},\boldsymbol{\beta}\rangle=\arccos\frac{(\boldsymbol{\alpha},\boldsymbol{\beta})}{\|\boldsymbol{\alpha}\|\ \|\boldsymbol{\beta}\|},\quad \langle\boldsymbol{\alpha},\boldsymbol{\beta}\rangle\in[0,\pi].$$

当 $(\boldsymbol{\alpha},\boldsymbol{\beta})=0$ 时，称 $\boldsymbol{\alpha}$ 与 $\boldsymbol{\beta}$ 正交，记为 $\boldsymbol{\alpha}\perp\boldsymbol{\beta}$.

显然，当 $\boldsymbol{\alpha},\boldsymbol{\beta}$ 为非零向量时，$\boldsymbol{\alpha}$ 与 $\boldsymbol{\beta}$ 正交当且仅当它们的夹角为 $\frac{\pi}{2}$；规定零向量与任何向量都正交.

**例 1**　求下列各题中向量 $\boldsymbol{\alpha}$ 与 $\boldsymbol{\beta}$ 的长度和它们的夹角 $\langle\boldsymbol{\alpha},\boldsymbol{\beta}\rangle$.

(1) $\boldsymbol{\alpha}=(2,1,3,2)$，　$\boldsymbol{\beta}=(1,2,-2,1)$；

(2) $\boldsymbol{\alpha}=(1,2,2,3)$，　$\boldsymbol{\beta}=(3,1,5,1)$.

**解**　(1)

$$\|\boldsymbol{\alpha}\|=\sqrt{(\boldsymbol{\alpha},\boldsymbol{\alpha})}=\sqrt{4+1+9+4}=3\sqrt{2},$$

$$\|\boldsymbol{\beta}\|=\sqrt{(\boldsymbol{\beta},\boldsymbol{\beta})}=\sqrt{1+4+4+1}=\sqrt{10},$$

又因为 $(\boldsymbol{\alpha},\boldsymbol{\beta})=2+2-6+2=0$，所以 $\langle\boldsymbol{\alpha},\boldsymbol{\beta}\rangle=\frac{\pi}{2}$.

(2)

$$\|\boldsymbol{\alpha}\|=\sqrt{(\boldsymbol{\alpha},\boldsymbol{\alpha})}=3\sqrt{2},\quad \|\boldsymbol{\beta}\|=\sqrt{(\boldsymbol{\beta},\boldsymbol{\beta})}=6,$$

又因为 $(\boldsymbol{\alpha},\boldsymbol{\beta})=18$，所以

$$\langle\boldsymbol{\alpha},\boldsymbol{\beta}\rangle=\arccos\frac{(\boldsymbol{\alpha},\boldsymbol{\beta})}{\|\boldsymbol{\alpha}\|\ \|\boldsymbol{\beta}\|}=\arccos\frac{18}{3\sqrt{2}\times 6}=\arccos\frac{\sqrt{2}}{2}=\frac{\pi}{4}.$$

在欧氏空间中同样有勾股定理，即当 $\boldsymbol{\alpha}\perp\boldsymbol{\beta}$ 时，$\|\boldsymbol{\alpha}+\boldsymbol{\beta}\|^2=\|\boldsymbol{\alpha}\|^2+\|\boldsymbol{\beta}\|^2$. 事实上，

$$\|\boldsymbol{\alpha}+\boldsymbol{\beta}\|^2=(\boldsymbol{\alpha}+\boldsymbol{\beta},\boldsymbol{\alpha}+\boldsymbol{\beta})=(\boldsymbol{\alpha},\boldsymbol{\alpha})+2(\boldsymbol{\alpha},\boldsymbol{\beta})+(\boldsymbol{\beta},\boldsymbol{\beta})=\|\boldsymbol{\alpha}\|^2+\|\boldsymbol{\beta}\|^2.$$

勾股定理可以推广到多个向量的情况，即如果 $\boldsymbol{\alpha}_1,\boldsymbol{\alpha}_2,\cdots,\boldsymbol{\alpha}_s$ 两两正交，则

$$\|\boldsymbol{\alpha}_1+\boldsymbol{\alpha}_2+\cdots+\boldsymbol{\alpha}_s\|^2=\|\boldsymbol{\alpha}_1\|^2+\|\boldsymbol{\alpha}_2\|^2+\cdots+\|\boldsymbol{\alpha}_s\|^2.$$

## 三、标准正交基

设 $\boldsymbol{\alpha}_1,\boldsymbol{\alpha}_2,\cdots,\boldsymbol{\alpha}_s$ 是欧氏空间 $V$ 的一组两两正交的非零向量，则称向量组 $\boldsymbol{\alpha}_1,\boldsymbol{\alpha}_2,\cdots,$

$\boldsymbol{\alpha}_s$ 为一正交向量组.

正交向量组一定是线性无关的.事实上,设 $\boldsymbol{\alpha}_1,\boldsymbol{\alpha}_2,\cdots,\boldsymbol{\alpha}_s$ 是一正交向量组,令

$$k_1\boldsymbol{\alpha}_1+k_2\boldsymbol{\alpha}_2+\cdots+k_s\boldsymbol{\alpha}_s=\mathbf{0},$$

等式两边与 $\boldsymbol{\alpha}_i$ 作内积,得 $k_i(\boldsymbol{\alpha}_i,\boldsymbol{\alpha}_i)=0$. 因为 $\boldsymbol{\alpha}_i\neq\mathbf{0}$, 有 $(\boldsymbol{\alpha}_i,\boldsymbol{\alpha}_i)>0$, 所以 $k_i=0$ $(i=1,2,\cdots,s)$,从而 $\boldsymbol{\alpha}_1,\boldsymbol{\alpha}_2,\cdots,\boldsymbol{\alpha}_s$ 线性无关.

**定义 4**　欧氏空间 $V$ 中由正交向量组构成的基称为 $V$ 的正交基;如果 $V$ 的一组正交基中的向量都是单位向量,则称它为 $V$ 的标准正交基.

显然,如果欧氏空间 $V$ 的维数为 $m$,则 $V$ 中 $m$ 个向量 $\boldsymbol{\alpha}_1,\boldsymbol{\alpha}_2,\cdots,\boldsymbol{\alpha}_m$ 是 $V$ 的标准正交基的充要条件是:

$$(\boldsymbol{\alpha}_i,\boldsymbol{\alpha}_j)=\begin{cases}0, & i\neq j,\\ 1, & i=j,\end{cases}\quad i,j=1,2,\cdots,m.$$

例如在 $\mathbf{R}^n$ 中,标准基 $\boldsymbol{\varepsilon}_1,\boldsymbol{\varepsilon}_2,\cdots,\boldsymbol{\varepsilon}_n$ 就是标准正交基.欧氏空间中的标准正交基不是唯一的,如 $\mathbf{R}^3$ 中标准基 $\boldsymbol{\varepsilon}_1,\boldsymbol{\varepsilon}_2,\boldsymbol{\varepsilon}_3$ 和向量组

$$\boldsymbol{\alpha}_1=(0,1,0),\boldsymbol{\alpha}_2=\left(\frac{1}{\sqrt{2}},0,\frac{1}{\sqrt{2}}\right),\boldsymbol{\alpha}_3=\left(\frac{1}{\sqrt{2}},0,-\frac{1}{\sqrt{2}}\right)$$

都是标准正交基.

与 $\mathbf{R}^n$ 的标准正交基密切相关的是下面定义的正交矩阵.

**定义 5**　设 $\boldsymbol{A}$ 是 $n$ 阶实矩阵,如果 $\boldsymbol{A}^{\mathrm{T}}\boldsymbol{A}=\boldsymbol{E}$,则称 $\boldsymbol{A}$ 为一个正交矩阵.

正交矩阵有以下几个重要性质:

(1) $\boldsymbol{A}^{\mathrm{T}}=\boldsymbol{A}^{-1}$,即 $\boldsymbol{A}^{\mathrm{T}}\boldsymbol{A}=\boldsymbol{A}\boldsymbol{A}^{\mathrm{T}}=\boldsymbol{E}$;

(2) 若 $\boldsymbol{A}$ 是正交矩阵,则 $\boldsymbol{A}^{\mathrm{T}}$(或 $\boldsymbol{A}^{-1}$)也是正交矩阵;

(3) 两个正交矩阵之积仍是正交矩阵;

(4) 正交矩阵的行列式等于 1 或 $-1$.

**定理 2**　$\boldsymbol{A}$ 是正交矩阵当且仅当 $\boldsymbol{A}$ 的列向量(行向量)是 $\mathbf{R}^n$ 的一组标准正交基.

**证**　设 $\boldsymbol{A}=(\boldsymbol{\alpha}_1,\boldsymbol{\alpha}_2,\cdots,\boldsymbol{\alpha}_n)$,按分块矩阵的乘法有

$$\begin{aligned}\boldsymbol{A}^{\mathrm{T}}\boldsymbol{A}&=(\boldsymbol{\alpha}_1,\boldsymbol{\alpha}_2,\cdots,\boldsymbol{\alpha}_n)^{\mathrm{T}}(\boldsymbol{\alpha}_1,\boldsymbol{\alpha}_2,\cdots,\boldsymbol{\alpha}_n)\\&=\begin{pmatrix}\boldsymbol{\alpha}_1^{\mathrm{T}}\\ \boldsymbol{\alpha}_2^{\mathrm{T}}\\ \vdots\\ \boldsymbol{\alpha}_n^{\mathrm{T}}\end{pmatrix}(\boldsymbol{\alpha}_1,\boldsymbol{\alpha}_2,\cdots,\boldsymbol{\alpha}_n)=\begin{pmatrix}\boldsymbol{\alpha}_1^{\mathrm{T}}\boldsymbol{\alpha}_1 & \boldsymbol{\alpha}_1^{\mathrm{T}}\boldsymbol{\alpha}_2 & \cdots & \boldsymbol{\alpha}_1^{\mathrm{T}}\boldsymbol{\alpha}_n\\ \boldsymbol{\alpha}_2^{\mathrm{T}}\boldsymbol{\alpha}_1 & \boldsymbol{\alpha}_2^{\mathrm{T}}\boldsymbol{\alpha}_2 & \cdots & \boldsymbol{\alpha}_2^{\mathrm{T}}\boldsymbol{\alpha}_n\\ \vdots & \vdots & & \vdots\\ \boldsymbol{\alpha}_n^{\mathrm{T}}\boldsymbol{\alpha}_1 & \boldsymbol{\alpha}_n^{\mathrm{T}}\boldsymbol{\alpha}_2 & \cdots & \boldsymbol{\alpha}_n^{\mathrm{T}}\boldsymbol{\alpha}_n\end{pmatrix}.\end{aligned}$$

因此,$\boldsymbol{A}^{\mathrm{T}}\boldsymbol{A}=\boldsymbol{E}$ 当且仅当

$$\boldsymbol{\alpha}_i^{\mathrm{T}}\boldsymbol{\alpha}_j=(\boldsymbol{\alpha}_i,\boldsymbol{\alpha}_j)=\begin{cases}1, & i=j,\\ 0, & i\neq j,\end{cases}$$

即 $\boldsymbol{A}$ 的列向量 $\boldsymbol{\alpha}_1,\boldsymbol{\alpha}_2,\cdots,\boldsymbol{\alpha}_n$ 是 $\mathbf{R}^n$ 的一个标准正交基.

由 $\boldsymbol{A}^{\mathrm{T}}\boldsymbol{A}=\boldsymbol{E}$ 可知 $\boldsymbol{A}^{\mathrm{T}}=\boldsymbol{A}^{-1}$,所以也有 $\boldsymbol{A}\boldsymbol{A}^{\mathrm{T}}=\boldsymbol{E}$.类似地可证明 $\boldsymbol{A}$ 是正交矩阵当且仅当 $\boldsymbol{A}$ 的行向量是 $\mathbf{R}^n$ 的一组标准正交基.

因此,$\boldsymbol{\alpha}_1,\boldsymbol{\alpha}_2,\cdots,\boldsymbol{\alpha}_n$ 是 $\mathbf{R}^n$ 的标准正交基的充要条件是以 $\boldsymbol{\alpha}_1,\boldsymbol{\alpha}_2,\cdots,\boldsymbol{\alpha}_n$ 为列向量(或行向量)构成的矩阵是一个正交矩阵.

是不是任意一个欧氏空间都有标准正交基？如果有，如何求出一组标准正交基？下面的定理给出了答案.

**定理 3**　设 $\boldsymbol{\alpha}_1,\boldsymbol{\alpha}_2,\cdots,\boldsymbol{\alpha}_m$ 是欧氏空间 $V$ 的一组基，则存在 $V$ 的一组标准正交基 $\boldsymbol{\beta}_1,\boldsymbol{\beta}_2,\cdots,\boldsymbol{\beta}_m$，使得 $\boldsymbol{\beta}_k$ 可由 $\boldsymbol{\alpha}_1,\boldsymbol{\alpha}_2,\cdots,\boldsymbol{\alpha}_k$ 线性表示$(k=1,2,\cdots,m)$.

**证**　第一步：正交化　取 $\boldsymbol{\gamma}_1=\boldsymbol{\alpha}_1$，则 $\boldsymbol{\gamma}_1\neq\mathbf{0}$.再取

$$\boldsymbol{\gamma}_2=\boldsymbol{\alpha}_2-\frac{(\boldsymbol{\alpha}_2,\boldsymbol{\gamma}_1)}{(\boldsymbol{\gamma}_1,\boldsymbol{\gamma}_1)}\boldsymbol{\gamma}_1,$$

则 $\boldsymbol{\gamma}_2$ 能由 $\boldsymbol{\alpha}_1,\boldsymbol{\alpha}_2$ 线性表示.由 $\boldsymbol{\alpha}_1,\boldsymbol{\alpha}_2$ 线性无关可知 $\boldsymbol{\gamma}_2\neq\mathbf{0}$，且

$$(\boldsymbol{\gamma}_2,\boldsymbol{\gamma}_1)=(\boldsymbol{\alpha}_2,\boldsymbol{\gamma}_1)-\frac{(\boldsymbol{\alpha}_2,\boldsymbol{\gamma}_1)}{(\boldsymbol{\gamma}_1,\boldsymbol{\gamma}_1)}(\boldsymbol{\gamma}_1,\boldsymbol{\gamma}_1)=0,$$

即 $\boldsymbol{\gamma}_1\perp\boldsymbol{\gamma}_2$.

假设对于 $1<k<m$，可在 $V$ 中取到正交的非零向量 $\boldsymbol{\gamma}_1,\boldsymbol{\gamma}_2,\cdots,\boldsymbol{\gamma}_{k-1}$，而且 $\boldsymbol{\gamma}_i$ 可以由 $\boldsymbol{\alpha}_1,\boldsymbol{\alpha}_2,\cdots,\boldsymbol{\alpha}_i$ 线性表示$(i=1,2,\cdots,k-1)$.令

$$\boldsymbol{\gamma}_k=\boldsymbol{\alpha}_k-\frac{(\boldsymbol{\alpha}_k,\boldsymbol{\gamma}_1)}{(\boldsymbol{\gamma}_1,\boldsymbol{\gamma}_1)}\boldsymbol{\gamma}_1-\cdots-\frac{(\boldsymbol{\alpha}_k,\boldsymbol{\gamma}_{k-1})}{(\boldsymbol{\gamma}_{k-1},\boldsymbol{\gamma}_{k-1})}\boldsymbol{\gamma}_{k-1}.$$

因为 $\boldsymbol{\gamma}_i$ 能由 $\boldsymbol{\alpha}_1,\boldsymbol{\alpha}_2,\cdots,\boldsymbol{\alpha}_i$ 线性表示$(i=1,2,\cdots,k-1)$，所以 $\boldsymbol{\gamma}_k$ 可由 $\boldsymbol{\alpha}_1,\boldsymbol{\alpha}_2,\cdots,\boldsymbol{\alpha}_k$ 线性表示.由于 $\boldsymbol{\alpha}_1,\boldsymbol{\alpha}_2,\cdots,\boldsymbol{\alpha}_k$ 线性无关，容易推出 $\boldsymbol{\gamma}_k\neq\mathbf{0}$.又 $\boldsymbol{\gamma}_1,\boldsymbol{\gamma}_2,\cdots,\boldsymbol{\gamma}_{k-1}$ 两两正交，且

$$(\boldsymbol{\gamma}_k,\boldsymbol{\gamma}_i)=(\boldsymbol{\alpha}_k,\boldsymbol{\gamma}_i)-\frac{(\boldsymbol{\alpha}_k,\boldsymbol{\gamma}_i)}{(\boldsymbol{\gamma}_i,\boldsymbol{\gamma}_i)}(\boldsymbol{\gamma}_i,\boldsymbol{\gamma}_i)=0,\quad i=1,2,\cdots,k-1,$$

即 $\boldsymbol{\gamma}_1,\boldsymbol{\gamma}_2,\cdots,\boldsymbol{\gamma}_k$ 仍两两正交.

由数学归纳法可知，$V$ 中存在一组正交基 $\boldsymbol{\gamma}_1,\boldsymbol{\gamma}_2,\cdots,\boldsymbol{\gamma}_m$，使得 $\boldsymbol{\gamma}_k$ 可以由 $\boldsymbol{\alpha}_1,\boldsymbol{\alpha}_2,\cdots,\boldsymbol{\alpha}_k$ 线性表出$(k=1,2,\cdots,m)$.

第二步：单位化　把 $\boldsymbol{\gamma}_1,\boldsymbol{\gamma}_2,\cdots,\boldsymbol{\gamma}_m$ 单位化，令

$$\boldsymbol{\beta}_k=\frac{1}{\|\boldsymbol{\gamma}_k\|}\boldsymbol{\gamma}_k,\quad k=1,2,\cdots,m,$$

则 $\boldsymbol{\beta}_1,\boldsymbol{\beta}_2,\cdots,\boldsymbol{\beta}_m$ 就是满足定理要求的标准正交基.

以上定理的证明提供了通过 $V$ 的一组线性无关的向量组构造 $V$ 的单位正交向量组的方法，此方法称为施密特(Schmidt)正交化过程.

注意到在定理 3 中要求 $\boldsymbol{\beta}_k$ 可由 $\boldsymbol{\alpha}_1,\boldsymbol{\alpha}_2,\cdots,\boldsymbol{\alpha}_k$ 线性表出$(k=1,2,\cdots,m)$，这相当于由基 $\boldsymbol{\alpha}_1,\boldsymbol{\alpha}_2,\cdots,\boldsymbol{\alpha}_m$ 到基 $\boldsymbol{\beta}_1,\boldsymbol{\beta}_2,\cdots,\boldsymbol{\beta}_m$ 的过渡矩阵是上三角形矩阵.

**例 2**　设 $V=L(\boldsymbol{\alpha}_1,\boldsymbol{\alpha}_2,\boldsymbol{\alpha}_3)$，其中

$$\boldsymbol{\alpha}_1=(1,1,0,0),\boldsymbol{\alpha}_2=(1,0,1,0),\boldsymbol{\alpha}_3=(-1,0,0,1).$$

试用施密特正交化过程求 $V$ 的一组标准正交基.

**解**　令

$$\boldsymbol{A}=\begin{pmatrix}\boldsymbol{\alpha}_1\\ \boldsymbol{\alpha}_2\\ \boldsymbol{\alpha}_3\end{pmatrix}=\begin{pmatrix}1&1&0&0\\1&0&1&0\\-1&0&0&1\end{pmatrix}.$$

显然，$r(\boldsymbol{A})=3$，从而 $\boldsymbol{\alpha}_1,\boldsymbol{\alpha}_2,\boldsymbol{\alpha}_3$ 线性无关，故 $\boldsymbol{\alpha}_1,\boldsymbol{\alpha}_2,\boldsymbol{\alpha}_3$ 构成 $V$ 的一组基.

先把 $\boldsymbol{\alpha}_1,\boldsymbol{\alpha}_2,\boldsymbol{\alpha}_3$ 正交化，得

$$\boldsymbol{\gamma}_1=\boldsymbol{\alpha}_1=(1,1,0,0),$$

$$\boldsymbol{\gamma}_2=\boldsymbol{\alpha}_2-\frac{(\boldsymbol{\alpha}_2,\boldsymbol{\gamma}_1)}{(\boldsymbol{\gamma}_1,\boldsymbol{\gamma}_1)}\boldsymbol{\gamma}_1=\left(\frac{1}{2},-\frac{1}{2},1,0\right)=\frac{1}{2}(1,-1,2,0),$$

$$\boldsymbol{\gamma}_3=\boldsymbol{\alpha}_3-\frac{(\boldsymbol{\alpha}_3,\boldsymbol{\gamma}_1)}{(\boldsymbol{\gamma}_1,\boldsymbol{\gamma}_1)}\boldsymbol{\gamma}_1-\frac{(\boldsymbol{\alpha}_3,\boldsymbol{\gamma}_2)}{(\boldsymbol{\gamma}_2,\boldsymbol{\gamma}_2)}\boldsymbol{\gamma}_2=\left(-\frac{1}{3},\frac{1}{3},\frac{1}{3},1\right)=\frac{1}{3}(-1,1,1,3).$$

再单位化，得 $V$ 的一组标准正交基：

$$\boldsymbol{\beta}_1=\left(\frac{1}{\sqrt{2}},\frac{1}{\sqrt{2}},0,0\right),$$

$$\boldsymbol{\beta}_2=\left(\frac{1}{\sqrt{6}},-\frac{1}{\sqrt{6}},\frac{2}{\sqrt{6}},0\right),$$

$$\boldsymbol{\beta}_3=\left(-\frac{1}{\sqrt{12}},\frac{1}{\sqrt{12}},\frac{1}{\sqrt{12}},\frac{3}{\sqrt{12}}\right).$$

典型例题 3-8
施密特正交化

设 $\boldsymbol{\alpha}_1,\boldsymbol{\alpha}_2,\cdots,\boldsymbol{\alpha}_k$ 是欧氏空间 $V$ 的标准正交基，$\boldsymbol{\alpha}$ 和 $\boldsymbol{\beta}$ 为 $V$ 中的任意两个向量，又设 $\boldsymbol{\alpha}$ 和 $\boldsymbol{\beta}$ 在基 $\boldsymbol{\alpha}_1,\boldsymbol{\alpha}_2,\cdots,\boldsymbol{\alpha}_m$ 下的坐标分别为 $(x_1,x_2,\cdots,x_m)$ 及 $(y_1,y_2,\cdots,y_m)$，则

$$(\boldsymbol{\alpha},\boldsymbol{\beta})=x_1y_1+x_2y_2+\cdots+x_my_m.$$

标准正交基在欧氏空间中占有特殊的地位，所以有必要讨论一下由一组标准正交基到另一组标准正交基的过渡矩阵.

**定理 4**　由标准正交基到标准正交基的过渡矩阵是正交矩阵；反之，如果由一组标准正交基到第二组基的过渡矩阵是正交矩阵，那么第二组基也是标准正交基.

**证**　设 $\boldsymbol{\alpha}_1,\boldsymbol{\alpha}_2,\cdots,\boldsymbol{\alpha}_m$ 与 $\boldsymbol{\beta}_1,\boldsymbol{\beta}_2,\cdots,\boldsymbol{\beta}_m$ 是 $m$ 维欧氏空间 $V$ 的两组基，其中 $\boldsymbol{\alpha}_1,\boldsymbol{\alpha}_2,\cdots,\boldsymbol{\alpha}_m$ 是标准正交基，且从基 $\boldsymbol{\alpha}_1,\boldsymbol{\alpha}_2,\cdots,\boldsymbol{\alpha}_m$ 到基 $\boldsymbol{\beta}_1,\boldsymbol{\beta}_2,\cdots,\boldsymbol{\beta}_m$ 的过渡矩阵为 $\boldsymbol{A}=(a_{ij})$，即

$$(\boldsymbol{\beta}_1,\boldsymbol{\beta}_2,\cdots,\boldsymbol{\beta}_m)=(\boldsymbol{\alpha}_1,\boldsymbol{\alpha}_2,\cdots,\boldsymbol{\alpha}_m)\begin{pmatrix}a_{11}&a_{12}&\cdots&a_{1m}\\a_{21}&a_{22}&\cdots&a_{2m}\\\vdots&\vdots&&\vdots\\a_{m1}&a_{m2}&\cdots&a_{mm}\end{pmatrix}.\qquad(1)$$

那么 $\boldsymbol{\beta}_1,\boldsymbol{\beta}_2,\cdots,\boldsymbol{\beta}_m$ 是标准正交基当且仅当

$$(\boldsymbol{\beta}_i,\boldsymbol{\beta}_j)=a_{1i}a_{1j}+a_{2i}a_{2j}+\cdots+a_{mi}a_{mj}=\begin{cases}1, & i=j,\\0, & i\neq j.\end{cases}$$

上式等价于矩阵等式

$$\boldsymbol{A}^{\mathrm{T}}\boldsymbol{A}=\boldsymbol{E},$$

即 $\boldsymbol{A}$ 是正交矩阵.

## 习题 3-4

1. 设 $\boldsymbol{\alpha},\boldsymbol{\beta},\boldsymbol{\gamma}$ 为 $\mathbf{R}^n$ 中的向量，证明内积的性质：$(\boldsymbol{\alpha}+\boldsymbol{\beta},\boldsymbol{\gamma})=(\boldsymbol{\alpha},\boldsymbol{\gamma})+(\boldsymbol{\beta},\boldsymbol{\gamma})$.

2. 设 $\boldsymbol{\alpha}=(0,2,-1,1),\boldsymbol{\beta}=(-1,2,2,0)$，计算 $\|\boldsymbol{\alpha}\|$，$\|\boldsymbol{\beta}\|$ 及 $\boldsymbol{\alpha}$ 与 $\boldsymbol{\beta}$ 的夹角.

3. 判断下列向量哪些是相互正交的.

$$\boldsymbol{\alpha}=(1,-1,1),\boldsymbol{\beta}=(1,1,-2),\boldsymbol{\gamma}=(2,-2,-4),\boldsymbol{\delta}=(1,-1,0).$$

4. 在 $\mathbf{R}^4$ 中求一单位向量 $\boldsymbol{\varepsilon}$，使之与向量 $(1,1,-1,1),(1,-1,-1,1),(2,1,1,3)$ 都正交.

5. 设 $\boldsymbol{\alpha}_1,\boldsymbol{\alpha}_2,\boldsymbol{\alpha}_3$ 是 $\mathbf{R}^3$ 的一组标准正交基，证明：

$$\boldsymbol{\beta}_1=\frac{1}{3}(2\boldsymbol{\alpha}_1+2\boldsymbol{\alpha}_2-\boldsymbol{\alpha}_3),\boldsymbol{\beta}_2=\frac{1}{3}(2\boldsymbol{\alpha}_1-\boldsymbol{\alpha}_2+2\boldsymbol{\alpha}_3),\boldsymbol{\beta}_3=\frac{1}{3}(\boldsymbol{\alpha}_1-2\boldsymbol{\alpha}_2-2\boldsymbol{\alpha}_3)$$

也是 $\mathbf{R}^3$ 的一组标准正交基.

6. 用施密特正交化方法由 $\mathbf{R}^3$ 的一组基 $(1,-1,1),(-1,1,1),(1,1,-1)$ 构造 $\mathbf{R}^3$ 的一组标准正交基，并求向量 $\boldsymbol{\alpha}=(1,-1,0)$ 在此标准正交基下的坐标.

7. 将下列线性无关的向量组正交化：

(1) $(2,0),(1,1)$；　　(2) $(2,0,0),(0,1,-1),(5,6,0)$.

# 第三章延伸阅读　线性方程组的最小二乘解

设 $\boldsymbol{A}\in\mathbf{R}^{m\times n},\boldsymbol{b}\in\mathbf{R}^m$，

$$\boldsymbol{Ax}=\boldsymbol{b} \tag{1}$$

是一个线性方程组，当 $r(\boldsymbol{A})=r(\boldsymbol{A},\boldsymbol{b})$ 时，方程组有解，当 $r(\boldsymbol{A})\neq r(\boldsymbol{A},\boldsymbol{b})$ 时方程组无解.此时我们考虑方程组的最小二乘解.

设向量 $\boldsymbol{x}=(x_1,x_2,\cdots,x_n)^{\mathrm{T}}\in\mathbf{R}^n$，我们定义

$$\|\boldsymbol{x}\|_2=(x_1^2+x_2^2+\cdots+x_n^2)^{\frac{1}{2}}=\sqrt{\boldsymbol{x}^{\mathrm{T}}\boldsymbol{x}}, \tag{2}$$

那么

$$f(\boldsymbol{x})=\|\boldsymbol{Ax}-\boldsymbol{b}\|_2$$

是 $x_1,x_2,\cdots,x_n$ 的 $n$ 元实值函数.在方程组(1)有解 $\boldsymbol{x}^*$ 时，满足 $f(\boldsymbol{x}^*)=\|\boldsymbol{Ax}^*-\boldsymbol{b}\|_2=0$.

**定义 1**　若在 $\mathbf{R}^n$ 空间中存在 $\tilde{\boldsymbol{x}}$，使

$$f(\boldsymbol{x})=\|\boldsymbol{Ax}-\boldsymbol{b}\|_2,$$

当 $\boldsymbol{x}=\tilde{\boldsymbol{x}}$ 达到极小时，则称 $\tilde{\boldsymbol{x}}$ 为方程组(1)的一个最小二乘解.我们有下面定理.

**定理 1**　$\boldsymbol{\eta}\in\mathbf{R}^n$ 是方程组(1)的最小二乘解的充要条件是 $\boldsymbol{\eta}$ 为方程组

$$\boldsymbol{A}^{\mathrm{T}}\boldsymbol{Ax}=\boldsymbol{A}^{\mathrm{T}}\boldsymbol{b} \tag{3}$$

的解.

**证**　充分性　设 $\boldsymbol{\eta}$ 是方程组(3)的解,则对任何 $\boldsymbol{\eta}\in\mathbf{R}^n$,可令 $\boldsymbol{y}=\boldsymbol{\eta}+\boldsymbol{z}$,于是

$$\begin{aligned}\|\boldsymbol{A\eta}-\boldsymbol{b}\|_2^2&=\|\boldsymbol{A}(\boldsymbol{\eta}+\boldsymbol{z})-\boldsymbol{b}\|_2^2\\&=\|\boldsymbol{A\eta}-\boldsymbol{b}\|_2^2+\|\boldsymbol{Az}\|_2^2+2(\boldsymbol{A\eta}-\boldsymbol{b})^{\mathrm{T}}\boldsymbol{Az}\\&=\|\boldsymbol{A\eta}-\boldsymbol{b}\|_2^2+\|\boldsymbol{Az}\|_2^2+2\boldsymbol{z}^{\mathrm{T}}\boldsymbol{A}^{\mathrm{T}}(\boldsymbol{A\eta}-\boldsymbol{b})\\&=\|\boldsymbol{A\eta}-\boldsymbol{b}\|_2^2+\|\boldsymbol{Az}\|_2^2\\&\geqslant\|\boldsymbol{A\eta}-\boldsymbol{b}\|_2^2,\end{aligned}$$

由此可见,$\boldsymbol{\eta}$ 是方程组(1)的一个最小二乘解.

必要性.设 $\boldsymbol{\eta}=(\eta_1,\eta_2,\cdots,\eta_n)^{\mathrm{T}}\in\mathbf{R}^n$ 是方程组(1)的一个最小二乘解,令

$$\boldsymbol{\gamma}=\boldsymbol{Ax}-\boldsymbol{b},$$

则 $\boldsymbol{\eta}$ 必使 $\|\boldsymbol{\gamma}\|_2^2$ 达到极小,由极值存在的必要条件,知

$$\left.\frac{\partial\|\boldsymbol{\gamma}\|_2^2}{\partial x_i}\right|_{\boldsymbol{\eta}}=0,\qquad i=1,2,\cdots,n,$$

即

$$\begin{aligned}\frac{\partial\|\boldsymbol{\gamma}\|_2^2}{\partial x_i}&=\frac{\partial}{\partial x_i}\left(\sum_{k=1}^{m}\left(\sum_{j=1}^{n}a_{kj}x_j-b_k\right)^2\right)\\&=\sum_{k=1}^{m}\frac{\partial}{\partial x_i}\left(\sum_{j=1}^{n}a_{kj}x_j-b_k\right)^2\\&=2\sum_{k=1}^{m}a_{ki}\left(\sum_{j=1}^{n}a_{kj}x_j-b_k\right),\end{aligned}$$

$$\left(\frac{\partial\|\boldsymbol{\gamma}\|_2^2}{\partial x_1},\frac{\partial\|\boldsymbol{\gamma}\|_2^2}{\partial x_2},\cdots,\frac{\partial\|\boldsymbol{\gamma}\|_2^2}{\partial x_n}\right)^{\mathrm{T}}=2\boldsymbol{A}^{\mathrm{T}}(\boldsymbol{Ax}-\boldsymbol{b}),$$

因此,我们有等式　$2\boldsymbol{A}^{\mathrm{T}}(\boldsymbol{Ax}-\boldsymbol{b})=\boldsymbol{0}$,即 $\boldsymbol{\eta}$ 是方程组(3)的解.

**定理 2**　方程组(1)必存在最小二乘解.

**证**　据定理 1,只要证明方程组(3)有解即可.事实上,设 $r(\boldsymbol{A})=r>0$,由满秩分解定理(见第六章),$\boldsymbol{A}$ 有满秩分解.

$$\boldsymbol{A}=\boldsymbol{FG},\quad \boldsymbol{F}\in\mathbf{R}^{m\times r},\quad \boldsymbol{G}\in\mathbf{R}^{r\times n},$$

且 $r(\boldsymbol{F})=r(\boldsymbol{G})=r$.此时方程组(3)可写成

$$\boldsymbol{G}^{\mathrm{T}}\boldsymbol{F}^{\mathrm{T}}\boldsymbol{FGx}=\boldsymbol{G}^{\mathrm{T}}\boldsymbol{F}^{\mathrm{T}}\boldsymbol{b},\tag{4}$$

由于 $r(\boldsymbol{GG}^{\mathrm{T}})=r(\boldsymbol{G})=r$,$r(\boldsymbol{F}^{\mathrm{T}}\boldsymbol{F})=r(\boldsymbol{F})=r$,故 $\boldsymbol{GG}^{\mathrm{T}}$,$\boldsymbol{F}^{\mathrm{T}}\boldsymbol{F}$ 都是可逆矩阵,令

$$\tilde{\boldsymbol{x}}=\boldsymbol{G}^{\mathrm{T}}(\boldsymbol{GG}^{\mathrm{T}})^{-1}(\boldsymbol{F}^{\mathrm{T}}\boldsymbol{F})^{-1}\boldsymbol{F}^{\mathrm{T}}\boldsymbol{b},$$

直接验证可知 $\tilde{\boldsymbol{x}}$ 是方程组(4)的一个解,根据定理 1,$\tilde{\boldsymbol{x}}$ 也是方程组(1)的一个最小二乘解.

**例 1**　求方程组

$$\begin{cases}x_1-2x_2+x_3=-4,\\x_2-x_3=3,\\2x_1-4x_2+3x_3=1,\\4x_1-7x_2+4x_3=-6\end{cases}$$

的最小二乘解.

**解** 系数矩阵 $\boldsymbol{A}$ 的秩 $r(\boldsymbol{A})=3$,而增广矩阵的秩 $r(\boldsymbol{A},\boldsymbol{b})=4$,故此方程组无解.考虑方程组 $\boldsymbol{A}^{\mathrm{T}}\boldsymbol{A}\boldsymbol{x}=\boldsymbol{A}^{\mathrm{T}}\boldsymbol{b}$,即

$$\begin{cases}21x_1-38x_2+23x_3=-26,\\-38x_1+70x_2-43x_3=49,\\23x_1-43x_2+27x_3=-28,\end{cases}$$

解得

$$x_1=\frac{75}{7},x_2=\frac{88}{7},x_3=\frac{69}{7},$$

此即所要求的最小二乘解.

# 第三章综合题

1. 选择题

(1) 设 $\boldsymbol{\alpha}_1,\boldsymbol{\alpha}_2,\cdots,\boldsymbol{\alpha}_s$ 是一组 $n$ 维向量,则下列结论正确的是(　　).

(A) 若 $\boldsymbol{\alpha}_1,\boldsymbol{\alpha}_2,\cdots,\boldsymbol{\alpha}_s$ 不线性相关,就一定线性无关

(B) 如果存在 $s$ 个不全为零的数 $k_1,k_2,\cdots,k_s$,使 $k_1\boldsymbol{\alpha}_1+k_2\boldsymbol{\alpha}_2+\cdots+k_s\boldsymbol{\alpha}_s=\boldsymbol{0}$,则 $\boldsymbol{\alpha}_1,\boldsymbol{\alpha}_2,\cdots,\boldsymbol{\alpha}_s$ 线性无关

(C) 若向量组 $\boldsymbol{\alpha}_1,\boldsymbol{\alpha}_2,\cdots,\boldsymbol{\alpha}_s$ 线性相关,则 $\boldsymbol{\alpha}_1$ 可由 $\boldsymbol{\alpha}_2,\boldsymbol{\alpha}_3,\cdots,\boldsymbol{\alpha}_s$ 线性表示

(D) 向量组 $\boldsymbol{\alpha}_1,\boldsymbol{\alpha}_2,\cdots,\boldsymbol{\alpha}_s$ 线性无关的充要条件是 $\boldsymbol{\alpha}_1$ 不能由其余 $s-1$ 个向量线性表示

(2) $n$ 维向量组 $\boldsymbol{\alpha}_1,\boldsymbol{\alpha}_2,\cdots,\boldsymbol{\alpha}_s(3\leqslant s\leqslant n)$ 线性无关的充要条件是(　　).

(A) 存在不全为零的数 $k_1,k_2,\cdots,k_s$,使 $k_1\boldsymbol{\alpha}_1+k_2\boldsymbol{\alpha}_2+\cdots+k_s\boldsymbol{\alpha}_s\neq\boldsymbol{0}$

(B) $\boldsymbol{\alpha}_1,\boldsymbol{\alpha}_2,\cdots,\boldsymbol{\alpha}_s$ 中任意两个向量都线性无关

(C) $\boldsymbol{\alpha}_1,\boldsymbol{\alpha}_2,\cdots,\boldsymbol{\alpha}_s$ 中存在一个向量,它不能用其余向量线性表示

(D) $\boldsymbol{\alpha}_1,\boldsymbol{\alpha}_2,\cdots,\boldsymbol{\alpha}_s$ 中任意一个向量都不能用其余向量线性表示

(3) 向量组 $\boldsymbol{\alpha}_1,\boldsymbol{\alpha}_2,\cdots,\boldsymbol{\alpha}_s$ 线性相关的充要条件是(　　).

(A) $\boldsymbol{\alpha}_1,\boldsymbol{\alpha}_2,\cdots,\boldsymbol{\alpha}_s$ 中有一零向量

(B) $\boldsymbol{\alpha}_1,\boldsymbol{\alpha}_2,\cdots,\boldsymbol{\alpha}_s$ 中任意两个向量的分量成比例

(C) $\boldsymbol{\alpha}_1,\boldsymbol{\alpha}_2,\cdots,\boldsymbol{\alpha}_s$ 中有一个向量是其余向量的线性组合

(D) $\boldsymbol{\alpha}_1,\boldsymbol{\alpha}_2,\cdots,\boldsymbol{\alpha}_s$ 中任意向量都是其余向量的线性组合

(4) $n$ 维向量组 $\boldsymbol{\alpha}_1,\boldsymbol{\alpha}_2,\cdots,\boldsymbol{\alpha}_s$ 线性无关的充要条件是(　　).

(A) $\boldsymbol{\alpha}_1,\boldsymbol{\alpha}_2,\cdots,\boldsymbol{\alpha}_s$ 均不是零向量

(B) $\boldsymbol{\alpha}_1,\boldsymbol{\alpha}_2,\cdots,\boldsymbol{\alpha}_s$ 中任意两个向量的分量不成比例

(C) 向量 $\boldsymbol{\alpha}_1,\boldsymbol{\alpha}_2,\cdots,\boldsymbol{\alpha}_s$ 的个数 $s\leqslant n$

(D) 某向量 $\boldsymbol{\beta}$ 可以由 $\boldsymbol{\alpha}_1,\boldsymbol{\alpha}_2,\cdots,\boldsymbol{\alpha}_s$ 线性表示,且表示式唯一

(5) 已知向量组 $\boldsymbol{\alpha}_1,\boldsymbol{\alpha}_2,\boldsymbol{\alpha}_3,\boldsymbol{\alpha}_4$ 线性无关,则向量组(　　).

（A）$\boldsymbol{\alpha}_1+\boldsymbol{\alpha}_2,\boldsymbol{\alpha}_2+\boldsymbol{\alpha}_3,\boldsymbol{\alpha}_3+\boldsymbol{\alpha}_4,\boldsymbol{\alpha}_4+\boldsymbol{\alpha}_1$ 线性无关

（B）$\boldsymbol{\alpha}_1-\boldsymbol{\alpha}_2,\boldsymbol{\alpha}_2-\boldsymbol{\alpha}_3,\boldsymbol{\alpha}_3-\boldsymbol{\alpha}_4,\boldsymbol{\alpha}_4-\boldsymbol{\alpha}_1$ 线性无关

（C）$\boldsymbol{\alpha}_1+\boldsymbol{\alpha}_2,\boldsymbol{\alpha}_2+\boldsymbol{\alpha}_3,\boldsymbol{\alpha}_3+\boldsymbol{\alpha}_4,\boldsymbol{\alpha}_4-\boldsymbol{\alpha}_1$ 线性无关

（D）$\boldsymbol{\alpha}_1+\boldsymbol{\alpha}_2,\boldsymbol{\alpha}_2+\boldsymbol{\alpha}_3,\boldsymbol{\alpha}_3-\boldsymbol{\alpha}_4,\boldsymbol{\alpha}_4-\boldsymbol{\alpha}_1$ 线性无关

（6）设有任意两个 $n$ 维向量组 $\boldsymbol{\alpha}_1,\cdots,\boldsymbol{\alpha}_m$ 和 $\boldsymbol{\beta}_1,\cdots,\boldsymbol{\beta}_m$，若存在两组不全为零的数 $\lambda_1,\cdots,\lambda_m$ 和 $k_1,\cdots,k_m$，使 $(\lambda_1+k_1)\boldsymbol{\alpha}_1+\cdots+(\lambda_m+k_m)\boldsymbol{\alpha}_m+(\lambda_1-k_1)\boldsymbol{\beta}_1+\cdots+(\lambda_m-k_m)\boldsymbol{\beta}_m=\boldsymbol{0}$，则（　　）.

（A）$\boldsymbol{\alpha}_1,\cdots,\boldsymbol{\alpha}_m$ 和 $\boldsymbol{\beta}_1,\cdots,\boldsymbol{\beta}_m$ 都线性相关

（B）$\boldsymbol{\alpha}_1,\cdots,\boldsymbol{\alpha}_m$ 和 $\boldsymbol{\beta}_1,\cdots,\boldsymbol{\beta}_m$ 都线性无关

（C）$\boldsymbol{\alpha}_1+\boldsymbol{\beta}_1,\cdots,\boldsymbol{\alpha}_m+\boldsymbol{\beta}_m,\boldsymbol{\alpha}_1-\boldsymbol{\beta}_1,\cdots,\boldsymbol{\alpha}_m-\boldsymbol{\beta}_m$ 线性无关

（D）$\boldsymbol{\alpha}_1+\boldsymbol{\beta}_1,\cdots,\boldsymbol{\alpha}_m+\boldsymbol{\beta}_m,\boldsymbol{\alpha}_1-\boldsymbol{\beta}_1,\cdots,\boldsymbol{\alpha}_m-\boldsymbol{\beta}_m$ 线性相关

（7）设 $\boldsymbol{A}$ 为 $n$ 阶方阵，其秩 $r<n$，那么在 $\boldsymbol{A}$ 的 $n$ 个行向量中（　　）.

（A）必有 $r$ 个行向量线性无关

（B）任意 $r$ 个行向量线性无关

（C）任意 $r$ 个行向量都构成最大线性无关向量组

（D）任意一个行向量都可以由其他 $r$ 个行向量线性表示

（8）设 $\boldsymbol{A}$ 为 $n$ 阶方阵，且 $|\boldsymbol{A}|=0$，则（　　）.

（A）$\boldsymbol{A}$ 中必有两行（列）的元素对应成比例

（B）$\boldsymbol{A}$ 中任意一行（列）向量是其余行（列）向量的线性组合

（C）$\boldsymbol{A}$ 中必有一行（列）向量是其余行（列）向量的线性组合

（D）$\boldsymbol{A}$ 中至少有一行（列）的元素全为零

2. 设 $\boldsymbol{\alpha}_1=(1,1,1)$，$\boldsymbol{\alpha}_2=(1,2,3)$，$\boldsymbol{\alpha}_3=(1,3,t)$.

（1）问 $t$ 为何值时，向量组 $\boldsymbol{\alpha}_1,\boldsymbol{\alpha}_2,\boldsymbol{\alpha}_3$ 线性相关；

（2）问 $t$ 为何值时，向量组 $\boldsymbol{\alpha}_1,\boldsymbol{\alpha}_2,\boldsymbol{\alpha}_3$ 线性无关；

（3）当 $\boldsymbol{\alpha}_1,\boldsymbol{\alpha}_2,\boldsymbol{\alpha}_3$ 线性相关时，将 $\boldsymbol{\alpha}_3$ 表示为 $\boldsymbol{\alpha}_1$ 和 $\boldsymbol{\alpha}_2$ 的线性组合.

3. 设向量组 $\boldsymbol{\alpha}_1,\boldsymbol{\alpha}_2,\cdots,\boldsymbol{\alpha}_m(m\geqslant 3)$ 线性相关，向量组 $\boldsymbol{\alpha}_2,\boldsymbol{\alpha}_3,\cdots,\boldsymbol{\alpha}_m$ 线性无关，问：

（1）$\boldsymbol{\alpha}_1$ 能否由 $\boldsymbol{\alpha}_2,\boldsymbol{\alpha}_3,\cdots,\boldsymbol{\alpha}_{m-1}$ 线性表示？证明你的结论.

（2）$\boldsymbol{\alpha}_m$ 能否由 $\boldsymbol{\alpha}_1,\boldsymbol{\alpha}_2,\cdots,\boldsymbol{\alpha}_{m-1}$ 线性表示？证明你的结论.

4. 设 $a_1,a_2,\cdots,a_r(r\leqslant n)$ 是互不相同的数，向量组

$$\boldsymbol{\alpha}_i=(1,a_i,a_i^2,\cdots,a_i^{n-1}),$$

$i=1,2,\cdots,r$. 问 $\boldsymbol{\alpha}_1,\boldsymbol{\alpha}_2,\cdots,\boldsymbol{\alpha}_r$ 是否线性相关.

5. 设向量组 $\boldsymbol{\alpha}_1,\boldsymbol{\alpha}_2,\cdots,\boldsymbol{\alpha}_s$ 线性无关，令 $\boldsymbol{\beta}_1=\boldsymbol{\alpha}_1+\mu_1\boldsymbol{\alpha}_s,\boldsymbol{\beta}_2=\boldsymbol{\alpha}_2+\mu_2\boldsymbol{\alpha}_s,\cdots,\boldsymbol{\beta}_{s-1}=\boldsymbol{\alpha}_{s-1}+\mu_{s-1}\boldsymbol{\alpha}_s$，证明：向量组 $\boldsymbol{\beta}_1,\boldsymbol{\beta}_2,\cdots,\boldsymbol{\beta}_{s-1}$ 线性无关，其中 $s\geqslant 2$，$\mu_i$ 为任意实数.

6. 已知向量组 $\boldsymbol{\alpha}_1,\boldsymbol{\alpha}_2,\cdots,\boldsymbol{\alpha}_s(s\geqslant 2)$ 线性无关. 令 $\boldsymbol{\beta}_1=\boldsymbol{\alpha}_1+\boldsymbol{\alpha}_2,\boldsymbol{\beta}_2=\boldsymbol{\alpha}_2+\boldsymbol{\alpha}_3,\cdots,\boldsymbol{\beta}_{s-1}=\boldsymbol{\alpha}_{s-1}+\boldsymbol{\alpha}_s,\boldsymbol{\beta}_s=\boldsymbol{\alpha}_s+\boldsymbol{\alpha}_1$，试讨论向量组 $\boldsymbol{\beta}_1,\boldsymbol{\beta}_2,\cdots,\boldsymbol{\beta}_s$ 的线性相关性.

7. 设 $\boldsymbol{\alpha}=(0,4,2,5)$，$\boldsymbol{\beta}_1=(1,2,3,1)$，$\boldsymbol{\beta}_2=(2,3,1,2)$，$\boldsymbol{\beta}_3=(3,1,2,-2)$，问 $\boldsymbol{\alpha}$ 能否表示成 $\boldsymbol{\beta}_1,\boldsymbol{\beta}_2,\boldsymbol{\beta}_3$ 的线性组合.

8. 设 $\boldsymbol{\alpha}_1,\boldsymbol{\alpha}_2,\cdots,\boldsymbol{\alpha}_r,\boldsymbol{\beta}$ 都是 $n$ 维向量，$\boldsymbol{\beta}$ 可由 $\boldsymbol{\alpha}_1,\boldsymbol{\alpha}_2,\cdots,\boldsymbol{\alpha}_r$ 线性表示，但 $\boldsymbol{\beta}$ 不能由 $\boldsymbol{\alpha}_1,\boldsymbol{\alpha}_2,\cdots,\boldsymbol{\alpha}_{r-1}$ 线性表示，证明：$\boldsymbol{\alpha}_r$ 可由 $\boldsymbol{\alpha}_1,\boldsymbol{\alpha}_2,\cdots,\boldsymbol{\alpha}_{r-1},\boldsymbol{\beta}$ 线性表示.

9. 设 $\boldsymbol{\alpha}_1,\boldsymbol{\alpha}_2,\cdots,\boldsymbol{\alpha}_m$ 为一向量组，且 $\boldsymbol{\alpha}_1\neq\boldsymbol{0}$，每一个向量 $\boldsymbol{\alpha}_i(i>1)$ 都不能由 $\boldsymbol{\alpha}_1,\boldsymbol{\alpha}_2,\cdots,\boldsymbol{\alpha}_{i-1}$ 线性表示，证明：$\boldsymbol{\alpha}_1,\boldsymbol{\alpha}_2,\cdots,\boldsymbol{\alpha}_m$ 线性无关.

10. 设向量组 $\boldsymbol{\alpha}_1,\boldsymbol{\alpha}_2,\cdots,\boldsymbol{\alpha}_m$ 线性无关，向量 $\boldsymbol{\beta}_1$ 可用它们线性表示，向量 $\boldsymbol{\beta}_2$ 不能用它们线性表示，证明：向量组 $\boldsymbol{\alpha}_1,\boldsymbol{\alpha}_2,\cdots,\boldsymbol{\alpha}_m,\lambda\boldsymbol{\beta}_1+\boldsymbol{\beta}_2$（$\lambda$ 为常数）线性无关.

11. 设有向量组 $\boldsymbol{\alpha}_1=(1,-1,2,4)$，$\boldsymbol{\alpha}_2=(0,3,1,2)$，$\boldsymbol{\alpha}_3=(3,0,7,14)$，$\boldsymbol{\alpha}_4=(1,-2,2,0)$，$\boldsymbol{\alpha}_5=(2,1,5,10)$，求该向量组的最大线性无关组.

12. 设向量组 $\boldsymbol{\alpha}_1=(1,3,2,0)^{\mathrm{T}}$，$\boldsymbol{\alpha}_2=(7,0,14,3)^{\mathrm{T}}$，$\boldsymbol{\alpha}_3=(2,-1,0,1)^{\mathrm{T}}$，$\boldsymbol{\alpha}_4=(5,1,6,2)^{\mathrm{T}}$，$\boldsymbol{\alpha}_5=(2,-1,4,1)^{\mathrm{T}}$.

(1) 求向量组的秩；

(2) 求此向量组的一个最大无关向量组.

13. 设向量组 Ⅰ：$\boldsymbol{\alpha}_1,\boldsymbol{\alpha}_2,\cdots,\boldsymbol{\alpha}_m$ 的秩为 $r(r>1)$，证明：向量组 Ⅱ：$\boldsymbol{\beta}_1=\boldsymbol{\alpha}_2+\boldsymbol{\alpha}_3+\cdots+\boldsymbol{\alpha}_m$，$\boldsymbol{\beta}_2=\boldsymbol{\alpha}_1+\boldsymbol{\alpha}_3+\cdots+\boldsymbol{\alpha}_m$，$\cdots$，$\boldsymbol{\beta}_m=\boldsymbol{\alpha}_1+\boldsymbol{\alpha}_2+\cdots+\boldsymbol{\alpha}_{m-1}$ 的秩也为 $r$.

14. 设 $\boldsymbol{A}^*$ 是 $n(n\geqslant 2)$ 阶方阵 $\boldsymbol{A}$ 的伴随矩阵，证明：

(1) $r(\boldsymbol{A}^*)=\begin{cases}n, & r(\boldsymbol{A})=n,\\ 1, & r(\boldsymbol{A})=n-1,\\ 0, & r(\boldsymbol{A})<n-1;\end{cases}$

(2) $|\boldsymbol{A}^*|=|\boldsymbol{A}|^{n-1}$.

第三章综合题参考答案

15. 设三阶矩阵 $\boldsymbol{A}=\begin{pmatrix}a&1&1\\1&a&1\\1&1&a\end{pmatrix}$，试求 $r(\boldsymbol{A})$.

16. 设 $\boldsymbol{\alpha}_1=(1,1,1)^{\mathrm{T}}$，求向量 $\boldsymbol{\alpha}_2,\boldsymbol{\alpha}_3$，使 $\boldsymbol{\alpha}_1,\boldsymbol{\alpha}_2,\boldsymbol{\alpha}_3$ 相互正交.

17. 已知（Ⅰ）$\boldsymbol{\alpha}_1,\boldsymbol{\alpha}_2$ 线性无关，（Ⅱ）$\boldsymbol{\beta}_1,\boldsymbol{\beta}_2$ 线性无关，且 $\boldsymbol{\alpha}_i,\boldsymbol{\beta}_j(i=1,2;j=1,2)$ 相互正交，证明：$\boldsymbol{\alpha}_1,\boldsymbol{\alpha}_2,\boldsymbol{\beta}_1,\boldsymbol{\beta}_2$ 线性无关.

第三章自测题

18. 设 $\mathbf{R}^3$ 的两组基为：(1) $\boldsymbol{\alpha}_1=(1,1,1)^{\mathrm{T}}$，$\boldsymbol{\alpha}_2=(0,1,1)^{\mathrm{T}}$，$\boldsymbol{\alpha}_3=(0,0,1)^{\mathrm{T}}$；(2) $\boldsymbol{\beta}_1=(1,0,1)^{\mathrm{T}}$，$\boldsymbol{\beta}_2=(0,1,-1)^{\mathrm{T}}$，$\boldsymbol{\beta}_3=(1,2,0)^{\mathrm{T}}$. 求由基 $\boldsymbol{\alpha}_1,\boldsymbol{\alpha}_2,\boldsymbol{\alpha}_3$ 到基 $\boldsymbol{\beta}_1,\boldsymbol{\beta}_2,\boldsymbol{\beta}_3$ 的过渡矩阵 $\boldsymbol{Q}$，并求向量 $\boldsymbol{\xi}=-\boldsymbol{\alpha}_1+2\boldsymbol{\alpha}_2+\boldsymbol{\alpha}_3$ 在基 $\boldsymbol{\beta}_1,\boldsymbol{\beta}_2,\boldsymbol{\beta}_3$ 下的坐标.

# 第四章

# 线性方程组

在第一章中,我们利用行列式讨论了方程组个数与未知元个数相同时线性方程组的求解问题.而且,在用行列式求解时,系数行列式必须不等于零.但实际问题中遇到的大量的线性方程组并不满足上述条件.在本章中,我们应用矩阵理论及向量空间理论讨论一般的线性方程组,介绍解线性方程组的消元法及线性方程组的解的结构.

## 第一节 解线性方程组的消元法

### 一、线性方程组解的存在性

设 $n$ 个未知元,$m$ 个方程的线性方程组为

$$\begin{cases} a_{11}x_1+a_{12}x_2+\cdots+a_{1n}x_n=b_1, \\ a_{21}x_1+a_{22}x_2+\cdots+a_{2n}x_n=b_2, \\ \cdots\cdots\cdots\cdots \\ a_{m1}x_1+a_{m2}x_2+\cdots+a_{mn}x_n=b_m. \end{cases} \tag{1}$$

记

$$\boldsymbol{A}=\begin{pmatrix} a_{11} & a_{12} & \cdots & a_{1n} \\ a_{21} & a_{22} & \cdots & a_{2n} \\ \vdots & \vdots & & \vdots \\ a_{m1} & a_{m2} & \cdots & a_{mn} \end{pmatrix}, \quad \boldsymbol{X}=\begin{pmatrix} x_1 \\ x_2 \\ \vdots \\ x_n \end{pmatrix}, \quad \boldsymbol{b}=\begin{pmatrix} b_1 \\ b_2 \\ \vdots \\ b_m \end{pmatrix},$$

则方程组(1)可写成矩阵形式

$$\boldsymbol{AX}=\boldsymbol{b}. \tag{2}$$

又记

$$\overline{\boldsymbol{A}}=\begin{pmatrix} a_{11} & a_{12} & \cdots & a_{1n} & b_1 \\ a_{21} & a_{22} & \cdots & a_{2n} & b_2 \\ \vdots & \vdots & & \vdots & \vdots \\ a_{m1} & a_{m2} & \cdots & a_{mn} & b_m \end{pmatrix},$$

$\boldsymbol{A}$ 和 $\overline{\boldsymbol{A}}$ 分别称为方程组(1)的系数矩阵和增广矩阵.

将系数矩阵 $\boldsymbol{A}$ 按列分块,即

$$\boldsymbol{A}=(\boldsymbol{\alpha}_1,\boldsymbol{\alpha}_2,\cdots,\boldsymbol{\alpha}_n),$$

其中 $\boldsymbol{\alpha}_j=(a_{1j},a_{2j},\cdots,a_{mj})^{\mathrm{T}}(j=1,2,\cdots,n)$ 为系数矩阵 $\boldsymbol{A}$ 的第 $j$ 列,则方程组(1)又可写成如下向量形式

$$x_1\boldsymbol{\alpha}_1+x_2\boldsymbol{\alpha}_2+\cdots+x_n\boldsymbol{\alpha}_n=\boldsymbol{b}. \tag{3}$$

实际上,式(1)、(2)和(3)是同一线性方程组的不同表现形式,我们在研究线性方程组时,将根据实际需要选用不同的形式.

当向量 $\boldsymbol{b}\neq\boldsymbol{0}$ 时,称 $\boldsymbol{AX}=\boldsymbol{b}$ 为非齐次线性方程组;而称 $\boldsymbol{AX}=\boldsymbol{0}$ 为齐次线性方程组,它也称为线性方程组 $\boldsymbol{AX}=\boldsymbol{b}$ 的导出组.

对于线性方程组(1),我们关心的核心问题是方程组是否有解?如果有解,有多少组解并如何求解?为此,首先引入如下概念.

**定义 1**　如果线性方程组(1)有解(不论有多少组解),则称该方程组是相容的,否则称其是不相容的.

线性方程组(1)是否相容与它的系数矩阵 $\boldsymbol{A}$ 和增广矩阵 $\overline{\boldsymbol{A}}$ 的秩密切相关.事实上,由式(3)知,线性方程组 $\boldsymbol{AX}=\boldsymbol{b}$ 的相容性等价于向量 $\boldsymbol{b}$ 能用系数矩阵 $\boldsymbol{A}$ 的列向量组 $\boldsymbol{\alpha}_1,\boldsymbol{\alpha}_2,\cdots,\boldsymbol{\alpha}_n$ 线性表示.若向量 $\boldsymbol{b}$ 能用向量组 $\boldsymbol{\alpha}_1,\boldsymbol{\alpha}_2,\cdots,\boldsymbol{\alpha}_n$ 线性表示,则向量组 $\boldsymbol{\alpha}_1,\boldsymbol{\alpha}_2,\cdots,\boldsymbol{\alpha}_n,\boldsymbol{b}$ 和向量组 $\boldsymbol{\alpha}_1,\boldsymbol{\alpha}_2,\cdots,\boldsymbol{\alpha}_n$ 有相同的秩.由于向量组的秩等于以该向量组为列向量的矩阵的秩,因此,向量组 $\boldsymbol{\alpha}_1,\boldsymbol{\alpha}_2,\cdots,\boldsymbol{\alpha}_n,\boldsymbol{b}$ 和向量组 $\boldsymbol{\alpha}_1,\boldsymbol{\alpha}_2,\cdots,\boldsymbol{\alpha}_n$ 有相同的秩等价于矩阵 $\overline{\boldsymbol{A}}$ 和矩阵 $\boldsymbol{A}$ 的秩相等.这便是下面的结果.

**定理 1**　线性方程组(1)有解或者相容的充要条件是它的系数矩阵 $\boldsymbol{A}$ 与其增广矩阵 $\overline{\boldsymbol{A}}$ 的秩相等,即 $r(\boldsymbol{A})=r(\overline{\boldsymbol{A}})$.

另外,线性方程组的解存在且唯一的充要条件是向量 $\boldsymbol{b}$ 能用系数矩阵 $\boldsymbol{A}$ 的列向量组 $\boldsymbol{\alpha}_1,\boldsymbol{\alpha}_2,\cdots,\boldsymbol{\alpha}_n$ 线性表示且表示法唯一.这就意味着向量组 $\boldsymbol{\alpha}_1,\boldsymbol{\alpha}_2,\cdots,\boldsymbol{\alpha}_n$ 线性无关,也即向量组 $\boldsymbol{\alpha}_1,\boldsymbol{\alpha}_2,\cdots,\boldsymbol{\alpha}_n$ 的秩等于 $n$.由此得如下结论:

**定理 2**　线性方程组(1)存在唯一解的充要条件是它的系数矩阵 $\boldsymbol{A}$ 与其增广矩阵 $\overline{\boldsymbol{A}}$ 的秩都等于 $n$,即 $r(\boldsymbol{A})=r(\overline{\boldsymbol{A}})=n$.

## 二、消元法

由线性方程组与其增广矩阵的一一对应关系以及矩阵的初等变换理论,我们容易得出如下结论.

**定理 3**　设线性方程组 $\boldsymbol{AX}=\boldsymbol{b}$ 的增广矩阵 $\overline{\boldsymbol{A}}=(\boldsymbol{A},\boldsymbol{b})$ 经初等行变换后所得到的矩阵为 $\overline{\boldsymbol{B}}=(\boldsymbol{B},\boldsymbol{d})$,则矩阵 $\overline{\boldsymbol{B}}$ 所对应的线性方程组 $\boldsymbol{BX}=\boldsymbol{d}$ 与原线性方程组 $\boldsymbol{AX}=\boldsymbol{b}$ 同解,即它们有相同的解集合.

下面举例说明如何利用这一结论求解线性方程组.

**例 1**　解线性方程组

$$\begin{cases} x_1+\ x_2+\ x_3=1, \\ x_1+2x_2-5x_3=2, \\ 2x_1+3x_2-4x_3=3. \end{cases} \tag{4}$$

**解**　对方程组的增广矩阵施行初等行变换.

$$\overline{A}=\begin{pmatrix} 1 & 1 & 1 & 1 \\ 1 & 2 & -5 & 2 \\ 2 & 3 & -4 & 3 \end{pmatrix} \xrightarrow[r_3+(-2)\times r_1]{r_2+(-1)\times r_1} \begin{pmatrix} 1 & 1 & 1 & 1 \\ 0 & 1 & -6 & 1 \\ 0 & 1 & -6 & 1 \end{pmatrix}$$

$$\xrightarrow[r_3+(-1)\times r_2]{r_1+(-1)\times r_2} \begin{pmatrix} 1 & 0 & 7 & 0 \\ 0 & 1 & -6 & 1 \\ 0 & 0 & 0 & 0 \end{pmatrix}.$$

变换后的阶梯形矩阵对应于阶梯形线性方程组(系数矩阵为阶梯形矩阵的线性方程组)

$$\begin{cases} x_1 \qquad +7x_3=0, \\ \qquad x_2-6x_3=1. \end{cases}$$

它与原线性方程组同解.取 $x_3=k$,得 $x_1=-7k$,$x_2=1+6k$.所以原线性方程组的解为

$$\begin{cases} x_1=-7k, \\ x_2=1+6k, \\ x_3=k, \end{cases} \quad \text{其中 } k \text{ 为任意实数.} \tag{5}$$

在式(5)中,当 $k$ 取遍所有实数时,可得到线性方程组(4)的全部解,因此称式(5)为线性方程组(4)的通解或一般解.而任意给定实数 $k$,都可根据式(5)确定出线性方程组(4)的一组解,我们称之为线性方程组(4)的一个特解.

**例 2**　求下面齐次线性方程组的解.

$$\begin{cases} x_1-\ x_2+5x_3-\ x_4=0, \\ x_1+\ x_2-2x_3+3x_4=0, \\ 3x_1-\ x_2+8x_3+\ x_4=0, \\ x_1+3x_2-9x_3+7x_4=0. \end{cases}$$

**解**　对方程组的系数矩阵施行初等行变换:

$$A=\begin{pmatrix} 1 & -1 & 5 & -1 \\ 1 & 1 & -2 & 3 \\ 3 & -1 & 8 & 1 \\ 1 & 3 & -9 & 7 \end{pmatrix} \xrightarrow[r_4+(-1)\times r_1]{\substack{r_2+(-1)\times r_1 \\ r_3+(-3)\times r_1}} \begin{pmatrix} 1 & -1 & 5 & -1 \\ 0 & 2 & -7 & 4 \\ 0 & 2 & -7 & 4 \\ 0 & 4 & -14 & 8 \end{pmatrix}$$

$$\xrightarrow[r_4+(-2)\times r_2]{r_3+(-1)\times r_2} \begin{pmatrix} 1 & -1 & 5 & -1 \\ 0 & 2 & -7 & 4 \\ 0 & 0 & 0 & 0 \\ 0 & 0 & 0 & 0 \end{pmatrix} \xrightarrow{\frac{1}{2}\times r_2} \begin{pmatrix} 1 & -1 & 5 & -1 \\ 0 & 1 & -7/2 & 2 \\ 0 & 0 & 0 & 0 \\ 0 & 0 & 0 & 0 \end{pmatrix}$$

$$\xrightarrow{r_1+r_2}\begin{pmatrix}1&0&3/2&1\\0&1&-7/2&2\\0&0&0&0\\0&0&0&0\end{pmatrix}.$$

变换后得到的阶梯形矩阵对应的线性方程组为

$$\begin{cases}x_1\quad+\dfrac{3}{2}x_3+x_4=0,\\ x_2-\dfrac{7}{2}x_3+2x_4=0.\end{cases}$$

取 $x_3=k_1,x_4=k_2$,得原线性方程组的通解

$$\begin{cases}x_1=-\dfrac{3}{2}k_1-k_2,\\ x_2=\dfrac{7}{2}k_1-2k_2,\\ x_3=k_1,\\ x_4=k_2,\end{cases}\quad \text{其中 } k_1,k_2 \text{ 为任意实数.}$$

例 1 和例 2 的求解过程是先将非齐次线性方程组的增广矩阵(或齐次线性方程组的系数矩阵)进行初等行变换,使之化为阶梯形矩阵,得到与原线性方程组同解的阶梯形线性方程组,然后求解阶梯形线性方程组,达到求解原线性方程组的目的.这种方法本质上是对线性方程组逐步进行消元.因此,称这种求解线性方程组的方法为高斯消元法(或矩阵消元法).

**例 3**　解线性方程组

$$\begin{cases}x_1+x_2+2x_3+3x_4=1,\\ x_2+x_3-4x_4=1,\\ x_1+2x_2+3x_3-x_4=4,\\ 2x_1+3x_2-x_3-x_4=-6.\end{cases}$$

**解**　对方程的增广矩阵施行初等行变换

$$\bar{\boldsymbol{A}}=\begin{pmatrix}1&1&2&3&1\\0&1&1&-4&1\\1&2&3&-1&4\\2&3&-1&-1&-6\end{pmatrix}\xrightarrow[r_4+(-2)\times r_1]{r_3+(-1)\times r_1}\begin{pmatrix}1&1&2&3&1\\0&1&1&-4&1\\0&1&1&-4&3\\0&1&-5&-7&-8\end{pmatrix}$$

$$\xrightarrow[r_4+(-1)\times r_2]{r_3+(-1)\times r_2}\begin{pmatrix}1&1&2&3&1\\0&1&1&-4&1\\0&0&0&0&2\\0&0&-6&-3&-9\end{pmatrix}\xrightarrow[r_3\leftrightarrow r_4]{-\frac{1}{3}\times r_4,\ \frac{1}{2}\times r_3}\begin{pmatrix}1&1&2&3&1\\0&1&1&-4&1\\0&0&2&1&3\\0&0&0&0&1\end{pmatrix}.$$

因为 $r(\boldsymbol{A})=3,r(\bar{\boldsymbol{A}})=4,r(\boldsymbol{A})\neq r(\bar{\boldsymbol{A}})$,所以原方程组无解.事实上,上述矩阵最后一行对应的方程为 $0\cdot x_1+0\cdot x_2+0\cdot x_3+0\cdot x_4=1$,故原方程组无解.

## 习题 4-1

用高斯消元法求解下列线性方程组.

(1) $\begin{cases} 2x_1+x_2-2x_3=10, \\ 3x_1+2x_2+2x_3=1, \\ 5x_1+4x_2+3x_3=4; \end{cases}$

(2) $\begin{cases} x_1+2x_2-3x_3=6, \\ 2x_1-x_2+4x_3=2, \\ 4x_1+3x_2-2x_3=14; \end{cases}$

(3) $\begin{cases} 2x_1-3x_2+6x_3+2x_4-5x_5=3, \\ x_2-4x_3+x_4=1, \\ x_4-3x_5=2; \end{cases}$

(4) $\begin{cases} x_1+x_2-3x_4-x_5=0, \\ x_1-x_2+2x_3-x_4=0, \\ 4x_1-2x_2+6x_3+3x_4-4x_5=0, \\ 2x_1+4x_2-2x_3+4x_4-7x_5=0; \end{cases}$

(5) $\begin{cases} x_1+x_2+x_3=0, \\ x_1+x_2-x_3-x_4-2x_5=0, \\ 2x_1+2x_2-x_4-2x_5=0, \\ 5x_1+5x_2-3x_3-4x_4-8x_5=0. \end{cases}$

# 第二节　齐次线性方程组解的结构

## 一、齐次线性方程组有非零解的条件

考虑 $n$ 元齐次线性方程组

$$\boldsymbol{AX}=\boldsymbol{0}, \tag{1}$$

其中 $\boldsymbol{A}$ 为 $m\times n$ 矩阵.由于零向量总能被任何向量组线性表示,故齐次线性方程组(1)总是相容的.显然 $\boldsymbol{X}=\boldsymbol{0}$ 是 $\boldsymbol{AX}=\boldsymbol{0}$ 的一个解(称之为零解或平凡解).那么,齐次线性方程组(1)在什么条件下有非零解(或只有零解)呢?

我们将齐次线性方程组(1)写成向量形式:

$$x_1\boldsymbol{\alpha}_1+x_2\boldsymbol{\alpha}_2+\cdots+x_n\boldsymbol{\alpha}_n=\boldsymbol{0}. \tag{2}$$

显然,下列四个命题等价:

① 方程(2)有非零解;

② 存在不全为零的数 $x_1,x_2,\cdots,x_n$,使方程(2)成立;

③ $\boldsymbol{\alpha}_1,\boldsymbol{\alpha}_2,\cdots,\boldsymbol{\alpha}_n$ 线性相关;

④ $r(\boldsymbol{A})=r(\boldsymbol{\alpha}_1,\boldsymbol{\alpha}_2,\cdots,\boldsymbol{\alpha}_n)<n$.

于是有下面结论:

**定理 1**　设 $\boldsymbol{A}$ 是 $m\times n$ 矩阵,则齐次线性方程组 $\boldsymbol{AX}=\boldsymbol{0}$ 有非零解的充要条件是 $r(\boldsymbol{A})<n$.

此定理也可视为上一节定理 1 和定理 2 的直接推论.它的等价命题是:$n$ 元齐次线性方程组 $\boldsymbol{AX}=\boldsymbol{0}$ 只有零解的充要条件是 $r(\boldsymbol{A})=n$.

**推论 1**　设 $\boldsymbol{A}$ 是 $m\times n$ 矩阵,则

(1) 当 $m<n$ 时,线性方程组 $\boldsymbol{AX}=\boldsymbol{0}$ 必有非零解;

(2) 当 $m=n$ 时,线性方程组 $\boldsymbol{AX}=\boldsymbol{0}$ 有非零解(只有零解)的充要条件是 $|\boldsymbol{A}|=0(|\boldsymbol{A}|\neq 0)$.

**例 1**　试判断当 $\lambda$ 为何值时,齐次线性方程组

$$\begin{cases} x_1+\lambda x_2+x_3=0, \\ x_1-x_2+x_3=0, \\ \lambda x_1+x_2+2x_3=0 \end{cases}$$

(1) 有非零解;(2) 只有零解.

**解法 1**　设齐次线性方程组的系数矩阵为 $\boldsymbol{A}$,将其进行初等行变换:

$$\boldsymbol{A}=\begin{pmatrix} 1 & \lambda & 1 \\ 1 & -1 & 1 \\ \lambda & 1 & 2 \end{pmatrix}\xrightarrow[r_3+(-\lambda)\times r_2]{r_1+(-1)\times r_2}\begin{pmatrix} 0 & \lambda+1 & 0 \\ 1 & -1 & 1 \\ 0 & \lambda+1 & 2-\lambda \end{pmatrix}$$

$$\xrightarrow[r_3+(-1)\times r_2]{r_1\leftrightarrow r_2}\begin{pmatrix} 1 & -1 & 1 \\ 0 & \lambda+1 & 0 \\ 0 & 0 & 2-\lambda \end{pmatrix}.$$

当 $\lambda=2$ 或 $\lambda=-1$ 时,$r(\boldsymbol{A})=2<3$;当 $\lambda\neq 2$ 且 $\lambda\neq -1$ 时,$r(\boldsymbol{A})=3$.故由定理 1,当 $\lambda=2$ 或 $\lambda=-1$ 时,方程组有非零解;当 $\lambda\neq 2$ 且 $\lambda\neq -1$ 时,方程组只有零解.

**解法 2**　直接计算原线性方程组的系数行列式并利用推论 1.因为

$$|\boldsymbol{A}|=\begin{vmatrix} 1 & \lambda & 1 \\ 1 & -1 & 1 \\ \lambda & 1 & 2 \end{vmatrix}=(\lambda+1)(\lambda-2),$$

所以,当 $\lambda=2$ 或 $\lambda=-1$ 时,$|\boldsymbol{A}|=0$,方程组有非零解;当 $\lambda\neq 2$ 且 $\lambda\neq -1$ 时,$|\boldsymbol{A}|\neq 0$,方程组只有零解.

## 二、齐次线性方程组解的结构

为了研究齐次线性方程组解的结构,我们先讨论它的解的性质.

记 $S$ 为 $\boldsymbol{AX}=\boldsymbol{0}$ 的解的集合,由第三章第三节例 5 知,$S$ 构成一个向量空间,我们称之为齐次线性方程组的解空间,该线性方程组的解空间的一组基,称为该方程组的一个基础解系.

由基础解系的定义,齐次线性方程组的全部解都能够用它的基础解系的线性组合表示出来;反过来,齐次线性方程组的基础解系的线性组合一定是它的解.因此,只要求出齐次线性方程组的一个基础解系,比如 $\boldsymbol{\xi}_1,\boldsymbol{\xi}_2,\cdots,\boldsymbol{\xi}_t$,便可得到它的全部解(或通解):

$$k_1\boldsymbol{\xi}_1+k_2\boldsymbol{\xi}_2+\cdots+k_t\boldsymbol{\xi}_t,\quad \text{其中 } k_1,k_2,\cdots,k_t \text{ 为任意实数.}$$

下面定理说明,当齐次线性方程组有非零解时,则必有基础解系.

**定理 2**　设 $n$ 元齐次线性方程组 $\boldsymbol{AX}=\boldsymbol{0}$ 的系数矩阵 $\boldsymbol{A}$ 的秩 $r(\boldsymbol{A})=r<n$,则齐次

线性方程组 $\boldsymbol{AX}=\boldsymbol{0}$ 的解空间是 $n-r$ 维的（即 $\boldsymbol{AX}=\boldsymbol{0}$ 的基础解系中含有 $n-r$ 个解向量）.

**证**　因为 $r(\boldsymbol{A})=r<n$，所以矩阵 $\boldsymbol{A}$ 至少存在一个 $r$ 阶子式不为零，而所有 $r+1$ 阶子式全为零.不妨设 $\boldsymbol{A}$ 的左上角的 $r$ 阶子式不为零.此时，用初等行变换将 $\boldsymbol{A}$ 化成的阶梯形矩阵应具有如下形式

$$\begin{pmatrix} c_{11} & c_{12} & \cdots & c_{1r} & c_{1,r+1} & \cdots & c_{1n} \\ 0 & c_{22} & \cdots & c_{2r} & c_{2,r+1} & \cdots & c_{2n} \\ \vdots & \vdots & & \vdots & \vdots & & \vdots \\ 0 & 0 & \cdots & c_{rr} & c_{r,r+1} & \cdots & c_{rn} \\ 0 & 0 & \cdots & 0 & 0 & \cdots & 0 \\ \vdots & \vdots & & \vdots & \vdots & & \vdots \\ 0 & 0 & \cdots & 0 & 0 & \cdots & 0 \end{pmatrix}, \tag{3}$$

这里 $c_{ii}\neq 0(1\leqslant i\leqslant r)$.由此得线性方程组 $\boldsymbol{AX}=\boldsymbol{0}$ 的同解方程组如下：

$$\begin{cases} c_{11}x_1+c_{12}x_2+\cdots+c_{1r}x_r+c_{1,r+1}x_{r+1}+\cdots+c_{1n}x_n=0, \\ \qquad c_{22}x_2+\cdots+c_{2r}x_r+c_{2,r+1}x_{r+1}+\cdots+c_{2n}x_n=0, \\ \qquad\qquad \cdots\cdots\cdots\cdots \\ \qquad\qquad c_{rr}x_r+c_{r,r+1}x_{r+1}+\cdots+c_{rn}x_n=0. \end{cases} \tag{4}$$

将 $x_{r+1},x_{r+2},\cdots,x_n$ 移至方程组右端并逐步回代可得方程组的一般解

$$\begin{cases} x_1=d_{11}x_{r+1}+d_{12}x_{r+2}+\cdots+d_{1,n-r}x_n, \\ x_2=d_{21}x_{r+1}+d_{22}x_{r+2}+\cdots+d_{2,n-r}x_n, \\ \qquad \cdots\cdots\cdots\cdots \\ x_r=d_{r1}x_{r+1}+d_{r2}x_{r+2}+\cdots+d_{r,n-r}x_n, \end{cases} \tag{5}$$

其中 $x_{r+1},x_{r+2},\cdots,x_n$ 为任意实数，称之为自由未知量.

若取 $x_{r+1},x_{r+2},\cdots,x_n$ 的 $n-r$ 组值：

$$\begin{pmatrix} x_{r+1} \\ x_{r+2} \\ x_{r+3} \\ \vdots \\ x_n \end{pmatrix}=\begin{pmatrix} 1 \\ 0 \\ 0 \\ \vdots \\ 0 \end{pmatrix},\begin{pmatrix} 0 \\ 1 \\ 0 \\ \vdots \\ 0 \end{pmatrix},\cdots,\begin{pmatrix} 0 \\ 0 \\ 0 \\ \vdots \\ 1 \end{pmatrix}, \tag{6}$$

则可得齐次线性方程组 $\boldsymbol{AX}=\boldsymbol{0}$ 的 $n-r$ 个解向量：

$$\begin{aligned} \boldsymbol{\xi}_1&=(d_{11},\cdots,d_{r1},1,0,\cdots,0)^{\mathrm{T}}, \\ \boldsymbol{\xi}_2&=(d_{12},\cdots,d_{r2},0,1,\cdots,0)^{\mathrm{T}}, \\ &\cdots \\ \boldsymbol{\xi}_{n-r}&=(d_{1,n-r},\cdots,d_{r,n-r},0,\cdots,1)^{\mathrm{T}}. \end{aligned} \tag{7}$$

易知 $\boldsymbol{\xi}_1,\boldsymbol{\xi}_2,\cdots,\boldsymbol{\xi}_{n-r}$ 线性无关.

下面证明齐次线性方程组 $\boldsymbol{AX}=\boldsymbol{0}$ 的每一个解均可由 $\boldsymbol{\xi}_1,\boldsymbol{\xi}_2,\cdots,\boldsymbol{\xi}_{n-r}$ 线性表示.在式(5)中任取 $x_{r+1},x_{r+2},\cdots,x_n$ 的一组值 $k_1,k_2,\cdots,k_{n-r}$，得齐次线性方程组 $\boldsymbol{AX}=\boldsymbol{0}$ 的解为

$$\begin{cases} x_1 = k_1 d_{11} + k_2 d_{12} + \cdots + k_{n-r} d_{1,n-r}, \\ x_2 = k_1 d_{21} + k_2 d_{22} + \cdots + k_{n-r} d_{2,n-r}, \\ \cdots\cdots\cdots\cdots \\ x_r = k_1 d_{r1} + k_2 d_{r2} + \cdots + k_{n-r} d_{r,n-r}, \\ x_{r+1} = k_1, \\ x_{r+2} = \qquad k_2, \\ \cdots\cdots\cdots\cdots \\ x_n = \qquad\qquad k_{n-r}. \end{cases}$$

上式写成向量形式就是

$$\boldsymbol{X} = (x_1, x_2, \cdots, x_n)^{\mathrm{T}} = k_1 \boldsymbol{\xi}_1 + k_2 \boldsymbol{\xi}_2 + \cdots + k_{n-r} \boldsymbol{\xi}_{n-r}. \tag{8}$$

所以 $\boldsymbol{\xi}_1, \boldsymbol{\xi}_2, \cdots, \boldsymbol{\xi}_{n-r}$ 是齐次线性方程组 $\boldsymbol{AX}=\boldsymbol{0}$ 的解空间的一组基，从而它的解空间是 $n-r$ 维的，而式(8)就是齐次线性方程组的通解.

上述证明过程实际上提供了一种求齐次线性方程组的一个基础解系和通解的具体方法.

**例 2**　求齐次线性方程组

$$\begin{cases} x_1 + 2x_2 + 2x_3 + x_4 = 0, \\ 2x_1 + x_2 - 2x_3 - 2x_4 = 0, \\ x_1 - x_2 - 4x_3 - 3x_4 = 0 \end{cases}$$

的一个基础解系并写出其通解.

**解**　对方程组的系数矩阵进行初等行变换

$$\boldsymbol{A} = \begin{pmatrix} 1 & 2 & 2 & 1 \\ 2 & 1 & -2 & -2 \\ 1 & -1 & -4 & -3 \end{pmatrix} \xrightarrow[r_3+(-1)\times r_1]{r_2+(-2)\times r_1} \begin{pmatrix} 1 & 2 & 2 & 1 \\ 0 & -3 & -6 & -4 \\ 0 & -3 & -6 & -4 \end{pmatrix}$$

$$\xrightarrow[\left(-\frac{1}{3}\right)\times r_2]{r_3+(-1)\times r_2} \begin{pmatrix} 1 & 2 & 2 & 1 \\ 0 & 1 & 2 & 4/3 \\ 0 & 0 & 0 & 0 \end{pmatrix} \xrightarrow{r_1+(-2)\times r_2} \begin{pmatrix} 1 & 0 & -2 & -5/3 \\ 0 & 1 & 2 & 4/3 \\ 0 & 0 & 0 & 0 \end{pmatrix}.$$

因此，原线性方程组的同解方程组为

$$\begin{cases} x_1 - 2x_3 - \dfrac{5}{3}x_4 = 0, \\ x_2 + 2x_3 + \dfrac{4}{3}x_4 = 0, \end{cases} \tag{9}$$

在式(9)中分别取 $x_3=1, x_4=0$ 和 $x_3=0, x_4=1$，得基础解系 $\boldsymbol{\xi}_1, \boldsymbol{\xi}_2$，其中

$$\boldsymbol{\xi}_1 = (2, -2, 1, 0)^{\mathrm{T}}, \quad \boldsymbol{\xi}_2 = \left(\frac{5}{3}, -\frac{4}{3}, 0, 1\right)^{\mathrm{T}}.$$

于是原线性方程组的通解为

$$\boldsymbol{X} = (x_1, x_2, x_3, x_4)^{\mathrm{T}} = k_1 \boldsymbol{\xi}_1 + k_2 \boldsymbol{\xi}_2,$$

即

$$\begin{cases} x_1 = 2k_1 + \frac{5}{3}k_2, \\ x_2 = -2k_1 - \frac{4}{3}k_2, \\ x_3 = k_1, \\ x_4 = k_2, \end{cases}$$

其中 $k_1, k_2$ 为任意实数.

**例 3**　求齐次方程组 $\boldsymbol{AX}=\boldsymbol{0}$ 的通解,其系数矩阵为

$$\boldsymbol{A}=\begin{pmatrix} 1 & 1 & -2 & 1 & 3 \\ 2 & -1 & 2 & 2 & 6 \\ 3 & 2 & -4 & -5 & -7 \end{pmatrix}.$$

**解**　对方程组的系数矩阵 $\boldsymbol{A}$ 进行初等行变换.

$$\boldsymbol{A} \xrightarrow[r_3+(-3)\times r_1]{r_2+(-2)\times r_1} \begin{pmatrix} 1 & 1 & -2 & 1 & 3 \\ 0 & -3 & 6 & 0 & 0 \\ 0 & -1 & 2 & -8 & -16 \end{pmatrix}$$

$$\xrightarrow[r_3+r_2]{\left(-\frac{1}{3}\right)\times r_2} \begin{pmatrix} 1 & 1 & -2 & 1 & 3 \\ 0 & 1 & -2 & 0 & 0 \\ 0 & 0 & 0 & -8 & -16 \end{pmatrix} = \boldsymbol{B}.$$

由上面最后一个阶梯形矩阵 $\boldsymbol{B}$ 知 $r(\boldsymbol{A})=3$,继续对 $\boldsymbol{B}$ 施行初等行变换,将其第 1,2 及 4 列构成的矩阵化为单位矩阵,有

$$\boldsymbol{B} \xrightarrow[r_1+(-1)\times r_3]{\left(-\frac{1}{8}\right)\times r_3} \begin{pmatrix} 1 & 1 & -2 & 0 & 1 \\ 0 & 1 & -2 & 0 & 0 \\ 0 & 0 & 0 & 1 & 2 \end{pmatrix}$$

$$\xrightarrow{r_1+(-1)\times r_2} \begin{pmatrix} 1 & 0 & 0 & 0 & 1 \\ 0 & 1 & -2 & 0 & 0 \\ 0 & 0 & 0 & 1 & 2 \end{pmatrix}.$$

因此,原齐次线性方程组的同解线性方程组为

$$\begin{cases} x_1 + x_5 = 0, \\ x_2 - 2x_3 = 0, \\ x_4 + 2x_5 = 0. \end{cases}$$

典型例题 4-1
求两个方程组的公共非零解

取 $x_3, x_5$ 为自由未知量,分别取 $x_3=1, x_5=0$ 和 $x_3=0, x_5=1$,得基础解系 $\boldsymbol{\xi}_1, \boldsymbol{\xi}_2$,其中

$$\boldsymbol{\xi}_1=(0,2,1,0,0)^{\mathrm{T}}, \boldsymbol{\xi}_2=(-1,0,0,-2,1)^{\mathrm{T}},$$

而原线性方程组的通解为

$$\boldsymbol{X}=k_1\boldsymbol{\xi}_1+k_2\boldsymbol{\xi}_2,$$

即

$$\begin{cases}x_1=-k_2,\\x_2=2k_1,\\x_3=k_1,\\x_4=-2k_2,\\x_5=k_2,\end{cases}\quad \text{其中 } k_1,k_2 \text{ 为任意实数.}$$

**例 4**　用基础解系表示如下线性方程组的通解.

$$\begin{cases}x_1+x_2+x_3+4x_4-3x_5=0,\\x_1-x_2+3x_3-2x_4-x_5=0,\\2x_1+x_2+3x_3+5x_4-5x_5=0,\\3x_1+x_2+5x_3+6x_4-7x_5=0.\end{cases}$$

**解**　因为方程的个数 $m=4$，自变量个数 $n=5$，$m<n$，所以所给方程组有无穷多组解.

$$\boldsymbol{A}=\begin{pmatrix}1&1&1&4&-3\\1&-1&3&-2&-1\\2&1&3&5&-5\\3&1&5&6&-7\end{pmatrix}\xrightarrow[r_4+(-3)\times r_1]{\substack{r_2+(-r_1)\\r_3+(-2)\times r_1}}\begin{pmatrix}1&1&1&4&-3\\0&-2&2&-6&2\\0&-1&1&-3&1\\0&-2&2&-6&2\end{pmatrix}$$

$$\xrightarrow[\substack{\left(-\frac{1}{2}\right)\times r_2\\(-1)\times r_3\\\left(-\frac{1}{2}\right)\times r_4}]{r_1+r_3}\begin{pmatrix}1&0&2&1&-2\\0&1&-1&3&-1\\0&1&-1&3&-1\\0&1&-1&3&-1\end{pmatrix}\xrightarrow{\substack{r_3-r_2\\r_4-r_2}}\begin{pmatrix}1&0&2&1&-2\\0&1&-1&3&-1\\0&0&0&0&0\\0&0&0&0&0\end{pmatrix}.$$

即原方程组与下面的方程组同解：

$$\begin{cases}x_1=-2x_3-x_4+2x_5,\\x_2=x_3-3x_4+x_5,\end{cases}\text{其中 } x_3,x_4,x_5 \text{ 为自由未知量.}$$

分别令自由未知量 $\begin{pmatrix}x_3\\x_4\\x_5\end{pmatrix}$ 取值 $\begin{pmatrix}1\\0\\0\end{pmatrix},\begin{pmatrix}0\\1\\0\end{pmatrix},\begin{pmatrix}0\\0\\1\end{pmatrix}$，得方程组的三个解

$$\boldsymbol{\xi}_1=(-2,1,1,0,0)^{\mathrm{T}},\boldsymbol{\xi}_2=(-1,-3,0,1,0)^{\mathrm{T}},\boldsymbol{\xi}_3=(2,1,0,0,1)^{\mathrm{T}},$$

则 $\boldsymbol{\xi}_1,\boldsymbol{\xi}_2,\boldsymbol{\xi}_3$ 就是所给方程组的一个基础解系.因此该方程组的通解为

$$\boldsymbol{X}=k_1\boldsymbol{\xi}_1+k_2\boldsymbol{\xi}_2+k_3\boldsymbol{\xi}_3\ (k_1,k_2,k_3 \text{ 为任意常数}).$$

**例 5**　设 $\boldsymbol{A}=(a_{ij})_{m\times n}$，$\boldsymbol{B}=(s_{jk})_{n\times l}$，$\boldsymbol{AB}=\boldsymbol{O}$，证明：$r(\boldsymbol{A})+r(\boldsymbol{B})\leqslant n$.

**证**　记 $\boldsymbol{B}=(\boldsymbol{\beta}_1,\boldsymbol{\beta}_2,\cdots,\boldsymbol{\beta}_l)$，则从 $\boldsymbol{AB}=\boldsymbol{O}$ 且 $\boldsymbol{AB}=(\boldsymbol{A\beta}_1,\boldsymbol{A\beta}_2,\cdots,\boldsymbol{A\beta}_l)$ 知

$$\boldsymbol{A\beta}_k=\boldsymbol{0}\quad(k=1,2,\cdots,l).$$

上式表明 $\boldsymbol{B}$ 的 $l$ 个列向量都是齐次方程 $\boldsymbol{AX}=\boldsymbol{O}$ 的解.由于 $\boldsymbol{AX}=\boldsymbol{O}$ 的基础解系含 $n-r(\boldsymbol{A})$ 个向量 $\boldsymbol{\xi}_1,\boldsymbol{\xi}_2,\cdots,\boldsymbol{\xi}_{n-r(\boldsymbol{A})}$，即 $\boldsymbol{AX}=\boldsymbol{O}$ 解空间 $V$ 的维数为 $n-r(\boldsymbol{A})$，从而当 $\boldsymbol{\beta}_1,\boldsymbol{\beta}_2,\cdots,\boldsymbol{\beta}_l\in V$ 时，此组向量的秩不会大于解空间 $V$ 的维数，即 $r(\boldsymbol{B})\leqslant n-r(\boldsymbol{A})$，所以 $r(\boldsymbol{A})+r(\boldsymbol{B})\leqslant n$.

典型例题 4-2
齐次线性方程组的基础解系

## 习题 4-2

1. 求下列齐次线性方程组的一个基础解系.

(1) $\begin{cases} x_1+x_2+2x_3+2x_4+7x_5=0, \\ 2x_1+3x_2+4x_3+5x_4=0, \\ 6x_1+5x_2+12x_3+11x_4=0; \end{cases}$

(2) $\begin{cases} x_1+x_2+x_3+4x_4-3x_5=0, \\ x_1-x_2+3x_3-2x_4-x_5=0, \\ 2x_1+x_2+3x_3+5x_4-5x_5=0, \\ 3x_1+x_2+5x_3+6x_4-7x_5=0. \end{cases}$

2. 设 $\boldsymbol{A}$ 为 $n$ 阶方阵，$r(\boldsymbol{A})=n-3$，且 $\boldsymbol{\alpha}_1,\boldsymbol{\alpha}_2,\boldsymbol{\alpha}_3$ 是 $\boldsymbol{AX}=\boldsymbol{0}$ 的三个线性无关的解向量.试判断下列哪一组向量是 $\boldsymbol{AX}=\boldsymbol{0}$ 的基础解系.

(1) $\boldsymbol{\alpha}_1+\boldsymbol{\alpha}_2,\boldsymbol{\alpha}_2+\boldsymbol{\alpha}_3,\boldsymbol{\alpha}_3+\boldsymbol{\alpha}_1$；　　(2) $\boldsymbol{\alpha}_2-\boldsymbol{\alpha}_1,\boldsymbol{\alpha}_3+\boldsymbol{\alpha}_2,\boldsymbol{\alpha}_1+\boldsymbol{\alpha}_3$；

(3) $\boldsymbol{\alpha}_1+\boldsymbol{\alpha}_2+\boldsymbol{\alpha}_3,\boldsymbol{\alpha}_3-\boldsymbol{\alpha}_2,-\boldsymbol{\alpha}_1-2\boldsymbol{\alpha}_3$.

3. 设 $\boldsymbol{A}=\begin{pmatrix} \lambda & 1 & \lambda^2 \\ 1 & \lambda & 1 \\ 1 & 1 & \lambda \end{pmatrix}$，

(1) 若齐次线性方程组 $\boldsymbol{AX}=\boldsymbol{0}$ 有非零解，试求 $\lambda$；

(2) 若 $\boldsymbol{B}$ 是三阶矩阵，$\boldsymbol{B}\neq\boldsymbol{0}$ 且有 $\boldsymbol{AB}=\boldsymbol{0}$，试求 $|\boldsymbol{B}|$.

4. 设 $\boldsymbol{A}=\begin{pmatrix} 1 & 1 & 1 \\ a & b & c \\ a^2 & b^2 & c^2 \end{pmatrix}$，$\boldsymbol{X}=(x_1,x_2,x_3)^{\mathrm{T}}$，试求：

(1) $a,b,c$ 满足什么条件时，方程组 $\boldsymbol{AX}=\boldsymbol{0}$ 只有零解；

(2) $a,b,c$ 满足什么条件时，方程组 $\boldsymbol{AX}=\boldsymbol{0}$ 有无穷多解，并用基础解系表示全部解.

5. 设向量组 $\boldsymbol{\alpha}_1,\boldsymbol{\alpha}_2,\cdots,\boldsymbol{\alpha}_s$ 是线性方程组 $\boldsymbol{AX}=\boldsymbol{0}$ 的一个基础解系，向量组

$$\begin{gathered} \boldsymbol{\beta}_1=t_1\boldsymbol{\alpha}_1+t_2\boldsymbol{\alpha}_2, \\ \boldsymbol{\beta}_2=t_1\boldsymbol{\alpha}_2+t_2\boldsymbol{\alpha}_3, \\ \cdots \\ \boldsymbol{\beta}_s=t_1\boldsymbol{\alpha}_s+t_2\boldsymbol{\alpha}_1, \end{gathered}$$

其中 $t_1,t_2$ 为常数.当 $t_1,t_2$ 满足什么关系时，向量组 $\boldsymbol{\beta}_1,\boldsymbol{\beta}_2,\cdots,\boldsymbol{\beta}_s$ 也是线性方程组 $\boldsymbol{AX}=\boldsymbol{0}$ 的一个基础解系？

# 第三节　非齐次线性方程组解的结构

考虑非齐次线性方程组

$$\boldsymbol{AX}=\boldsymbol{b}, \tag{1}$$

其中 $\boldsymbol{A}$ 为 $m\times n$ 矩阵，$\boldsymbol{b}\neq\boldsymbol{0}$ 为 $m$ 维列向量.由第一节知，非齐次线性方程组$\boldsymbol{AX}=\boldsymbol{b}$ 有解的充要条件是系数矩阵 $\boldsymbol{A}$ 的秩与增广矩阵 $\overline{\boldsymbol{A}}$ 的秩相等，且当这两个矩阵的秩都等于未知数的个数 $n$ 时线性方程组 $\boldsymbol{AX}=\boldsymbol{b}$ 有唯一解.

本节，我们在非齐次线性方程组 $\boldsymbol{AX}=\boldsymbol{b}$ 有解的条件下，讨论其解的结构和具体求法.

由第二节知，齐次线性方程组 $\boldsymbol{AX}=\boldsymbol{0}$ 的解关于线性运算封闭，对于非齐次线性方程组，这个性质不再保持，事实上，设 $\boldsymbol{X}_1,\boldsymbol{X}_2$ 是非齐次线性方程组 $\boldsymbol{AX}=\boldsymbol{b}$ 的解.因为

$$\boldsymbol{A}(\boldsymbol{X}_1+\boldsymbol{X}_2)=\boldsymbol{AX}_1+\boldsymbol{AX}_2=\boldsymbol{b}+\boldsymbol{b}=2\boldsymbol{b}\neq\boldsymbol{b},$$

所以 $\boldsymbol{X}_1+\boldsymbol{X}_2$ 不再是 $\boldsymbol{AX}=\boldsymbol{b}$ 的解.但是，非齐次线性方程组 $\boldsymbol{AX}=\boldsymbol{b}$ 的解与它的导出组 $\boldsymbol{AX}=\boldsymbol{0}$ 的解之间有着密切联系.

**定理 1**　设 $\boldsymbol{\eta}_1,\boldsymbol{\eta}_2$ 是非齐次线性方程组 $\boldsymbol{AX}=\boldsymbol{b}$ 的两个解，$\boldsymbol{\xi}$ 是其导出组 $\boldsymbol{AX}=\boldsymbol{0}$ 的解，则

（1）$\boldsymbol{\eta}_1-\boldsymbol{\eta}_2$ 是导出组 $\boldsymbol{AX}=\boldsymbol{0}$ 的解；

（2）$\boldsymbol{\eta}_1+\boldsymbol{\xi}$ 是线性方程组 $\boldsymbol{AX}=\boldsymbol{b}$ 的解.

典型例题 4-3 方程组的基础解系

**证**　由于

$$\boldsymbol{A}(\boldsymbol{\eta}_1-\boldsymbol{\eta}_2)=\boldsymbol{A\eta}_1-\boldsymbol{A\eta}_2=\boldsymbol{b}-\boldsymbol{b}=\boldsymbol{0},$$

$$\boldsymbol{A}(\boldsymbol{\eta}_1+\boldsymbol{\xi})=\boldsymbol{A\eta}_1+\boldsymbol{A\xi}=\boldsymbol{b}+\boldsymbol{0}=\boldsymbol{b},$$

定理得证.

**定理 2**　如果 $\boldsymbol{\eta}_0$ 是非齐次线性方程组 $\boldsymbol{AX}=\boldsymbol{b}$ 的一个特解，则非齐次线性方程组 $\boldsymbol{AX}=\boldsymbol{b}$ 的任一解 $\boldsymbol{\eta}$ 都可表为

$$\boldsymbol{\eta}=\boldsymbol{\eta}_0+\boldsymbol{\xi}$$

的形式，其中 $\boldsymbol{\xi}$ 是导出组 $\boldsymbol{AX}=\boldsymbol{0}$ 的解.

**证**　显然

$$\boldsymbol{\eta}=\boldsymbol{\eta}_0+(\boldsymbol{\eta}-\boldsymbol{\eta}_0),$$

由定理 1，$\boldsymbol{\xi}=\boldsymbol{\eta}-\boldsymbol{\eta}_0$ 是导出组的一个解，且 $\boldsymbol{\eta}=\boldsymbol{\eta}_0+\boldsymbol{\xi}$.

定理 2 说明，为了求出非齐次线性方程组 $\boldsymbol{AX}=\boldsymbol{b}$ 的全部解，只需找到它的一个特解以及它的导出组的全部解即可.而导出组的全部解可通过其基础解系表示出来.因此，我们可以用非齐次线性方程组 $\boldsymbol{AX}=\boldsymbol{b}$ 的特解和它的导出组 $\boldsymbol{AX}=\boldsymbol{0}$ 的基础解系表示它的全部解：如果 $\boldsymbol{\eta}_0$ 是非齐次线性方程组 $\boldsymbol{AX}=\boldsymbol{b}$ 的一个特解，$\boldsymbol{\xi}_1,\boldsymbol{\xi}_2,\cdots,\boldsymbol{\xi}_{n-r}$是其导出组 $\boldsymbol{AX}=\boldsymbol{0}$ 的一个基础解系，则非齐次线性方程组 $\boldsymbol{AX}=\boldsymbol{b}$ 的任一解 $\boldsymbol{\eta}$ 都可表示为

$$\boldsymbol{\eta}=\boldsymbol{\eta}_0+k_1\boldsymbol{\xi}_1+k_2\boldsymbol{\xi}_2+\cdots+k_{n-r}\boldsymbol{\xi}_{n-r}, \tag{2}$$

其中 $k_1,k_2,\cdots,k_{n-r}$ 为任意实数，$r=r(\boldsymbol{A})<n$.

通常，称式(2)为非齐次线性方程组 $\boldsymbol{AX}=\boldsymbol{b}$ 的通解表达式.

**例 1**　下列线性方程组是否有解？若有解，求其全部解.

$$\begin{cases}2x+3y+z=1,\\x+y-2z=2,\\4x+7y+7z=-1,\\x+3y+8z=-4.\end{cases}$$

**解**　先写出线性方程组的增广矩阵，并将其进行初等行变换化为阶梯形矩阵.

$$\overline{\boldsymbol{A}}=\begin{pmatrix}2&3&1&1\\1&1&-2&2\\4&7&7&-1\\1&3&8&-4\end{pmatrix}\xrightarrow[\substack{r_3+(-4)\times r_1\\r_4+(-1)\times r_1}]{\substack{r_1+(-1)\times r_4\\r_2+(-1)\times r_1}}\begin{pmatrix}1&0&-7&5\\0&1&5&-3\\0&7&35&-21\\0&3&15&-9\end{pmatrix}$$

$$\xrightarrow[r_4+(-3)\times r_2]{r_3+(-7)\times r_2}\begin{pmatrix}1&0&-7&5\\0&1&5&-3\\0&0&0&0\\0&0&0&0\end{pmatrix}.$$

因此，$r(\overline{\boldsymbol{A}})=r(\boldsymbol{A})=2<3$，故原线性方程组有无穷多解，且其同解线性方程组为阶梯形方程组

$$\begin{cases}x_1\quad-7x_3=5,\\\quad x_2+5x_3=-3.\end{cases}\tag{3}$$

在方程组(3)中取 $x_3=k$($k$ 为任意实数)，得原线性方程组的通解表达式

$$\begin{cases}x_1=5+7k,\\x_2=-3-5k,\\x_3=k,\end{cases}$$

也可将上式写成向量形式

$$\begin{pmatrix}x_1\\x_2\\x_3\end{pmatrix}=\begin{pmatrix}5\\-3\\0\end{pmatrix}+k\begin{pmatrix}7\\-5\\1\end{pmatrix},$$

其中 $\boldsymbol{\eta}_0=(5,-3,0)^{\mathrm{T}}$ 为原线性方程组的一个特解，而 $\boldsymbol{\xi}_0=(7,-5,1)^{\mathrm{T}}$ 为导出组的一个基础解系.

**例 2**　设线性方程组 $\boldsymbol{AX}=\boldsymbol{b}$ 的增广矩阵为

$$\overline{\boldsymbol{A}}=\left(\begin{array}{ccccc:c}1&3&-1&2&-1&-4\\-3&1&2&-5&-4&-1\\2&-3&-1&-1&1&4\\-4&16&1&3&-9&-21\end{array}\right)$$

试求此线性方程组的通解.

**解**　首先将增广矩阵用初等行变换化为阶梯形矩阵.

$$
\overline{A}\xrightarrow[r_4+4r_1]{\substack{r_2+3r_1\\ r_3+(-2)\times r_1}}\begin{pmatrix}1&3&-1&2&-1&-4\\0&10&-1&1&-7&-13\\0&-9&1&-5&3&12\\0&28&-3&11&-13&-37\end{pmatrix}
$$

$$
\xrightarrow{r_2+r_3}\begin{pmatrix}1&3&-1&2&-1&-4\\0&1&0&-4&-4&-1\\0&-9&1&-5&3&12\\0&28&-3&11&-13&-37\end{pmatrix}
$$

$$
\xrightarrow[r_3+9r_2]{r_4+(3r_3-r_2)}\begin{pmatrix}1&3&-1&2&-1&-4\\0&1&0&-4&-4&-1\\0&0&1&-41&-33&3\\0&0&0&0&0&0\end{pmatrix}
$$

$$
\xrightarrow{r_1+r_3}\begin{pmatrix}1&3&0&-39&-34&-1\\0&1&0&-4&-4&-1\\0&0&1&-41&-33&3\\0&0&0&0&0&0\end{pmatrix}
$$

$$
\xrightarrow{r_1+(-3)\times r_2}\begin{pmatrix}1&0&0&-27&-22&2\\0&1&0&-4&-4&-1\\0&0&1&-41&-33&3\\0&0&0&0&0&0\end{pmatrix}.
$$

显然 $r(\overline{A})=r(A)=3<5$，故线性方程组有无穷多组解，且它有同解线性方程组

$$
\begin{cases}x_1\qquad\quad -27x_4-22x_5=2,\\ \quad x_2\quad\ -4x_4-4x_5=-1,\\ \qquad x_3-41x_4-33x_5=3.\end{cases}
$$

令 $x_4=x_5=0$，得原线性方程组 $\boldsymbol{AX}=\boldsymbol{b}$ 的一个特解 $\boldsymbol{\eta}_0=(2,-1,3,0,0)^{\mathrm{T}}$. 令右端向量为零，并分别取 $(x_4,x_5)=(1,0),(0,1)$，可得导出组 $\boldsymbol{AX}=\boldsymbol{0}$ 的一个基础解系

$$
\boldsymbol{\xi}_1=(27,4,41,1,0)^{\mathrm{T}},\quad \boldsymbol{\xi}_2=(22,4,33,0,1)^{\mathrm{T}},
$$

所以，原线性方程组的通解为 $\boldsymbol{X}=\boldsymbol{\eta}_0+k_1\boldsymbol{\xi}_1+k_2\boldsymbol{\xi}_2$，这里 $k_1,k_2$ 为任意实数.

典型例题 4-4 含参数的非齐次方程组的通解

**例 3**　设四元非齐次线性方程组的系数矩阵的秩为 3，已知 $\boldsymbol{\eta}_1,\boldsymbol{\eta}_2,\boldsymbol{\eta}_3$ 是它的三个解向量，且 $\boldsymbol{\eta}_1=(2,3,4,5)^{\mathrm{T}}$，$\boldsymbol{\eta}_2+\boldsymbol{\eta}_3=(1,2,3,4)^{\mathrm{T}}$，求该线性方程组的通解.

**解**　设四元非齐次线性方程组为 $\boldsymbol{AX}=\boldsymbol{b}$，则 $\boldsymbol{A\eta}_1=\boldsymbol{b}$，$\boldsymbol{A\eta}_2=\boldsymbol{b}$，$\boldsymbol{A\eta}_3=\boldsymbol{b}$. 又

$$
\boldsymbol{A}\cdot\frac{1}{2}(\boldsymbol{\eta}_2+\boldsymbol{\eta}_3)=\frac{1}{2}\boldsymbol{A\eta}_2+\frac{1}{2}\boldsymbol{A\eta}_3=\frac{1}{2}\boldsymbol{b}+\frac{1}{2}\boldsymbol{b}=\boldsymbol{b},
$$

故 $\frac{1}{2}(\boldsymbol{\eta}_2+\boldsymbol{\eta}_3)$ 也是线性方程组 $\boldsymbol{AX}=\boldsymbol{b}$ 的解. 因此，$\boldsymbol{\eta}_1-\frac{1}{2}(\boldsymbol{\eta}_2+\boldsymbol{\eta}_3)$ 是它的导出组 $\boldsymbol{AX}=\boldsymbol{0}$ 的解.

典型例题 4-5 求伴随矩阵组成的方程组的解

因为 $r(\boldsymbol{A})=3$，所以 $\boldsymbol{AX}=\boldsymbol{0}$ 的基础解系中只含有一个向量. 又由于

$$
\boldsymbol{\eta}_1-\frac{1}{2}(\boldsymbol{\eta}_2+\boldsymbol{\eta}_3)=\left(\frac{3}{2},2,\frac{5}{2},3\right)^{\mathrm{T}}\neq\boldsymbol{0},
$$

典型例题 4-6 常数项为矩阵的非齐次方程组的解

故 $\boldsymbol{\eta}_1-\frac{1}{2}(\boldsymbol{\eta}_2+\boldsymbol{\eta}_3)$ 是 $\boldsymbol{AX}=\boldsymbol{0}$ 的基础解系.因此,$\boldsymbol{AX}=\boldsymbol{b}$ 的通解为

$$\boldsymbol{X}=\boldsymbol{\eta}_1+k\left[\boldsymbol{\eta}_1-\frac{1}{2}(\boldsymbol{\eta}_2+\boldsymbol{\eta}_3)\right]=(2,3,4,5)^{\mathrm{T}}+k\left(\frac{3}{2},2,\frac{5}{2},3\right)^{\mathrm{T}},$$

其中 $k$ 为任意实数.

## 习题 4-3

1. 判断当 $\lambda$ 为何值时,下列线性方程组无解;有唯一解;或有无穷多解.在有解情形,试求其全部解.

(1) $\begin{cases}x_1+x_2-x_3=1,\\2x_1+3x_2+\lambda x_3=3,\\x_1+\lambda x_2+3x_3=2;\end{cases}$　　(2) $\begin{cases}\lambda x_1+x_2+x_3=1,\\x_1+\lambda x_2+x_3=\lambda,\\x_1+x_2+\lambda x_3=\lambda^2.\end{cases}$

2. 已知线性方程组

$$\begin{cases}x_1+x_2+x_3+x_4+x_5=a,\\3x_1+2x_2+x_3+x_4-3x_5=0,\\x_2+2x_3+2x_4+6x_5=b,\\5x_1+4x_2+3x_3+3x_4-x_5=2.\end{cases}$$

(1) 当 $a,b$ 为何值时,线性方程组有解?

(2) 线性方程组有无穷多个解时,求出它的通解,并写出其导出组的一个基础解系.

3. 设有下列线性方程组(Ⅰ)和(Ⅱ)

(Ⅰ) $\begin{cases}x_1+x_2-2x_4=-6,\\4x_1-x_2-x_3-x_4=1,\\3x_1-x_2-x_3=3;\end{cases}$　　(Ⅱ) $\begin{cases}x_1+mx_2-x_3-x_4=-5,\\nx_2-x_3-2x_4=-11,\\x_3-2x_4=-t+1.\end{cases}$

(1) 求线性方程组(Ⅰ)的通解;

(2) 当线性方程组(Ⅱ)中的参数 $m,n,t$ 取何值时,线性方程组(Ⅰ)与(Ⅱ)同解?

# 第四节　矩阵的特征值与特征向量

## 一、特征值与特征向量

**定义 1**　设 $\boldsymbol{A}$ 是 $n$ 阶方阵,如果存在一个数 $\lambda$ 和 $n$ 维非零向量 $\boldsymbol{\alpha}$,使

$$\boldsymbol{A\alpha}=\lambda\boldsymbol{\alpha} \tag{1}$$

成立,则称数 $\lambda$ 为方阵 $\boldsymbol{A}$ 的特征值,非零向量 $\boldsymbol{\alpha}$ 称为 $\boldsymbol{A}$ 的对应于特征值 $\lambda$ 的特征向量(或称为 $\boldsymbol{A}$ 的属于特征值 $\lambda$ 的特征向量).

由定义 1 可知,若 $\boldsymbol{\alpha},\boldsymbol{\beta}$ 是矩阵 $\boldsymbol{A}$ 的属于特征值 $\lambda$ 的特征向量,则 $k\boldsymbol{\alpha}$ 及 $k_1\boldsymbol{\alpha}+k_2\boldsymbol{\beta}$ 也为 $\boldsymbol{A}$ 的属于特征值 $\lambda$ 的特征向量,这里 $k,k_1,k_2$ 为任意非零实数.

设 $n$ 阶矩阵 $\boldsymbol{A}$ 的特征值为 $\lambda$,非零向量 $\boldsymbol{\alpha}$ 是 $\boldsymbol{A}$ 的属于特征值 $\lambda$ 的特征向量,则有

$$(\lambda\boldsymbol{E}-\boldsymbol{A})\boldsymbol{\alpha}=\boldsymbol{0}. \tag{2}$$

因此,特征向量 $\boldsymbol{\alpha}$ 是齐次线性方程组

$$(\lambda\boldsymbol{E}-\boldsymbol{A})\boldsymbol{X}=\boldsymbol{0} \tag{3}$$

的非零解.由于线性方程组(3)有非零解的充要条件是其系数矩阵为降秩矩阵,即系数矩阵的行列式

$$|\lambda\boldsymbol{E}-\boldsymbol{A}|=0. \tag{4}$$

因此,$\lambda$ 是方阵 $\boldsymbol{A}$ 的特征值的充要条件是 $|\lambda\boldsymbol{E}-\boldsymbol{A}|=0$.

**定义 2**　设 $\boldsymbol{A}$ 是 $n$ 阶方阵,称 $f(\lambda)=|\lambda\boldsymbol{E}-\boldsymbol{A}|$ 为 $\boldsymbol{A}$ 的特征多项式,而方程 $|\lambda\boldsymbol{E}-\boldsymbol{A}|=0$ 为方阵 $\boldsymbol{A}$ 的特征方程.

由上可知,矩阵 $\boldsymbol{A}$ 的特征值就是其特征方程的根,在复数范围内,$n$ 阶方阵 $\boldsymbol{A}$ 有 $n$ 个特征值(重根按重数计算).矩阵 $\boldsymbol{A}$ 的属于特征值 $\lambda$ 的特征向量就是齐次线性方程组 $(\lambda\boldsymbol{E}-\boldsymbol{A})\boldsymbol{X}=\boldsymbol{0}$ 的非零解.

注意:由于 $|\lambda\boldsymbol{E}-\boldsymbol{A}|=(-1)^n|\boldsymbol{A}-\lambda\boldsymbol{E}|$,所以有时也称 $|\boldsymbol{A}-\lambda\boldsymbol{E}|$ 为方阵 $\boldsymbol{A}$ 的特征多项式,而 $|\boldsymbol{A}-\lambda\boldsymbol{E}|=0$ 为 $\boldsymbol{A}$ 的特征方程,相应的,矩阵 $\boldsymbol{A}$ 的属于特征值 $\lambda$ 的特征向量就是齐次线性方程组 $(\boldsymbol{A}-\lambda\boldsymbol{E})\boldsymbol{X}=\boldsymbol{0}$ 的非零解.

于是求一个矩阵 $\boldsymbol{A}$ 的特征值与特征向量的步骤可归纳为:

(1) 求出 $\boldsymbol{A}$ 的特征方程 $|\lambda\boldsymbol{E}-\boldsymbol{A}|=0$ 的全部根,即得矩阵 $\boldsymbol{A}$ 的全部特征值 $\lambda_1,\lambda_2,\cdots,\lambda_n$.

(2) 将每个特征值 $\lambda_i$ 代入齐次线性方程组 $(\lambda_i\boldsymbol{E}-\boldsymbol{A})\boldsymbol{X}=\boldsymbol{0}$,求出基础解系,就是矩阵 $\boldsymbol{A}$ 对应于特征值 $\lambda_i$ 的特征向量,基础解系的线性组合(零向量除外)就是 $\boldsymbol{A}$ 对应于 $\lambda_i$ 的全部特征向量.

**例 1**　求矩阵

$$\boldsymbol{A}=\begin{pmatrix}-1&1&0\\-4&3&0\\1&0&2\end{pmatrix}$$

的特征值和相应的特征向量.

**解**　因为矩阵 $\boldsymbol{A}$ 的特征方程为

$$|\lambda\boldsymbol{E}-\boldsymbol{A}|=\begin{vmatrix}\lambda+1&-1&0\\4&\lambda-3&0\\-1&0&\lambda-2\end{vmatrix}=(\lambda-2)(\lambda-1)^2=0,$$

所以 $\boldsymbol{A}$ 的特征值分别为 $\lambda_1=2,\lambda_2=\lambda_3=1$.

当 $\lambda=2$ 时,

$$\lambda \boldsymbol{E}-\boldsymbol{A}=2\boldsymbol{E}-\boldsymbol{A}=\begin{pmatrix}3&-1&0\\4&-1&0\\-1&0&0\end{pmatrix}\xrightarrow[\substack{r_1\leftrightarrow r_3\\ r_2\leftrightarrow r_3}]{r_3\times(-1)}\begin{pmatrix}1&0&0\\3&-1&0\\4&-1&0\end{pmatrix}$$

$$\xrightarrow[r_3+(-4)\times r_1]{r_2+(-3)\times r_1}\begin{pmatrix}1&0&0\\0&-1&0\\0&-1&0\end{pmatrix}\to\begin{pmatrix}1&0&0\\0&1&0\\0&0&0\end{pmatrix}.$$

因此,齐次线性方程组$(2\boldsymbol{E}-\boldsymbol{A})\boldsymbol{X}=\boldsymbol{0}$的一个基础解系为$\boldsymbol{\xi}_1=(0,0,1)^{\mathrm{T}}$,从而矩阵$\boldsymbol{A}$的属于特征值$\lambda=2$的一个特征向量为$\boldsymbol{\xi}_1=(0,0,1)^{\mathrm{T}}$.

当$\lambda=1$时,

$$\boldsymbol{E}-\boldsymbol{A}=\begin{pmatrix}2&-1&0\\4&-2&0\\-1&0&-1\end{pmatrix}\to\begin{pmatrix}1&0&1\\0&1&2\\0&0&0\end{pmatrix},$$

因此,齐次线性方程组$(\boldsymbol{E}-\boldsymbol{A})\boldsymbol{X}=\boldsymbol{0}$的一个基础解系为$\boldsymbol{\xi}_2=(-1,-2,1)^{\mathrm{T}}$,从而矩阵$\boldsymbol{A}$的属于特征值$\lambda=1$的一个特征向量为$\boldsymbol{\xi}_2=(-1,-2,1)^{\mathrm{T}}$.

由上可知,$k_1\boldsymbol{\xi}_1,k_2\boldsymbol{\xi}_2$($k_1,k_2$是任意非零实数)分别是矩阵$\boldsymbol{A}$的属于特征值2和特征值1的特征向量.

**例2**　求矩阵

$$\boldsymbol{A}=\begin{pmatrix}1&1&1&1\\1&1&1&1\\1&1&1&1\\1&1&1&1\end{pmatrix}$$

的特征值和特征向量.

**解**　$\boldsymbol{A}$的特征多项式

$$f(\lambda)=|\lambda\boldsymbol{E}-\boldsymbol{A}|=\begin{vmatrix}\lambda-1&-1&-1&-1\\-1&\lambda-1&-1&-1\\-1&-1&\lambda-1&-1\\-1&-1&-1&\lambda-1\end{vmatrix},$$

把行列式的二、三、四列全加到第一列,得

$$f(\lambda)=\begin{vmatrix}\lambda-4&-1&-1&-1\\\lambda-4&\lambda-1&-1&-1\\\lambda-4&-1&\lambda-1&-1\\\lambda-4&-1&-1&\lambda-1\end{vmatrix}=(\lambda-4)\begin{vmatrix}1&-1&-1&-1\\1&\lambda-1&-1&-1\\1&-1&\lambda-1&-1\\1&-1&-1&\lambda-1\end{vmatrix}$$

$$=(\lambda-4)\begin{vmatrix}1&-1&-1&-1\\0&\lambda&0&0\\0&0&\lambda&0\\0&0&0&\lambda\end{vmatrix}=\lambda^3(\lambda-4),$$

所以,$\boldsymbol{A}$的特征值为$\lambda_1=\lambda_2=\lambda_3=0,\lambda_4=4$.

当$\lambda=0$时,$(\lambda\boldsymbol{E}-\boldsymbol{A})\boldsymbol{X}=-\boldsymbol{A}\boldsymbol{X}=\boldsymbol{0}$的基础解系为方程

$$x_1+x_2+x_3+x_4=0$$

的基础解系，即 $\boldsymbol{\xi}_1=(-1,1,0,0)^{\mathrm{T}}$，$\boldsymbol{\xi}_2=(-1,0,1,0)^{\mathrm{T}}$，$\boldsymbol{\xi}_3=(-1,0,0,1)^{\mathrm{T}}$，故 $\boldsymbol{A}$ 的属于 $\lambda=0$ 的特征向量全体为 $k_1\boldsymbol{\xi}_1+k_2\boldsymbol{\xi}_2+k_3\boldsymbol{\xi}_3$，其中 $k_1,k_2,k_3$ 为任意不全为零的常数.

当 $\lambda=4$ 时，

$$4\boldsymbol{E}-\boldsymbol{A}=\begin{pmatrix}3&-1&-1&-1\\-1&3&-1&-1\\-1&-1&3&-1\\-1&-1&-1&3\end{pmatrix}\to\begin{pmatrix}1&0&0&-1\\0&1&0&-1\\0&0&1&-1\\0&0&0&0\end{pmatrix},$$

因此，齐次线性方程组 $(4\boldsymbol{E}-\boldsymbol{A})\boldsymbol{X}=\boldsymbol{0}$ 的一个基础解系为 $\boldsymbol{\xi}_4=(1,1,1,1)^{\mathrm{T}}$，而 $k_4\boldsymbol{\xi}_4$（$k_4$ 为非零的任意常数）是 $\boldsymbol{A}$ 的属于 $\lambda=4$ 的全部特征向量.

## 二、特征值与特征向量的性质

典型例题 4-7 矩阵的特征值与特征向量

**性质 1**　$n$ 阶矩阵 $\boldsymbol{A}$ 与它的转置矩阵 $\boldsymbol{A}^{\mathrm{T}}$ 有相同的特征值.

**证**　因为

$$|\lambda\boldsymbol{E}-\boldsymbol{A}^{\mathrm{T}}|=|(\lambda\boldsymbol{E}-\boldsymbol{A})^{\mathrm{T}}|=|\lambda\boldsymbol{E}-\boldsymbol{A}|,$$

所以，$\boldsymbol{A}^{\mathrm{T}}$ 与 $\boldsymbol{A}$ 有相同的特征多项式，故它们的特征值相同.

**性质 2**　设 $\boldsymbol{A}=(a_{ij})$ 是 $n$ 阶矩阵，则

$$f(\lambda)=|\lambda\boldsymbol{E}-\boldsymbol{A}|=\begin{vmatrix}\lambda-a_{11}&-a_{12}&\cdots&-a_{1n}\\-a_{21}&\lambda-a_{22}&\cdots&-a_{2n}\\\vdots&\vdots&&\vdots\\-a_{n1}&-a_{n2}&\cdots&\lambda-a_{nn}\end{vmatrix}$$

$$=\lambda^n-(a_{11}+a_{22}+\cdots+a_{nn})\lambda^{n-1}+\cdots+(-1)^n|\boldsymbol{A}|,$$

设 $\lambda_1,\lambda_2,\cdots,\lambda_n$ 是 $\boldsymbol{A}$ 的 $n$ 个特征值，则由 $n$ 次代数方程的根与系数的关系知：

(1) $\lambda_1+\lambda_2+\cdots+\lambda_n=a_{11}+a_{22}+\cdots+a_{nn}$；

(2) $|\boldsymbol{A}|=\lambda_1\lambda_2\cdots\lambda_n$，

其中 $\boldsymbol{A}$ 的主对角线元素之和 $a_{11}+a_{22}+\cdots+a_{nn}$ 称为矩阵 $\boldsymbol{A}$ 的迹，记为 $\mathrm{tr}(\boldsymbol{A})$.

由性质 2 可知，若 $\boldsymbol{A}$ 可逆，则 $\boldsymbol{A}$ 的特征值都不等于零，而 $\boldsymbol{A}$ 是奇异矩阵时，$\boldsymbol{A}$ 至少有一个零特征值.

**性质 3**　设 $\lambda$ 是矩阵 $\boldsymbol{A}$ 的特征值，$\boldsymbol{\alpha}$ 是 $\boldsymbol{A}$ 的属于特征值 $\lambda$ 的特征向量，则

(1) $k\lambda$ 是 $k\boldsymbol{A}$ 的特征值（$k\in\mathbf{R}$）；

(2) $\lambda^m$ 是 $\boldsymbol{A}^m$ 的特征值（$m$ 是正整数）；

(3) 当 $\boldsymbol{A}$ 可逆时，$\lambda^{-1}$ 是 $\boldsymbol{A}^{-1}$ 的特征值.

而且，$\boldsymbol{\alpha}$ 仍是 $k\boldsymbol{A},\boldsymbol{A}^m,\boldsymbol{A}^{-1}$ 分别属于特征值 $k\lambda,\lambda^m,\lambda^{-1}$ 的特征向量.

我们证明(3). 当 $\boldsymbol{A}$ 可逆时，若 $\boldsymbol{A\alpha}=\lambda\boldsymbol{\alpha}$，由 $\lambda\neq0$ 知，

$$\boldsymbol{\alpha}=\boldsymbol{A}^{-1}\lambda\boldsymbol{\alpha},\quad\boldsymbol{A}^{-1}\boldsymbol{\alpha}=\frac{1}{\lambda}\boldsymbol{\alpha},$$

所以，$\dfrac{1}{\lambda}$ 是 $\boldsymbol{A}^{-1}$ 的特征值，同时 $\boldsymbol{\alpha}$ 是 $\boldsymbol{A}^{-1}$ 的属于 $\dfrac{1}{\lambda}$ 的特征向量.

**例 3**　设三阶矩阵 $\boldsymbol{A}$ 的特征值为 $1,-1,2$，$\boldsymbol{A}^*$ 是 $\boldsymbol{A}$ 的伴随矩阵，求 $|\boldsymbol{A}^*+3\boldsymbol{A}-2\boldsymbol{E}|$.

**解**　因 $\boldsymbol{A}$ 的特征值全不为 0，知 $\boldsymbol{A}$ 可逆，由 $\boldsymbol{A}^*\boldsymbol{A}=|\boldsymbol{A}|\boldsymbol{E}$ 以及 $|\boldsymbol{A}|=\lambda_1\lambda_2\lambda_3=-2$ 知，$\boldsymbol{A}^*=-2\boldsymbol{A}^{-1}$.所以，令

$$\boldsymbol{B}=\boldsymbol{A}^*+3\boldsymbol{A}-2\boldsymbol{E}=-2\boldsymbol{A}^{-1}+3\boldsymbol{A}-2\boldsymbol{E},$$

则 $\boldsymbol{B}$ 有特征值-1，-3，3(一般地，当 $\boldsymbol{A}$ 有特征值 $\lambda$ 时，$a\boldsymbol{A}+b\boldsymbol{E}$ 有特征值 $a\lambda+b$，根据此原理可得 $\boldsymbol{B}$ 的特征值)，从而

$$|\boldsymbol{A}^*+3\boldsymbol{A}-2\boldsymbol{E}|=|\boldsymbol{B}|=(-1)\cdot(-3)\cdot 3=9.$$

**性质 4**　$n$ 阶矩阵 $\boldsymbol{A}$ 的互不相同的特征值 $\lambda_1,\lambda_2,\cdots,\lambda_n$ 对应的特征向量 $\boldsymbol{\alpha}_1,\boldsymbol{\alpha}_2,\cdots,\boldsymbol{\alpha}_n$ 线性无关.

**证**　已知 $\boldsymbol{A}\boldsymbol{\alpha}_i=\lambda_i\boldsymbol{\alpha}_i(i=1,2,\cdots,m)$.下面用数学归纳法证明之.

当 $m=1$ 时，$\boldsymbol{\alpha}_1\neq\boldsymbol{0}$，所以结论成立.

假设 $m-1$ 时结论成立.

设有常数 $k_1,k_2,\cdots,k_m$，使

$$k_1\boldsymbol{\alpha}_1+k_2\boldsymbol{\alpha}_2+\cdots+k_{m-1}\boldsymbol{\alpha}_{m-1}+k_m\boldsymbol{\alpha}_m=\boldsymbol{0}, \tag{5}$$

用矩阵 $\boldsymbol{A}$ 左乘上式两端，得

$$k_1\boldsymbol{A}\boldsymbol{\alpha}_1+k_2\boldsymbol{A}\boldsymbol{\alpha}_2+\cdots+k_{m-1}\boldsymbol{A}\boldsymbol{\alpha}_{m-1}+k_m\boldsymbol{A}\boldsymbol{\alpha}_m=\boldsymbol{0},$$

代入 $\boldsymbol{A}\boldsymbol{\alpha}_i=\lambda_i\boldsymbol{\alpha}_i(i=1,2,\cdots,m)$，得

$$k_1\lambda_1\boldsymbol{\alpha}_1+k_2\lambda_2\boldsymbol{\alpha}_2+\cdots+k_{m-1}\lambda_{m-1}\boldsymbol{\alpha}_{m-1}+k_m\lambda_m\boldsymbol{\alpha}_m=\boldsymbol{0}, \tag{6}$$

由(6)$-\lambda_m\times$(5)，消去 $\boldsymbol{\alpha}_m$，得

$$k_1(\lambda_1-\lambda_m)\boldsymbol{\alpha}_1+k_2(\lambda_2-\lambda_m)\boldsymbol{\alpha}_2+\cdots+k_{m-1}(\lambda_{m-1}-\lambda_m)\boldsymbol{\alpha}_{m-1}=\boldsymbol{0},$$

由归纳假设可知，$\boldsymbol{\alpha}_1,\boldsymbol{\alpha}_2,\cdots,\boldsymbol{\alpha}_{m-1}$ 线性无关，故

$$k_i(\lambda_i-\lambda_m)=0\quad(i=1,2,\cdots,m-1).$$

因为 $\lambda_1,\lambda_2,\cdots,\lambda_m$ 互不相同，于是有

$$k_i=0\quad(i=1,2,\cdots,m-1).$$

代入式(5)得 $k_m\boldsymbol{\alpha}_m=\boldsymbol{0}$，而 $\boldsymbol{\alpha}_m\neq\boldsymbol{0}$，因此 $k_m=0$.同理可得

$$k_1=k_2=\cdots=k_m=0.$$

即 $\boldsymbol{\alpha}_1,\boldsymbol{\alpha}_2,\cdots,\boldsymbol{\alpha}_m$ 线性无关.证毕.

## 习题 4-4

1. 求下列矩阵的特征值与特征向量.

(1) $\begin{pmatrix}3&-1&1\\2&0&1\\1&-1&2\end{pmatrix}$；　　(2) $\begin{pmatrix}1&2&3\\2&1&3\\3&3&6\end{pmatrix}$.

2. 设 $\boldsymbol{\xi}_1,\boldsymbol{\xi}_2$ 是矩阵 $\boldsymbol{A}$ 的属于不同特征值的特征向量，证明 $\boldsymbol{\xi}_1+\boldsymbol{\xi}_2$ 不是 $\boldsymbol{A}$ 的一个特征向量.

3. 若 $|\boldsymbol{E}-\boldsymbol{A}^2|=0$，证明 1 或 -1 至少有一个是 $\boldsymbol{A}$ 的特征值.

4. 证明本节性质 3 中的(1)，(2).

5. 设三阶矩阵 $\boldsymbol{A}$ 有特征值 1，1，5，求 $\boldsymbol{E}+\boldsymbol{A}^{-1}$ 的特征值.

# 第五节 矩阵的相似对角化

## 一、相似矩阵的概念和性质

**定义 1** 设 $\boldsymbol{A},\boldsymbol{B}$ 都是 $n$ 阶矩阵,若存在可逆矩阵 $\boldsymbol{P}$,使

$$\boldsymbol{P}^{-1}\boldsymbol{A}\boldsymbol{P}=\boldsymbol{B},$$

则称 $\boldsymbol{B}$ 是 $\boldsymbol{A}$ 的相似矩阵,并称矩阵 $\boldsymbol{A}$ 与 $\boldsymbol{B}$ 相似,记为 $\boldsymbol{A}\sim\boldsymbol{B}$.

矩阵的相似关系是一种等价关系,满足

(1) 自反性:$\boldsymbol{A}\sim\boldsymbol{A}$;

(2) 对称性:若 $\boldsymbol{A}\sim\boldsymbol{B}$,则 $\boldsymbol{B}\sim\boldsymbol{A}$;

(3) 传递性:若 $\boldsymbol{A}\sim\boldsymbol{B},\boldsymbol{B}\sim\boldsymbol{C}$,则 $\boldsymbol{A}\sim\boldsymbol{C}$.

**证** (1),(2)显然,现证(3).

因为若 $\boldsymbol{A}$ 与 $\boldsymbol{B}$ 相似,$\boldsymbol{B}$ 与 $\boldsymbol{C}$ 相似,则分别有可逆矩阵 $\boldsymbol{P}$ 与 $\boldsymbol{Q}$ 使得

$$\boldsymbol{P}^{-1}\boldsymbol{A}\boldsymbol{P}=\boldsymbol{B},\boldsymbol{Q}^{-1}\boldsymbol{B}\boldsymbol{Q}=\boldsymbol{C},$$

从而有

$$\boldsymbol{C}=\boldsymbol{Q}^{-1}(\boldsymbol{P}^{-1}\boldsymbol{A}\boldsymbol{P})\boldsymbol{Q}=(\boldsymbol{Q}^{-1}\boldsymbol{P}^{-1})\boldsymbol{A}(\boldsymbol{P}\boldsymbol{Q})=(\boldsymbol{P}\boldsymbol{Q})^{-1}\boldsymbol{A}(\boldsymbol{P}\boldsymbol{Q}),$$

由定义 1 知 $\boldsymbol{A}$ 与 $\boldsymbol{C}$ 相似.

**例 1** 设有矩阵 $\boldsymbol{A}=\begin{pmatrix}3&1\\5&-1\end{pmatrix},\boldsymbol{B}=\begin{pmatrix}4&0\\0&-2\end{pmatrix}$,试验证存在可逆矩阵 $\boldsymbol{P}=\begin{pmatrix}1&1\\1&-5\end{pmatrix}$,使得 $\boldsymbol{A}$ 与 $\boldsymbol{B}$ 相似.

**证** 易见 $\boldsymbol{P}$ 可逆,且 $\boldsymbol{P}^{-1}=\begin{pmatrix}5/6&1/6\\1/6&-1/6\end{pmatrix}$,由

$$\boldsymbol{P}^{-1}\boldsymbol{A}\boldsymbol{P}=\frac{1}{6}\begin{pmatrix}5&1\\1&-1\end{pmatrix}\begin{pmatrix}3&1\\5&-1\end{pmatrix}\begin{pmatrix}1&1\\1&-5\end{pmatrix}=\begin{pmatrix}4&0\\0&-2\end{pmatrix}=\boldsymbol{B},$$

知 $\boldsymbol{A}$ 与 $\boldsymbol{B}$ 相似.

矩阵相似有如下性质.

**性质 1** 若 $\boldsymbol{A}\sim\boldsymbol{B}$,则 $r(\boldsymbol{A})=r(\boldsymbol{B})$,即相似矩阵有相同的秩.

这是因为若 $\boldsymbol{A}\sim\boldsymbol{B}$,则一定有 $\boldsymbol{A}\approx\boldsymbol{B}$(等价),故 $r(\boldsymbol{A})=r(\boldsymbol{B})$.

**性质 2** 相似矩阵的行列式相等.

这是因为
$$\begin{aligned}|\boldsymbol{P}^{-1}\boldsymbol{A}\boldsymbol{P}|&=|\boldsymbol{P}^{-1}|\,|\boldsymbol{A}|\,|\boldsymbol{P}|=|\boldsymbol{P}^{-1}|\,|\boldsymbol{P}|\,|\boldsymbol{A}|\\&=|\boldsymbol{P}^{-1}\boldsymbol{P}|\,|\boldsymbol{A}|=|\boldsymbol{E}|\,|\boldsymbol{A}|=|\boldsymbol{A}|.\end{aligned}$$

**性质 3** 相似矩阵具有相同的可逆性,当它们可逆时,它们的逆矩阵也相似.

**证** 设 $n$ 阶矩阵 $\boldsymbol{A}$ 与 $\boldsymbol{B}$ 相似,则 $|\boldsymbol{A}|=|\boldsymbol{B}|$,故 $\boldsymbol{A}$ 与 $\boldsymbol{B}$ 有相同的可逆性.

若 $\boldsymbol{A}$ 与 $\boldsymbol{B}$ 相似且都可逆,则存在非奇异矩阵 $\boldsymbol{P}$,使

$$\boldsymbol{P}^{-1}\boldsymbol{A}\boldsymbol{P}=\boldsymbol{B},$$

于是

$$B^{-1}=P^{-1}A^{-1}P,$$

即 $A^{-1}$ 与 $B^{-1}$ 相似.

**性质 4**　若 $A\sim B$,则 $A$ 与 $B$ 有相同的特征多项式,从而 $A$ 与 $B$ 有相同的特征值.

**证**　因为 $A\sim B$,故存在可逆矩阵 $P$ 使得 $P^{-1}AP=B$,则

$$\begin{aligned}|\lambda E-B|&=|\lambda E-P^{-1}AP|=|P^{-1}(\lambda E-A)P|\\&=|P^{-1}||\lambda E-A||P|=|\lambda E-A|,\end{aligned}$$

即 $A$ 与 $B$ 有相同的特征多项式,从而有相同的特征值.

读者可验证例 1 中 $A$ 与 $B$ 的特征多项式都是 $f(\lambda)=(\lambda-4)(\lambda+2)$,故 $A$ 与 $B$ 有相同的特征值 $\lambda_1=4,\lambda_2=-2$.

## 二、矩阵与对角矩阵相似的条件

给定对角矩阵

$$\Lambda=\begin{pmatrix}\lambda_1&&&\\&\lambda_2&&\\&&\ddots&\\&&&\lambda_n\end{pmatrix},$$

可记为 $\Lambda=\mathrm{diag}(\lambda_1,\lambda_2,\cdots,\lambda_n)$.对于对角矩阵的运算都是比较简单的.如加、减、乘运算,求逆和求幂运算等.本节的目的是给出任意矩阵与对角矩阵相似的条件.

**定理 1**　$n$ 阶矩阵 $A$ 与对角矩阵 $\Lambda=\mathrm{diag}(\lambda_1,\lambda_2,\cdots,\lambda_n)$ 相似的充要条件为矩阵 $A$ 有 $n$ 个线性无关的特征向量.

**证**　必要性.若 $A$ 与 $\Lambda$ 相似,则存在可逆矩阵 $P$ 使得

$$P^{-1}AP=\Lambda,$$

设 $P=(p_1,p_2,\cdots,p_n)$,其中 $p_i(i=1,2,\cdots,n)$ 为 $P$ 的列向量,则由 $AP=P\Lambda$ 得

$$A(p_1,p_2,\cdots,p_n)=(p_1,p_2,\cdots,p_n)\begin{pmatrix}\lambda_1&&&\\&\lambda_2&&\\&&\ddots&\\&&&\lambda_n\end{pmatrix},$$

即

$$Ap_i=\lambda_ip_i\quad(i=1,2,\cdots,n).$$

因 $P$ 可逆,则 $|P|\neq0$,从而 $p_i(i=1,2,\cdots,n)$ 都是非零向量,因此 $p_1$, $p_2,\cdots,p_n$ 都是 $A$ 的特征向量,且它们线性无关.

充分性.设 $p_1,p_2,\cdots,p_n$ 为 $A$ 的 $n$ 个线性无关的特征向量,它们所对应的特征值为 $\lambda_1,\lambda_2,\cdots,\lambda_n$,则有

$$Ap_i=\lambda_ip_i(i=1,2,\cdots,n).$$

令 $P=(p_1,p_2,\cdots,p_n)$,易知 $P$ 可逆,且

$$\begin{aligned}AP&=A(p_1,p_2,\cdots,p_n)\\&=(Ap_1,Ap_2,\cdots,Ap_n)\\&=(\lambda_1p_1,\lambda_2p_2,\cdots,\lambda_np_n)\end{aligned}$$

$$=(\boldsymbol{p}_1,\boldsymbol{p}_2,\cdots,\boldsymbol{p}_n)\begin{pmatrix}\lambda_1 & & & \\ & \lambda_2 & & \\ & & \ddots & \\ & & & \lambda_n\end{pmatrix},$$

即 $\boldsymbol{AP}=\boldsymbol{P\Lambda}$，用 $\boldsymbol{P}^{-1}$ 左乘等式两端得 $\boldsymbol{P}^{-1}\boldsymbol{AP}=\boldsymbol{\Lambda}$，即 $\boldsymbol{A}\sim\boldsymbol{\Lambda}$.

由上一节的性质 4 及本节定理 1 可得：

**推论 1** 若 $n$ 阶矩阵 $\boldsymbol{A}$ 有 $n$ 个互异的特征值 $\lambda_1,\lambda_2,\cdots,\lambda_n$，则 $\boldsymbol{A}$ 与对角矩阵 $\boldsymbol{\Lambda}=\mathrm{diag}(\lambda_1,\lambda_2,\cdots,\lambda_n)$ 相似.

对于 $n$ 阶方阵 $\boldsymbol{A}$，若存在可逆矩阵 $\boldsymbol{P}$，使 $\boldsymbol{P}^{-1}\boldsymbol{AP}=\boldsymbol{\Lambda}$ 为对角矩阵，则称方阵 $\boldsymbol{A}$ 可对角化.

给定 $n$ 阶矩阵 $\boldsymbol{A}$，其特征多项式 $f(\lambda)=|\lambda\boldsymbol{E}-\boldsymbol{A}|=(\lambda-\lambda_1)^{n_1}\cdots(\lambda-\lambda_s)^{n_s}$，其中 $n_1+n_2+\cdots+n_s=n$，我们有以下定理：

**定理 2** $n$ 阶矩阵 $\boldsymbol{A}$ 可对角化的充要条件是对应于 $\boldsymbol{A}$ 的每个特征值的线性无关的特征向量的个数恰好等于该特征值的重数，即设 $\lambda_i$ 是矩阵 $\boldsymbol{A}$ 的 $n_i$ 重特征值，则 $\boldsymbol{A}$ 与 $\boldsymbol{\Lambda}$ 相似，当且仅当

$$r(\lambda_i\boldsymbol{E}-\boldsymbol{A})=n-n_i\quad(i=1,2,\cdots,s).$$

例如，矩阵 $\boldsymbol{A}=\begin{pmatrix}1&1&1\\0&0&0\\0&0&0\end{pmatrix}$ 的特征值为 1,0,0，对 $\lambda_2=0,n_2=2,n=3$，有

$$r(\lambda_2\boldsymbol{E}-\boldsymbol{A})=1=n-n_2,$$

故 $\boldsymbol{A}$ 能对角化.

又如，矩阵 $\boldsymbol{B}=\begin{pmatrix}1&1&0\\0&0&1\\0&0&0\end{pmatrix}$ 的特征值也为 1,0,0，对 $\lambda_2=0,n_2=2,n=3$，有

$$r(\lambda_2\boldsymbol{E}-\boldsymbol{B})=2\neq n-n_2,$$

故 $\boldsymbol{B}$ 不能对角化.

典型例题 4-8 系数矩阵未知的方程组的求解

典型例题 4-9 利用对角化求矩阵

典型例题 4-10 矩阵不能对角化

## 三、矩阵对角化的步骤

定理 1 的证明过程实际上已经给出了把方阵对角化的方法. 当方阵 $\boldsymbol{A}$ 可对角化时，可按下列步骤来实现：

(1) 求出 $\boldsymbol{A}$ 的全部特征值 $\lambda_1,\lambda_2,\cdots,\lambda_s$；

(2) 对每一个特征值 $\lambda_i$，设其重数为 $n_i$，则对应齐次方程组

$$(\lambda_i\boldsymbol{E}-\boldsymbol{A})\boldsymbol{X}=\boldsymbol{0}$$

的基础解系由 $n_i$ 个向量 $\boldsymbol{\xi}_{i1},\boldsymbol{\xi}_{i2},\cdots,\boldsymbol{\xi}_{in_i}$ 构成，即 $\boldsymbol{\xi}_{i1},\boldsymbol{\xi}_{i2},\cdots,\boldsymbol{\xi}_{in_i}$ 为 $\lambda_i$ 对应的线性无关的特征向量；

(3) 上面求出的特征向量 $\boldsymbol{\xi}_{11},\boldsymbol{\xi}_{12},\cdots,\boldsymbol{\xi}_{1n_1};\boldsymbol{\xi}_{21},\boldsymbol{\xi}_{22},\cdots,\boldsymbol{\xi}_{2n_2};\cdots;\boldsymbol{\xi}_{s1},\boldsymbol{\xi}_{s2},\cdots,\boldsymbol{\xi}_{sn_s}$ 恰好为矩阵 $\boldsymbol{A}$ 的 $n$ 个线性无关的特征向量；

(4) 令 $\boldsymbol{\Lambda}=\mathrm{diag}(\lambda_1,\cdots,\lambda_1;\lambda_2,\cdots,\lambda_2;\cdots;\lambda_s,\cdots,\lambda_s)$，

$$P=(\xi_{11},\xi_{12},\cdots,\xi_{1n_1};\xi_{21},\xi_{22},\cdots,\xi_{2n_2};\cdots;\xi_{s1},\xi_{s2},\cdots,\xi_{sn_s}),$$

则

$$P^{-1}AP=\Lambda.$$

**例 2**　设 $A=\begin{pmatrix}0&0&1\\1&1&a\\1&0&0\end{pmatrix}$，问 $a$ 为何值时，矩阵 $A$ 能对角化？

**解**

$$|\lambda E-A|=\begin{vmatrix}\lambda&0&-1\\-1&\lambda-1&-a\\-1&0&\lambda\end{vmatrix}=(\lambda-1)^2(\lambda+1),$$

得 $\lambda_1=-1,\lambda_2=\lambda_3=1$.要使矩阵 $A$ 可对角化，由定理 2 知：对应单根 $\lambda_1=-1$，可求得线性无关的特征向量恰有 1 个，而对应重根 $\lambda_2=\lambda_3=1$，应有 2 个线性无关的特征向量，即方程

典型例题 4-11
矩阵相似

$$(E-A)X=0$$

有两个线性无关的解，亦即系数矩阵 $E-A$ 的秩

$$r(E-A)=1.$$

由

$$E-A=\begin{pmatrix}1&0&-1\\-1&0&-a\\-1&0&1\end{pmatrix}\to\begin{pmatrix}1&0&-1\\0&0&a+1\\0&0&0\end{pmatrix},$$

要使 $r(E-A)=1$，必须 $a+1=0$，即 $a=-1$.

因此，当 $a=-1$ 时，矩阵 $A$ 能对角化.

**例 3**　给定矩阵

$$A=\begin{pmatrix}1&-2&2\\-2&-2&4\\2&4&-2\end{pmatrix},$$

(1) 判断矩阵 $A$ 能否化为对角矩阵；

(2) 求可逆矩阵 $P$ 和对角矩阵 $\Lambda$，使 $P^{-1}AP=\Lambda$；

(3) 求 $A^n(n\geqslant 2)$.

**解**

(1) $$|\lambda E-A|=\begin{vmatrix}\lambda-1&2&-2\\2&\lambda+2&-4\\-2&-4&\lambda+2\end{vmatrix}=(\lambda-2)^2(\lambda+7)=0,$$

得特征值 $\lambda_1=\lambda_2=2,\lambda_3=-7$.对应 $\lambda_1=\lambda_2=2$ 为二重特征值，可验证 $r(\lambda_1E-A)=1$，故齐次线性方程组

$$(\lambda_1E-A)X=0 \tag{1}$$

的基础解系含有两个线性无关的解，又 $\lambda_3=-7$ 时，可知 $r(\lambda_3E-A)=2$，则

$$(\lambda_3E-A)X=0 \tag{2}$$

的基础解系只含有一个向量，所以矩阵 $A$ 有 3 个线性无关的特征向量，从而 $A$ 可对角化.

（2）从式(1)可求出其基础解系 $\boldsymbol{p}_1=\begin{pmatrix}-2\\1\\0\end{pmatrix},\boldsymbol{p}_2=\begin{pmatrix}2\\0\\1\end{pmatrix}$，从式(2)可求出其基础解系 $\boldsymbol{p}_3=\begin{pmatrix}1\\2\\-2\end{pmatrix}$.

令 $\boldsymbol{P}=(\boldsymbol{p}_1,\boldsymbol{p}_2,\boldsymbol{p}_3)=\begin{pmatrix}-2&2&1\\1&0&2\\0&1&-2\end{pmatrix},\boldsymbol{\Lambda}=\begin{pmatrix}2&&\\&2&\\&&-7\end{pmatrix}$，则有 $\boldsymbol{P}^{-1}\boldsymbol{AP}=\boldsymbol{\Lambda}$，此时 $\boldsymbol{P}^{-1}=\dfrac{1}{9}\begin{pmatrix}-2&5&4\\2&4&5\\1&2&-2\end{pmatrix}$.

（3）由 $\boldsymbol{P}^{-1}\boldsymbol{AP}=\boldsymbol{\Lambda}$ 知 $\boldsymbol{A}=\boldsymbol{P\Lambda P}^{-1}$，从而

$$\boldsymbol{A}^2=\boldsymbol{A}\cdot\boldsymbol{A}=(\boldsymbol{P\Lambda P}^{-1})(\boldsymbol{P\Lambda P}^{-1})=\boldsymbol{P\Lambda}^2\boldsymbol{P}^{-1},$$

$$\begin{aligned}\boldsymbol{A}^n&=\boldsymbol{A}\cdot\boldsymbol{A}\cdot\cdots\cdot\boldsymbol{A}=\boldsymbol{P\Lambda}^n\boldsymbol{P}^{-1}\\
&=\begin{pmatrix}-2&2&1\\1&0&2\\0&1&-2\end{pmatrix}\begin{pmatrix}2&&\\&2&\\&&-7\end{pmatrix}^n\left[\frac{1}{9}\begin{pmatrix}-2&5&4\\2&4&5\\1&2&-2\end{pmatrix}\right]\\
&=\frac{1}{9}\begin{pmatrix}-2&2&1\\1&0&2\\0&1&-2\end{pmatrix}\begin{pmatrix}2^n&&\\&2^n&\\&&(-7)^n\end{pmatrix}\begin{pmatrix}-2&5&4\\2&4&5\\1&2&-2\end{pmatrix}\\
&=\frac{1}{9}\begin{pmatrix}-2^{n+1}&2^{n+1}&(-7)^n\\2^n&0&2(-7)^n\\0&2^n&(-2)(-7)^n\end{pmatrix}\begin{pmatrix}-2&5&4\\2&4&5\\1&2&-2\end{pmatrix}\\
&=\frac{1}{9}\begin{pmatrix}2^{n+3}+(-7)^n&-2^{n+1}+2(-7)^n&2^{n+1}-2(-7)^n\\-2^{n+1}+2(-7)^n&5\cdot2^n+4(-7)^n&2^{n+2}-4(-7)^n\\2^{n+1}-2(-7)^n&2^{n+2}-4(-7)^n&5\cdot2^n+4(-7)^n\end{pmatrix}.\end{aligned}$$

## 习题 4-5

1. 下列方阵能否相似于对角矩阵？并说明理由.

（1）$\begin{pmatrix}5&2&-3\\4&5&-4\\6&4&-4\end{pmatrix}$；　　（2）$\begin{pmatrix}3&2&-5\\2&6&-10\\1&2&-3\end{pmatrix}$.

2. 设方阵 $\boldsymbol{A}=\begin{pmatrix}1&b&0\\-2&a&0\\0&0&3\end{pmatrix}$ 的全部特征值为 $\lambda_1=\lambda_2=3,\lambda_3=0$.

（1）求 $a,b$ 及 $\boldsymbol{A}$ 的特征向量；

(2) $\boldsymbol{A}$ 能否相似于对角矩阵? 若能,求可逆矩阵 $\boldsymbol{P}$ 及对角矩阵 $\boldsymbol{D}$,使 $\boldsymbol{P}^{-1}\boldsymbol{AP}=\boldsymbol{D}$.

3. 设矩阵

$$\boldsymbol{A}=\begin{pmatrix} 3 & 2 & -2 \\ -k & -1 & k \\ 4 & 2 & -3 \end{pmatrix},$$

问 $k$ 取何值时,$\boldsymbol{A}$ 相似于对角矩阵? 并在 $\boldsymbol{A}$ 可对角化时,求可逆矩阵 $\boldsymbol{P}$,使 $\boldsymbol{P}^{-1}\boldsymbol{AP}$ 成对角矩阵.

4. 已知向量 $\boldsymbol{\xi}_1=(1,2,2)^{\mathrm{T}}$,$\boldsymbol{\xi}_2=(0,-1,1)^{\mathrm{T}}$,$\boldsymbol{\xi}_3=(0,0,1)^{\mathrm{T}}$,方阵 $\boldsymbol{A}$ 满足 $\boldsymbol{A\xi}_1=\boldsymbol{\xi}_1$,$\boldsymbol{A\xi}_2=\boldsymbol{0}$,$\boldsymbol{A\xi}_3=-\boldsymbol{\xi}_3$,求 $\boldsymbol{A}$ 及 $\boldsymbol{A}^5$.

# 第四章延伸阅读 雅可比迭代法

对于大型的线性方程组,一般是用迭代法求解,然后在计算机上实现,现在介绍雅可比(Jacobi)迭代法.

设线性方程组

$$\boldsymbol{Ax}=\boldsymbol{b} \tag{1}$$

的系数矩阵 $\boldsymbol{A}=(a_{ij})_{n\times n}$ 非奇异,且其主对角元 $a_{ii}\neq 0,i=1,2,\cdots,n$.将矩阵 $\boldsymbol{A}$ 分成

$$\boldsymbol{A}=\boldsymbol{D}-(\boldsymbol{D}-\boldsymbol{A}),$$

其中 $\boldsymbol{D}=\mathrm{diag}(a_{11},a_{22},\cdots,a_{nn})$,于是方程组 $\boldsymbol{Ax}=\boldsymbol{b}$ 可写成

$$\boldsymbol{Dx}=(\boldsymbol{D}-\boldsymbol{A})\boldsymbol{x}+\boldsymbol{b},$$

或

$$\boldsymbol{x}=(\boldsymbol{E}-\boldsymbol{D}^{-1}\boldsymbol{A})\boldsymbol{x}+\boldsymbol{D}^{-1}\boldsymbol{b}.$$

令 $\boldsymbol{B}=\boldsymbol{E}-\boldsymbol{D}^{-1}\boldsymbol{A}$,$\boldsymbol{g}=\boldsymbol{D}^{-1}\boldsymbol{b}$,则上式可写成

$$\boldsymbol{x}=\boldsymbol{Bx}+\boldsymbol{g},$$

于是我们便得到雅可比迭代公式

$$\boldsymbol{x}_k=\boldsymbol{Bx}_{k-1}+\boldsymbol{g},\quad k=1,2,\cdots. \tag{2}$$

记 $\boldsymbol{x}_k=(x_1^{(k)},x_2^{(k)},\cdots,x_n^{(k)})^{\mathrm{T}}$,由于

$$\boldsymbol{B}=\begin{pmatrix} 0 & -\dfrac{a_{12}}{a_{11}} & -\dfrac{a_{13}}{a_{11}} & \cdots & -\dfrac{a_{1,n-1}}{a_{11}} & -\dfrac{a_{1n}}{a_{11}} \\ -\dfrac{a_{21}}{a_{22}} & 0 & -\dfrac{a_{23}}{a_{22}} & \cdots & -\dfrac{a_{2,n-1}}{a_{22}} & -\dfrac{a_{2n}}{a_{22}} \\ \vdots & \vdots & \vdots & & \vdots & \vdots \\ -\dfrac{a_{n-1,1}}{a_{n-1,n-1}} & -\dfrac{a_{n-1,2}}{a_{n-1,n-1}} & -\dfrac{a_{n-1,3}}{a_{n-1,n-1}} & \cdots & 0 & -\dfrac{a_{n-1,n}}{a_{n-1,n-1}} \\ -\dfrac{a_{n1}}{a_{nn}} & -\dfrac{a_{n2}}{a_{nn}} & -\dfrac{a_{n3}}{a_{nn}} & \cdots & -\dfrac{a_{n,n-1}}{a_{nn}} & 0 \end{pmatrix},$$

$$\boldsymbol{g}=\begin{pmatrix}g_1\\g_2\\\vdots\\g_n\end{pmatrix}=\begin{pmatrix}\frac{b_1}{a_{11}}\\\frac{b_2}{a_{22}}\\\vdots\\\frac{b_n}{a_{nn}}\end{pmatrix},$$

因此,易从式(2)推得雅可比迭代计算 $\boldsymbol{x}_k$ 的各分量

$$\boldsymbol{x}_i^{(k)}=\frac{1}{a_{ii}}\Big(b_i-\sum_{\substack{j=1\\j\neq i}}^{n}a_{ij}\boldsymbol{x}_j^{(k-1)}\Big),i=1,2,\cdots,n;\quad k=1,2,\cdots.$$

**例 1** 应用雅可比迭代法解方程组

$$\begin{cases}10x_1-x_2=9,\\-x_1+10x_2-2x_3=7,\\-4x_2+10x_3=6.\end{cases}$$

**解** 对此方程组,雅可比迭代法的迭代公式为

$$\begin{cases}x_1^{(k)}=\frac{1}{10}(9+x_2^{(k-1)}),\\x_2^{(k)}=\frac{1}{10}(7+x_1^{(k-1)}+2x_3^{(k-1)}),\\x_3^{(k)}=\frac{1}{10}(6+4x_2^{(k-1)}).\end{cases}$$

选择初始向量 $\boldsymbol{x}_0=(0,0,0)^{\mathrm{T}}$,迭代 6 次得结果如下:

| $k$ | 0 | 1 | 2 | 3 | 4 | 5 | 6 |
|---|---|---|---|---|---|---|---|
| $x_1^{(k)}$ | 0 | 0.9 | 0.97 | 0.991 | 0.997 3 | 0.999 19 | 0.999 757 |
| $x_2^{(k)}$ | 0 | 0.7 | 0.91 | 0.973 | 0.991 9 | 0.997 57 | 0.999 271 |
| $x_3^{(k)}$ | 0 | 0.6 | 0.88 | 0.964 | 0.989 2 | 0.996 76 | 0.999 028 |

该方程的精确解为 $\boldsymbol{x}^*=(1,1,1)^{\mathrm{T}}$,可见迭代法是可行的.

# 第四章综合题

1. 已知线性方程组$\begin{pmatrix}1&2&1\\2&3&a+2\\1&a&-2\end{pmatrix}\begin{pmatrix}x_1\\x_2\\x_3\end{pmatrix}=\begin{pmatrix}1\\3\\0\end{pmatrix}$无解,求 $a$.

2. 设线性方程组$\begin{pmatrix} a & 1 & 1 \\ 1 & a & 1 \\ 1 & 1 & a \end{pmatrix}\begin{pmatrix} x_1 \\ x_2 \\ x_3 \end{pmatrix}=\begin{pmatrix} 1 \\ 1 \\ -2 \end{pmatrix}$有无穷多解，求 $a$.

3. 设线性方程组$\begin{cases} x_1+2x_2-2x_3=0, \\ 2x_1-x_2+\lambda x_3=0, \\ 3x_1+x_2-x_3=0 \end{cases}$的系数矩阵为 $\boldsymbol{A}$，三阶矩阵 $\boldsymbol{B}\neq\boldsymbol{0}$，且 $\boldsymbol{AB}=\boldsymbol{O}$，试求 $\lambda$ 的值.

4. 求齐次线性方程组$\begin{cases} x_1+x_2+x_5=0, \\ x_1+x_2-x_3=0, \\ x_3+x_4+x_5=0 \end{cases}$的基础解系.

5. 设 $\boldsymbol{A}=\begin{pmatrix} 1 & 2 & 1 & 2 \\ 0 & 1 & t & t \\ 1 & t & 0 & 1 \end{pmatrix}$，且方程组 $\boldsymbol{Ax}=\boldsymbol{0}$ 的解空间的维数为 2，求 $\boldsymbol{Ax}=\boldsymbol{0}$ 的通解.

6. 设向量组（Ⅰ）：$\boldsymbol{\alpha}_1=\begin{pmatrix} 1 \\ 2 \\ 0 \\ -2 \end{pmatrix}$，　$\boldsymbol{\alpha}_2=\begin{pmatrix} 2 \\ 1 \\ -1 \\ -4 \end{pmatrix}$，　$\boldsymbol{\alpha}_3=\begin{pmatrix} 0 \\ 6 \\ 2 \\ a-2 \end{pmatrix}$，向量组（Ⅱ）：$\boldsymbol{\beta}_1=\begin{pmatrix} 1 \\ 8 \\ 2 \\ -2 \end{pmatrix}$，　$\boldsymbol{\beta}_2=\begin{pmatrix} 0 \\ 3 \\ 1 \\ a-2 \end{pmatrix}$，　$\boldsymbol{\beta}_3=\begin{pmatrix} -4 \\ 7 \\ t+1 \\ 10-a \end{pmatrix}$，已知（Ⅰ）是方程组 $\boldsymbol{Ax}=\boldsymbol{0}$ 的基础解系，问 $t$ 取何值时，（Ⅱ）也是 $\boldsymbol{Ax}=\boldsymbol{0}$ 的基础解系.

7. 设四元线性齐次方程组（Ⅰ）为$\begin{cases} x_1+x_2=0, \\ x_2-x_4=0, \end{cases}$又知某线性齐次方程组（Ⅱ）的通解为 $\boldsymbol{x}=k_1(0,1,1,0)^{\mathrm{T}}+k_2(-1,2,2,1)^{\mathrm{T}}$.

（1）求线性方程组（Ⅰ）的基础解系；

（2）问线性方程组（Ⅰ）和（Ⅱ）有无非零公共解？若有，求出所有的非零公共解，若没有，则说明理由.

8. 问 $a,b$ 为何值时，线性方程组

$$\begin{cases} x_1+x_2+x_3+x_4=0, \\ x_2+2x_3+2x_4=1, \\ -x_2+(a-3)x_3-2x_4=b, \\ 3x_1+2x_2+x_3+ax_4=-1 \end{cases}$$

有唯一解，无解，有无穷多解？并求出有无穷多解时的通解.

9. 问 $\lambda$ 为何值时，线性方程组

$$\begin{cases} x_1+x_3=\lambda, \\ 4x_1+x_2+2x_3=\lambda+2, \\ 6x_1+x_2+4x_3=2\lambda+3 \end{cases}$$

有解？并求出解的一般形式.

10. 问 $\lambda$ 取何值时，方程组

$$\begin{cases}2x_1+\lambda x_2-x_3=1,\\ \lambda x_1-x_2+x_3=2,\\ 4x_1+5x_2-5x_3=-1\end{cases}$$

无解，有唯一解或有无穷多解？并在有无穷多解时写出方程组的通解.

11. $k$ 为何值时，线性方程组 $\begin{cases}x_1+x_2+kx_3=4,\\ -x_1+kx_2+x_3=k^2,\\ x_1-x_2+2x_3=-4\end{cases}$ 有唯一解，无解，有无穷多解？若有无穷多解时，求出其通解.

12. 设有三维列向量

$$\boldsymbol{\alpha}_1=\begin{pmatrix}1+\lambda\\1\\1\end{pmatrix},\quad \boldsymbol{\alpha}_2=\begin{pmatrix}1\\1+\lambda\\1\end{pmatrix},\quad \boldsymbol{\alpha}_3=\begin{pmatrix}1\\1\\1+\lambda\end{pmatrix},\quad \boldsymbol{\beta}=\begin{pmatrix}0\\\lambda\\\lambda^2\end{pmatrix}.$$

问 $\lambda$ 取何值时，

(1) $\boldsymbol{\beta}$ 可由 $\boldsymbol{\alpha}_1,\boldsymbol{\alpha}_2,\boldsymbol{\alpha}_3$ 线性表示，且表达式唯一；

(2) $\boldsymbol{\beta}$ 可由 $\boldsymbol{\alpha}_1,\boldsymbol{\alpha}_2,\boldsymbol{\alpha}_3$ 线性表示，且表达式不唯一；

(3) $\boldsymbol{\beta}$ 不能由 $\boldsymbol{\alpha}_1,\boldsymbol{\alpha}_2,\boldsymbol{\alpha}_3$ 线性表示.

13. 设线性方程组

$$\begin{cases}x_1+a_1x_2+a_1^2x_3=a_1^3,\\ x_1+a_2x_2+a_2^2x_3=a_2^3,\\ x_1+a_3x_2+a_3^2x_3=a_3^3,\\ x_1+a_4x_2+a_4^2x_3=a_4^3.\end{cases}$$

(1) 证明：若 $a_1,a_2,a_3,a_4$ 两两不相等，则线性方程组无解；

(2) 设 $a_1=a_3=k,a_2=a_4=-k(k\neq0)$，且已知 $\boldsymbol{\beta}_1,\boldsymbol{\beta}_2$ 是该方程组的两组解，其中 $\boldsymbol{\beta}_1=(-1,1,1)^{\mathrm{T}},\boldsymbol{\beta}_2=(1,1,-1)^{\mathrm{T}}$，写出该方程组的通解.

14. 已知四阶方阵 $\boldsymbol{A}=(\boldsymbol{\alpha}_1,\boldsymbol{\alpha}_2,\boldsymbol{\alpha}_3,\boldsymbol{\alpha}_4)$，$\boldsymbol{\alpha}_1,\boldsymbol{\alpha}_2,\boldsymbol{\alpha}_3,\boldsymbol{\alpha}_4$ 均为四维列向量，其中 $\boldsymbol{\alpha}_2,\boldsymbol{\alpha}_3,\boldsymbol{\alpha}_4$ 线性无关，$\boldsymbol{\alpha}_1=2\boldsymbol{\alpha}_2-\boldsymbol{\alpha}_3$，如果 $\boldsymbol{\beta}=\boldsymbol{\alpha}_1+\boldsymbol{\alpha}_2+\boldsymbol{\alpha}_3+\boldsymbol{\alpha}_4$，求线性方程组 $\boldsymbol{Ax}=\boldsymbol{\beta}$ 的通解.

15. 设 $\boldsymbol{Ax}=\boldsymbol{b}$ 对应的齐次方程组 $\boldsymbol{Ax}=\boldsymbol{0}$ 的基础解系为 $\boldsymbol{\xi}_1,\boldsymbol{\xi}_2,\cdots,\boldsymbol{\xi}_{n-r}$，$\boldsymbol{\eta}$ 为 $\boldsymbol{Ax}=\boldsymbol{b}$ 的一个特解.证明：

(1) $\boldsymbol{\xi}_1,\boldsymbol{\xi}_2,\cdots,\boldsymbol{\xi}_{n-r},\boldsymbol{\eta}$ 线性无关；

(2) $\boldsymbol{\eta},\boldsymbol{\xi}_1+\boldsymbol{\eta},\cdots,\boldsymbol{\xi}_{n-r}+\boldsymbol{\eta}$ 线性无关.

16. 设矩阵 $\boldsymbol{A}_{m\times n}$ 的秩为 $r$，线性方程组 $\boldsymbol{Ax}=\boldsymbol{b}(\boldsymbol{b}\neq\boldsymbol{0})$ 有特解 $\boldsymbol{\xi}_0$，它的导出方程组 $\boldsymbol{Ax}=\boldsymbol{0}$ 的一个基础解系为 $\boldsymbol{\xi}_1,\boldsymbol{\xi}_2,\cdots,\boldsymbol{\xi}_{n-r}$，证明：

(1) 向量组 $\boldsymbol{\eta}_0=\boldsymbol{\xi}_0,\boldsymbol{\eta}_1=\boldsymbol{\xi}_0+\boldsymbol{\xi}_1,\cdots,\boldsymbol{\eta}_{n-r}=\boldsymbol{\xi}_0+\boldsymbol{\xi}_{n-r}$ 是方程组 $\boldsymbol{Ax}=\boldsymbol{b}$ 的线性无关解向量；

(2) $\boldsymbol{\eta}_0,\boldsymbol{\eta}_1,\boldsymbol{\eta}_2,\cdots,\boldsymbol{\eta}_{n-r}$ 的一切线性组合 $k_0\boldsymbol{\eta}_0+k_1\boldsymbol{\eta}_1+\cdots+k_{n-r}\boldsymbol{\eta}_{n-r}$ 是方程组 $\boldsymbol{Ax}=\boldsymbol{b}$ 的全部解，其中 $k_0+k_1+\cdots+k_{n-r}=1$.

17. 设 $\lambda$ 为 $n$ 阶可逆矩阵 $\boldsymbol{A}$ 的一个特征值，证明：

（1）$\dfrac{1}{\lambda}$为 $\boldsymbol{A}^{-1}$的特征值；

（2）$\dfrac{|\boldsymbol{A}|}{\lambda}$为 $\boldsymbol{A}$ 的伴随矩阵 $\boldsymbol{A}^*$ 的特征值.

18. 设 $\boldsymbol{A}$ 为正交矩阵，若 $|\boldsymbol{A}|=-1$，证明：$\boldsymbol{A}$ 一定有特征值$-1$.

19. 设三阶矩阵 $\boldsymbol{A}$ 的特征值为 $\lambda_1=1,\lambda_2=2,\lambda_3=3$，对应的特征向量分别为 $\boldsymbol{\xi}_1=(1,1,1)^{\mathrm{T}},\boldsymbol{\xi}_2=(1,2,4)^{\mathrm{T}},\boldsymbol{\xi}_3=(1,3,9)^{\mathrm{T}}$，又向量 $\boldsymbol{\beta}=(1,1,3)^{\mathrm{T}}$.

（1）将 $\boldsymbol{\beta}$ 用 $\boldsymbol{\xi}_1,\boldsymbol{\xi}_2,\boldsymbol{\xi}_3$ 线性表示；

（2）求 $\boldsymbol{A}^n\boldsymbol{\beta}$（$n$ 为自然数）.

20. 已知 $\boldsymbol{\xi}=\begin{pmatrix}1\\1\\-1\end{pmatrix}$是矩阵 $\boldsymbol{A}=\begin{pmatrix}2&-1&2\\5&a&3\\-1&b&-2\end{pmatrix}$的一个特征向量.

（1）试确定参数 $a,b$ 及特征向量 $\boldsymbol{\xi}$ 对应的特征值；

（2）问 $\boldsymbol{A}$ 能否相似于对角矩阵？说明理由.

21. 设三阶矩阵 $\boldsymbol{A}$ 的特征值为 $\lambda_1=-1,\lambda_2=1,\lambda_3=3$，对应的特征向量分别为 $\boldsymbol{\xi}_1=(1,-1,0)^{\mathrm{T}},\boldsymbol{\xi}_2=(1,1,0)^{\mathrm{T}},\boldsymbol{\xi}_3=(0,1,-1)^{\mathrm{T}}$，求矩阵 $\boldsymbol{A}$.

22. 设有三阶方阵 $\boldsymbol{A}=\begin{pmatrix}2&0&0\\0&0&1\\0&1&0\end{pmatrix}$，$\boldsymbol{B}=\begin{pmatrix}1&0&0\\0&-1&0\\0&-6&2\end{pmatrix}$，试判断 $\boldsymbol{A},\boldsymbol{B}$ 是否相似？若相似，求出可逆矩阵 $\boldsymbol{P}$，使 $\boldsymbol{B}=\boldsymbol{P}^{-1}\boldsymbol{AP}$.

23. 设矩阵 $\boldsymbol{A}$ 与 $\boldsymbol{B}$ 相似，其中

$$\boldsymbol{A}=\begin{pmatrix}-2&0&0\\2&x&2\\3&1&1\end{pmatrix},\quad \boldsymbol{B}=\begin{pmatrix}-1&0&0\\0&2&0\\0&0&y\end{pmatrix}.$$

（1）求 $x$ 和 $y$ 的值；

（2）求可逆矩阵 $\boldsymbol{P}$，使 $\boldsymbol{P}^{-1}\boldsymbol{AP}=\boldsymbol{B}$.

第四章综合题参考答案

24. 设 $\boldsymbol{A}=\begin{pmatrix}3&1&3\\1&2&0\\1&0&2\end{pmatrix}$.

（1）求出 $\boldsymbol{A}$ 的所有特征值和特征向量；

（2）判断 $\boldsymbol{A}$ 能否对角化？如能对角化，则求出相似变换矩阵 $\boldsymbol{P}$，使 $\boldsymbol{A}$ 化为对角矩阵.

第四章自测题

25. 设 $\boldsymbol{A}=\begin{pmatrix}1&0&2\\0&1&4\\a+5&-a-2&2a\end{pmatrix}$，问 $\boldsymbol{A}$ 能否对角化.

26. 设矩阵 $\boldsymbol{A}=\begin{pmatrix}1&-1&1\\x&4&y\\-3&-3&5\end{pmatrix}$，已知 $\boldsymbol{A}$ 有三个线性无关的特征向量，$\lambda=2$ 是 $\boldsymbol{A}$ 的二重特征根，试求可逆矩阵 $\boldsymbol{P}$，使得 $\boldsymbol{P}^{-1}\boldsymbol{AP}$ 为对角矩阵.

# 第五章

# 二　次　型

在解析几何中,我们常常需要研究一些二次曲线的几何性质,例如我们想知道方程

$$\frac{13}{72}x^2+\frac{10}{72}xy+\frac{13}{72}y^2=1 \tag{1}$$

表示 $Oxy$ 平面上一条怎样的曲线?它的图形如何?

为了回答这个问题,我们可以选择适当的角度作坐标旋转变换将问题简化.在本例中,我们将 $Oxy$ 坐标系逆时针旋转$\frac{\pi}{4}$,即令

$$\begin{cases} x=\frac{\sqrt{2}}{2}u-\frac{\sqrt{2}}{2}v, \\ y=\frac{\sqrt{2}}{2}u+\frac{\sqrt{2}}{2}v, \end{cases} \tag{2}$$

则得此曲线在新的 $Ouv$ 坐标系下的方程

$$\frac{u^2}{4}+\frac{v^2}{9}=1. \tag{3}$$

显然,方程(3)表示一个椭圆(如图 5-1 所示).

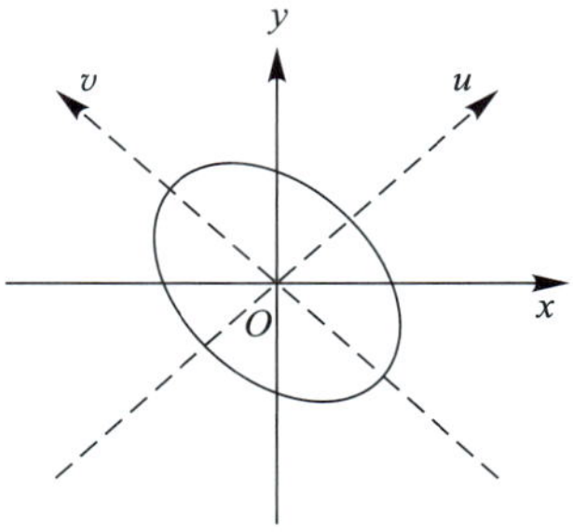

图 5-1

上述问题从几何上看,就是通过坐标轴的旋转,消去方程(1)中的交叉项,使之成为标准方程.注意到式(2)所表示的线性变换是正交变换,因此,从代数学的观点看,上述过程就是通过正交变换将式(1)左端的二次齐次式化为只含有平方项的二次齐次式.这样的问题,不仅在几何中出现,而且在数学的其他分支以及物理、力学中常常碰到.本章将利用矩阵理论和线性变换理论研究一般的二次齐次式,即二次型的一些基本性质,比如化为标准形的方法、二次型有定性的判定等,并利用二次型的有关理论,讨论二次曲面在直角坐标系下的分类.

# 第一节　二次型及其标准形

## 一、二次型的矩阵表示

**定义 1**　关于 $n$ 个变量 $x_1,x_2,\cdots,x_n$ 的二次齐次式

$$f(x_1,x_2,\cdots,x_n)=a_{11}x_1^2+2a_{12}x_1x_2+\cdots+2a_{1n}x_1x_n+a_{22}x_2^2+ \\ 2a_{23}x_2x_3+\cdots+2a_{2n}x_2x_n+\cdots+a_{nn}x_n^2 \tag{1}$$

称为一个 $n$ 元二次型(简称为二次型).当二次型的系数 $a_{ij}(i,j=1,2,\cdots,n)$ 为实数(复数)时,称此二次型为实(复)二次型.

本书只讨论实二次型.

为了利用矩阵来研究二次型,令 $a_{ij}=a_{ji}(i<j)$,并将式(1)进行如下恒等变形:

$$\begin{aligned} f(x_1,x_2,\cdots,x_n)&=a_{11}x_1^2+a_{12}x_1x_2+\cdots+a_{1n}x_1x_n+a_{21}x_2x_1+a_{22}x_2^2+ \\ &\quad\cdots+a_{2n}x_2x_n+\cdots+a_{n1}x_nx_1+a_{n2}x_nx_2+\cdots+a_{nn}x_n^2 \\ &=\sum_{j=1}^{n}a_{1j}x_1x_j+\sum_{j=1}^{n}a_{2j}x_2x_j+\cdots+\sum_{j=1}^{n}a_{nj}x_nx_j \\ &=\sum_{i=1}^{n}\sum_{j=1}^{n}a_{ij}x_ix_j\left(\text{或}\sum_{i,j=1}^{n}a_{ij}x_ix_j\right). \end{aligned} \tag{2}$$

记

$$\boldsymbol{A}=\begin{pmatrix} a_{11} & a_{12} & \cdots & a_{1n} \\ a_{21} & a_{22} & \cdots & a_{2n} \\ \vdots & \vdots & & \vdots \\ a_{n1} & a_{n2} & \cdots & a_{nn} \end{pmatrix},\boldsymbol{X}=\begin{pmatrix} x_1 \\ x_2 \\ \vdots \\ x_n \end{pmatrix},$$

则二次型(1)可用矩阵乘法表示为

$$f(x_1,x_2,\cdots,x_n)=\sum_{i=1}^{n}\sum_{j=1}^{n}a_{ij}x_ix_j=\boldsymbol{X}^{\mathrm{T}}\boldsymbol{A}\boldsymbol{X}, \tag{3}$$

其中矩阵 $\boldsymbol{A}$ 称为二次型(2)的矩阵,它的秩也称为二次型(2)的秩.若 $r(\boldsymbol{A})=n$,则称二次型为满秩的.

显然,二次型的矩阵 $\boldsymbol{A}$ 为对称矩阵(因为 $a_{ij}=a_{ji}$),且它的元素 $a_{ij}(i\neq j)$ 正好是二次型 $f(x_1,x_2,\cdots,x_n)$ 中 $x_ix_j$ 系数的一半;而 $a_{ii}$ 是 $x_i^2$ 项的系数.由此还可得到,若二次型

$$f(x_1,x_2,\cdots,x_n)=\boldsymbol{X}^{\mathrm{T}}\boldsymbol{A}\boldsymbol{X}=\boldsymbol{X}^{\mathrm{T}}\boldsymbol{B}\boldsymbol{X},$$

其中 $\boldsymbol{A}^{\mathrm{T}}=\boldsymbol{A},\boldsymbol{B}^{\mathrm{T}}=\boldsymbol{B}$,则 $\boldsymbol{A}=\boldsymbol{B}$.从而,二次型 $f(x_1,x_2,\cdots,x_n)$ 和它的矩阵是一一对应的.

例如,二次型 $f(x,y)=ax^2+2bxy+cy^2$ 的矩阵为 $\begin{pmatrix} a & b \\ b & c \end{pmatrix}$;二次型 $f(x,y,z)=2x^2+2xy-6xz+4yz+z^2$ 的矩阵为 $\begin{pmatrix} 2 & 1 & -3 \\ 1 & 0 & 2 \\ -3 & 2 & 1 \end{pmatrix}$;二次型 $f(x,y,z)=x^2+9y^2+4z^2$ 的矩阵为对

角矩阵$\begin{pmatrix}1&0&0\\0&9&0\\0&0&4\end{pmatrix}$.

**例 1**　求二次型 $f(x_1,x_2,x_3)=x_1^2-4x_1x_2+2x_1x_3-2x_2^2+6x_3^2$ 的秩.

**解**　先求二次型的矩阵,由

$$f(x_1,x_2,x_3)=x_1^2-2x_1x_2+x_1x_3-2x_2x_1-2x_2^2+0x_2x_3+x_3x_1+0x_3x_2+6x_3^2,$$

所以

$$\boldsymbol{A}=\begin{pmatrix}1&-2&1\\-2&-2&0\\1&0&6\end{pmatrix},$$

对 $\boldsymbol{A}$ 作初等变换:

$$\boldsymbol{A}\to\begin{pmatrix}1&-2&1\\0&-6&2\\0&2&5\end{pmatrix}\to\begin{pmatrix}1&-2&1\\0&2&5\\0&0&17\end{pmatrix},$$

即 $r(\boldsymbol{A})=3$,所以二次型的秩为 3.

**定义 2**　只含有平方项的二次型 $f(x_1,x_2,\cdots,x_n)=\sum\limits_{i=1}^{n}\lambda_i x_i^2$ 称为标准形.

显然,标准形的矩阵为对角矩阵.

## 二、二次型的变换与矩阵的合同

设有 $n$ 元二次型 $f(x_1,x_2,\cdots,x_n)=\boldsymbol{X}^{\mathrm{T}}\boldsymbol{A}\boldsymbol{X}$,$\boldsymbol{C}$ 是满秩的 $n$ 阶方阵.作线性变换(此为矩阵线性变换,一般线性变换的概念见第六章):

$$\boldsymbol{X}=\boldsymbol{C}\boldsymbol{Y},\tag{4}$$

其中 $\boldsymbol{Y}=(y_1,y_2,\cdots,y_n)^{\mathrm{T}}$,则原二次型将变为关于新变量 $y_1,y_2,\cdots,y_n$ 的二次型,且二次型的矩阵为

$$\boldsymbol{B}=\boldsymbol{C}^{\mathrm{T}}\boldsymbol{A}\boldsymbol{C}.\tag{5}$$

事实上,将 $\boldsymbol{X}=\boldsymbol{C}\boldsymbol{Y}$ 代入二次型 $\boldsymbol{X}^{\mathrm{T}}\boldsymbol{A}\boldsymbol{X}$,即有

$$f=\boldsymbol{X}^{\mathrm{T}}\boldsymbol{A}\boldsymbol{X}=(\boldsymbol{Y}^{\mathrm{T}}\boldsymbol{C}^{\mathrm{T}})\boldsymbol{A}(\boldsymbol{C}\boldsymbol{Y})=\boldsymbol{Y}^{\mathrm{T}}(\boldsymbol{C}^{\mathrm{T}}\boldsymbol{A}\boldsymbol{C})\boldsymbol{Y}.$$

而

$$(\boldsymbol{C}^{\mathrm{T}}\boldsymbol{A}\boldsymbol{C})^{\mathrm{T}}=\boldsymbol{C}^{\mathrm{T}}\boldsymbol{A}^{\mathrm{T}}(\boldsymbol{C}^{\mathrm{T}})^{\mathrm{T}}=\boldsymbol{C}^{\mathrm{T}}\boldsymbol{A}\boldsymbol{C},$$

即 $\boldsymbol{B}=\boldsymbol{C}^{\mathrm{T}}\boldsymbol{A}\boldsymbol{C}$ 为对称矩阵.故 $f=\boldsymbol{Y}^{\mathrm{T}}(\boldsymbol{C}^{\mathrm{T}}\boldsymbol{A}\boldsymbol{C})\boldsymbol{Y}$ 是一个关于变量 $y_1,y_2,\cdots,y_n$ 的二次型.

**定义 3**　对于两个矩阵 $\boldsymbol{A}$ 和 $\boldsymbol{B}$,如果存在满秩矩阵 $\boldsymbol{P}$,使 $\boldsymbol{P}^{\mathrm{T}}\boldsymbol{A}\boldsymbol{P}=\boldsymbol{B}$,则称矩阵 $\boldsymbol{A}$ 与 $\boldsymbol{B}$ 合同,记作 $\boldsymbol{A}\simeq\boldsymbol{B}$.

容易验证矩阵之间的合同关系具有反身性、对称性和传递性,即

(1) $\boldsymbol{A}\simeq\boldsymbol{A}$;

(2) $\boldsymbol{A}\simeq\boldsymbol{B}\Rightarrow\boldsymbol{B}\simeq\boldsymbol{A}$;

(3) $\boldsymbol{A}\simeq\boldsymbol{B},\boldsymbol{B}\simeq\boldsymbol{C}\Rightarrow\boldsymbol{A}\simeq\boldsymbol{C}$.

由定义 3 知,对二次型作满秩线性变换后,所得新的二次型的矩阵与原二次型的矩阵有合同关系.变换前后的二次型及其矩阵之间的关系如下所示:

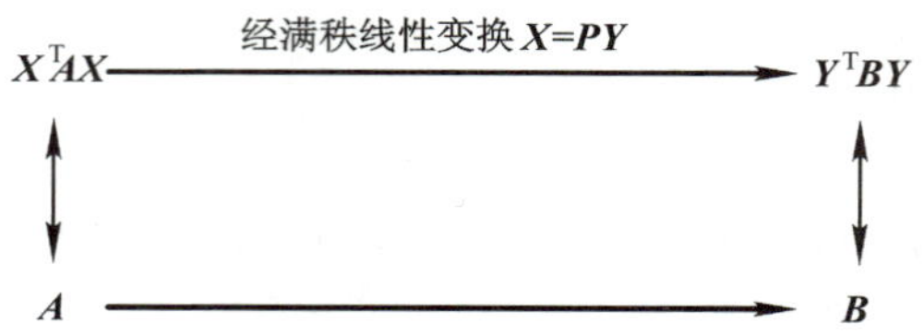


由于矩阵 $\boldsymbol{A}$ 左乘或右乘一个满秩矩阵，其秩不变，因而二次型在满秩线性变换下其秩不变.

## 三、二次型的标准形

如果满秩线性变换 $\boldsymbol{X}=\boldsymbol{C}\boldsymbol{Y}$ 将二次型 $\boldsymbol{X}^{\mathrm{T}}\boldsymbol{A}\boldsymbol{X}$ 化成了标准二次型 $\sum\limits_{i=1}^{n}\lambda_i y_i^2$，则称 $\sum\limits_{i=1}^{n}\lambda_i y_i^2$ 为二次型 $\boldsymbol{X}^{\mathrm{T}}\boldsymbol{A}\boldsymbol{X}$ 的一个标准形.

在二次型的应用中，常常要将二次型通过满秩线性变换化为标准形，以便分析二次型的有关性质.这个化标准形的过程从矩阵的角度来说，就是寻找一个可逆矩阵 $\boldsymbol{C}$，使 $\boldsymbol{C}^{\mathrm{T}}\boldsymbol{A}\boldsymbol{C}$ 为对角矩阵.这样的矩阵 $\boldsymbol{C}$ 是否必定存在呢？我们暂时不加证明地给出如下结论.

**定理 1**　对任意实二次型 $f=\boldsymbol{X}^{\mathrm{T}}\boldsymbol{A}\boldsymbol{X}$，一定存在满秩线性变换 $\boldsymbol{X}=\boldsymbol{C}\boldsymbol{Y}$，使二次型化为标准形.

**推论 1**　任意给定一个实对称矩阵 $\boldsymbol{A}$，一定存在可逆矩阵 $\boldsymbol{C}$，使 $\boldsymbol{C}^{\mathrm{T}}\boldsymbol{A}\boldsymbol{C}$ 为对角矩阵（即任意实对称矩阵都与一个对角矩阵合同）.

### 习题 5-1

1. 写出下列二次型的矩阵，并求其秩.

(1) $f(x_1,x_2,x_3)=x_1^2+2x_2^2+2x_1x_2-2x_1x_3$；

(2) $f(x_1,x_2,x_3,x_4)=2x_1x_2-2x_3x_4$；

(3) $f(x_1,x_2,x_3)=x_1^2+3x_2^2-x_3^2+x_1x_2-2x_1x_3+3x_2x_3$；

(4) $f(x_1,x_2,x_3,x_4)=x_1^2+x_2^2+2x_4^2+4x_1x_2+2x_1x_3+4x_1x_4+2x_2x_3+6x_2x_4+4x_3x_4$.

2. 若矩阵 $\boldsymbol{A}_1$ 与 $\boldsymbol{B}_1$ 合同，$\boldsymbol{A}_2$ 与 $\boldsymbol{B}_2$ 合同，试证 $\begin{pmatrix}\boldsymbol{A}_1 & \boldsymbol{O}\\ \boldsymbol{O} & \boldsymbol{A}_2\end{pmatrix}$ 与 $\begin{pmatrix}\boldsymbol{B}_1 & \boldsymbol{O}\\ \boldsymbol{O} & \boldsymbol{B}_2\end{pmatrix}$ 合同.

# 第二节　正交变换法化二次型为标准形

如果在二次型的满秩线性变换 $\boldsymbol{X}=\boldsymbol{C}\boldsymbol{Y}$ 中，矩阵 $\boldsymbol{C}$ 是正交矩阵，我们称这个变换

为正交变换,本节讨论用正交变换法化二次型为标准形.

## 一、实对称矩阵的对角化

首先,我们介绍实对称矩阵的特征值与特征向量的一些性质.

**定理 1** 实对称矩阵的特征值都是实数.

*证 设 $\lambda$ 是实对称矩阵 $\boldsymbol{A}$ 的特征值,$\boldsymbol{X}$ 是对应的特征向量,即有

$$\boldsymbol{AX}=\lambda\boldsymbol{X},\quad \boldsymbol{X}\neq\boldsymbol{0}. \tag{1}$$

用 $\overline{\boldsymbol{X}}$ 表示将向量 $\boldsymbol{X}$ 的所有分量换成共轭复数后得到的向量,称之为 $\boldsymbol{X}$ 的共轭向量.将矩阵方程(1)的两边同时取共轭,注意到 $\boldsymbol{A}$ 是实对称矩阵,因此有

$$\boldsymbol{A}\overline{\boldsymbol{X}}=\overline{\lambda}\overline{\boldsymbol{X}},\quad \boldsymbol{X}\neq\boldsymbol{0}.$$

上式两边同时取转置,并由矩阵 $\boldsymbol{A}$ 的对称性得

$$\overline{\boldsymbol{X}}^{\mathrm{T}}\boldsymbol{A}=\overline{\lambda}\overline{\boldsymbol{X}}^{\mathrm{T}},$$

因此

$$\overline{\boldsymbol{X}}^{\mathrm{T}}\boldsymbol{AX}=\overline{\lambda}\overline{\boldsymbol{X}}^{\mathrm{T}}\boldsymbol{X}.$$

而由式(1),有

$$\overline{\boldsymbol{X}}^{\mathrm{T}}\boldsymbol{AX}=\overline{\boldsymbol{X}}^{\mathrm{T}}(\lambda\boldsymbol{X})=\lambda\overline{\boldsymbol{X}}^{\mathrm{T}}\boldsymbol{X},$$

所以

$$(\lambda-\overline{\lambda})\overline{\boldsymbol{X}}^{\mathrm{T}}\boldsymbol{X}=0.$$

因为 $\boldsymbol{X}\neq\boldsymbol{0}$,故 $\lambda=\overline{\lambda}$,即 $\lambda$ 为实数.

**定理 2** 实对称矩阵的不同的特征值对应的特征向量必正交.

*证 设 $\lambda_1,\lambda_2$ 是实对称矩阵 $\boldsymbol{A}$ 的两个不相等的特征值,$\boldsymbol{X}_1,\boldsymbol{X}_2$ 是对应的特征向量,因此有

$$\boldsymbol{AX}_1=\lambda_1\boldsymbol{X}_1,\qquad \boldsymbol{AX}_2=\lambda_2\boldsymbol{X}_2.$$

因为 $\boldsymbol{A}^{\mathrm{T}}=\boldsymbol{A}$,所以

$$\lambda_2\boldsymbol{X}_1^{\mathrm{T}}\boldsymbol{X}_2=\boldsymbol{X}_1^{\mathrm{T}}\boldsymbol{AX}_2=(\boldsymbol{AX}_1)^{\mathrm{T}}\boldsymbol{X}_2=(\lambda_1\boldsymbol{X}_1)^{\mathrm{T}}\boldsymbol{X}_2=\lambda_1\boldsymbol{X}_1^{\mathrm{T}}\boldsymbol{X}_2,$$

从而 $(\lambda_1-\lambda_2)\boldsymbol{X}_1^{\mathrm{T}}\boldsymbol{X}_2=0$.又 $\lambda_1\neq\lambda_2$,故 $\boldsymbol{X}_1^{\mathrm{T}}\boldsymbol{X}_2=0$,即 $\boldsymbol{X}_1$ 与 $\boldsymbol{X}_2$ 正交.

典型例题 5-1
实对称矩阵的特征值

**定理 3** 若实数 $\lambda$ 是实对称方阵 $\boldsymbol{A}$ 的特征方程的 $k$ 重根,则矩阵 $\boldsymbol{A}$ 对应于 $\lambda$ 的线性无关的实特征向量的最大个数恰为 $k$ 个.

此定理的证明从略.

由上面三个定理,可得如下结论:

**定理 4** 设 $\boldsymbol{A}$ 为 $n$ 阶实对称矩阵,则一定存在正交矩阵 $\boldsymbol{Q}$,使 $\boldsymbol{Q}^{\mathrm{T}}\boldsymbol{AQ}$ 为对角矩阵,且此对角矩阵的对角元恰为矩阵 $\boldsymbol{A}$ 的 $n$ 个特征值(重数计算在内).

*证 设实对称矩阵 $\boldsymbol{A}$ 的特征值为 $\lambda_1\leqslant\lambda_2\leqslant\cdots\leqslant\lambda_n$(重数计算在内),则由定理 3 知,对于 $\boldsymbol{A}$ 的某个 $k$ 重特征值 $\lambda=\lambda_{i+1}=\lambda_{i+2}=\cdots=\lambda_{i+k}$,恰有 $k$ 个线性无关的实特征向量,将它们正交化,所得的 $k$ 个正交向量仍是对应于特征值 $\lambda$ 的特征向量.又由定理 2 知,矩阵 $\boldsymbol{A}$ 的不同的特征值对应的特征向量必正交.因此,对应于矩阵 $\boldsymbol{A}$ 的 $n$ 个特征值 $\lambda_1,\lambda_2,\cdots,\lambda_n$,可得到 $n$ 个两两正交的特征向量.将其单位化得 $n$ 个两两正交的单位化的特征向量 $\boldsymbol{\eta}_1,\boldsymbol{\eta}_2,\cdots,\boldsymbol{\eta}_n$,且

$$\boldsymbol{A\eta}_i=\lambda_i\boldsymbol{\eta}_i,\qquad i=1,2,\cdots,n.$$

以 $\boldsymbol{\eta}_i$ 作为列向量构造矩阵 $\boldsymbol{Q}=(\boldsymbol{\eta}_1,\boldsymbol{\eta}_2,\cdots,\boldsymbol{\eta}_n)$，则 $\boldsymbol{Q}$ 是正交矩阵，即有 $\boldsymbol{Q}^{\mathrm{T}}=\boldsymbol{Q}^{-1}$.

记

$$\boldsymbol{\Lambda}=\operatorname{diag}(\lambda_1,\lambda_2,\cdots,\lambda_n)=\begin{pmatrix}\lambda_1 & & & \\ & \lambda_2 & & \\ & & \ddots & \\ & & & \lambda_n\end{pmatrix},$$

则

$$\begin{aligned}\boldsymbol{AQ}&=(\boldsymbol{A\eta}_1,\boldsymbol{A\eta}_2,\cdots,\boldsymbol{A\eta}_n)=(\lambda_1\boldsymbol{\eta}_1,\lambda_2\boldsymbol{\eta}_2,\cdots,\lambda_n\boldsymbol{\eta}_n)\\&=(\boldsymbol{\eta}_1,\boldsymbol{\eta}_2,\cdots,\boldsymbol{\eta}_n)\begin{pmatrix}\lambda_1 & & & \\ & \lambda_2 & & \\ & & \ddots & \\ & & & \lambda_n\end{pmatrix}\\&=\boldsymbol{Q\Lambda}.\end{aligned}$$

从而 $\boldsymbol{Q}^{\mathrm{T}}\boldsymbol{AQ}=\boldsymbol{\Lambda}$ 为对角矩阵，且 $\boldsymbol{\Lambda}$ 的对角元恰为矩阵 $\boldsymbol{A}$ 的 $n$ 个特征值.

由于二次型对应于实对称矩阵，故对于二次型可得到如下相应的结果.

典型例题 5-2 二次型的矩阵及其特征值

**定理 5**　任意一个实二次型 $f=\boldsymbol{X}^{\mathrm{T}}\boldsymbol{AX}=\sum\limits_{i=1}^{n}\sum\limits_{j=1}^{n}a_{ij}x_ix_j\,(a_{ij}=a_{ji},i,j=1,2,\cdots,n)$ 都可经正交变换化为标准形，即存在正交变换 $\boldsymbol{X}=\boldsymbol{QY}$，使得

$$f=\sum_{i=1}^{n}\lambda_i y_i^2=\lambda_1y_1^2+\lambda_2y_2^2+\cdots+\lambda_ny_n^2,$$

其中 $\lambda_1,\lambda_2,\cdots,\lambda_n$ 为二次型的矩阵 $\boldsymbol{A}$ 的特征值，$\boldsymbol{Y}=(y_1,y_2,\cdots,y_n)^{\mathrm{T}}$，$\boldsymbol{X}=(x_1,x_2,\cdots,x_n)^{\mathrm{T}}$.

## 二、正交变换法化二次型为标准形

利用正交变换化二次型为标准形的步骤如下：

（1）写出 $n$ 元二次型所对应的 $n$ 阶矩阵 $\boldsymbol{A}$，并求 $\boldsymbol{A}$ 的全部特征值 $\lambda_1,\lambda_2,\cdots,\lambda_n$（重数计算在内）.

（2）找出对应于各特征值的特征向量. 当 $\lambda_i$ 是 $k_i$ 重特征值时，必须找出属于 $\lambda_i$ 的 $k_i$ 个线性无关的特征向量（即找出 $(\boldsymbol{A}-\lambda_i\boldsymbol{E})\boldsymbol{X}=\boldsymbol{0}$ 的一个基础解系）并用施密特正交化法将其正交化.

（3）将上述 $n$ 个特征向量单位化后记为 $\boldsymbol{\eta}_1,\boldsymbol{\eta}_2,\cdots,\boldsymbol{\eta}_n$，并记矩阵 $\boldsymbol{Q}=(\boldsymbol{\eta}_1,\boldsymbol{\eta}_2,\cdots,\boldsymbol{\eta}_n)$，则 $\boldsymbol{X}=\boldsymbol{QY}$ 为所求的正交变换，且 $f$ 的标准形为

$$f=\lambda_1y_1^2+\lambda_2y_2^2+\cdots+\lambda_ny_n^2.$$

典型例题 5-3 正交变换

**例 1**　用正交变换化二次型 $f=x_1^2+4x_2^2+4x_3^2-4x_1x_2+4x_1x_3-8x_2x_3$ 为标准形.

**解**　二次型的矩阵 $\boldsymbol{A}=\begin{pmatrix}1 & -2 & 2\\ -2 & 4 & -4\\ 2 & -4 & 4\end{pmatrix}$，矩阵 $\boldsymbol{A}$ 的特征多项式为

$$|\boldsymbol{A}-\lambda\boldsymbol{E}|=\begin{vmatrix}1-\lambda & -2 & 2\\ -2 & 4-\lambda & -4\\ 2 & -4 & 4-\lambda\end{vmatrix}=-\lambda^2(\lambda-9).$$

因此,矩阵 $\boldsymbol{A}$ 的特征值为 $\lambda_1=9,\lambda_2=\lambda_3=0$.

对于 $\lambda_1=9$,由于

$$\boldsymbol{A}-\lambda_1\boldsymbol{E}=\begin{pmatrix}-8&-2&2\\-2&-5&-4\\2&-4&-5\end{pmatrix}\to\begin{pmatrix}2&-4&-5\\-2&-5&-4\\-8&-2&2\end{pmatrix}$$

$$\to\begin{pmatrix}2&-4&-5\\0&-9&-9\\0&-18&-18\end{pmatrix}\to\begin{pmatrix}2&-4&-5\\0&1&1\\0&0&0\end{pmatrix}\to\begin{pmatrix}2&0&-1\\0&1&1\\0&0&0\end{pmatrix},$$

则齐次线性方程组 $(\boldsymbol{A}-\lambda_1\boldsymbol{E})\boldsymbol{X}=\boldsymbol{0}$ 的基础解系为 $\boldsymbol{\xi}_1=(1,-2,2)^{\mathrm{T}}$,从而得 $\boldsymbol{A}$ 的属于特征值 $\lambda_1=9$ 的特征向量 $\boldsymbol{\xi}_1=(1,-2,2)^{\mathrm{T}}$.

对于 $\lambda_2=\lambda_3=0$,由于

$$\boldsymbol{A}-\lambda_2\boldsymbol{E}=\begin{pmatrix}1&-2&2\\-2&4&-4\\2&-4&4\end{pmatrix}\to\begin{pmatrix}1&-2&2\\0&0&0\\0&0&0\end{pmatrix}.$$

通过求齐次线性方程组 $(\boldsymbol{A}-\lambda_2\boldsymbol{E})\boldsymbol{X}=\boldsymbol{0}$ 的基础解系并将其正交化,可得到 $\boldsymbol{A}$ 的属于特征值 $\lambda_2=\lambda_3=0$ 的两个相互正交的特征向量(请自己完成).在本例中,直接观察得 $\boldsymbol{A}$ 的属于特征值 $\lambda_2=\lambda_3=0$ 的两个相互正交的特征向量 $\boldsymbol{\xi}_1=(0,1,1)^{\mathrm{T}},\boldsymbol{\xi}_2=(4,1,-1)^{\mathrm{T}}$.

将上述三个两两正交的特征向量 $\boldsymbol{\xi}_1,\boldsymbol{\xi}_2,\boldsymbol{\xi}_3$ 单位化,得

$$\boldsymbol{\eta}_1=\left(\frac{1}{3},-\frac{2}{3},\frac{2}{3}\right)^{\mathrm{T}},\boldsymbol{\eta}_2=\left(0,\frac{1}{\sqrt{2}},\frac{1}{\sqrt{2}}\right)^{\mathrm{T}},\boldsymbol{\eta}_3=\left(\frac{4}{3\sqrt{2}},\frac{1}{3\sqrt{2}},-\frac{1}{3\sqrt{2}}\right)^{\mathrm{T}},$$

则在正交变换

$$\begin{pmatrix}x_1\\x_2\\x_3\end{pmatrix}=\begin{pmatrix}\frac{1}{3}&0&\frac{4}{3\sqrt{2}}\\-\frac{2}{3}&\frac{1}{\sqrt{2}}&\frac{1}{3\sqrt{2}}\\\frac{2}{3}&\frac{1}{\sqrt{2}}&-\frac{1}{3\sqrt{2}}\end{pmatrix}\begin{pmatrix}y_1\\y_2\\y_3\end{pmatrix}$$

下,二次型的标准形为 $f=9y_1^2$.

典型例题 5-4 求参数及正交矩阵

## 三、正交变换法化二次型为标准形在几何方面的应用

典型例题 5-5 二次型

下面我们讨论如何识别三元二次方程所表示的曲面形状.设 $\boldsymbol{X}=(x,y,z)^{\mathrm{T}}$,则三元二次型 $\boldsymbol{X}^{\mathrm{T}}\boldsymbol{A}\boldsymbol{X}$ 可视为几何空间向量 $\boldsymbol{\alpha}$ 的函数,其中 $\boldsymbol{\alpha}$ 在标准基 $\boldsymbol{\varepsilon}_1,\boldsymbol{\varepsilon}_2,\boldsymbol{\varepsilon}_3$ 下的坐标便是 $\boldsymbol{X}$.作满秩线性变换 $\boldsymbol{X}=\boldsymbol{C}\boldsymbol{Y}$,所得新的二次型 $\boldsymbol{Y}^{\mathrm{T}}\boldsymbol{C}^{\mathrm{T}}\boldsymbol{A}\boldsymbol{C}\boldsymbol{Y}$ 就是关于 $\boldsymbol{\alpha}$ 在另一组基 $\boldsymbol{\eta}_1,\boldsymbol{\eta}_2,\boldsymbol{\eta}_3$ 下的坐标 $(x',y',z')$ 的二次齐次式,其中 $\boldsymbol{Y}=(x',y',z')^{\mathrm{T}}$, $(\boldsymbol{\eta}_1,\boldsymbol{\eta}_2,\boldsymbol{\eta}_3)=(\boldsymbol{\varepsilon}_1,\boldsymbol{\varepsilon}_2,\boldsymbol{\varepsilon}_3)\boldsymbol{C}$.

对于方程

$$\boldsymbol{X}^{\mathrm{T}}\boldsymbol{A}\boldsymbol{X}=1, \tag{2}$$

如果将 $\boldsymbol{X}=(x,y,z)^{\mathrm{T}}$ 视为动点 $M$ 在空间直角坐标系下的坐标,则满足方程(2)的点的全体构成空间曲面 $S$.当 $\boldsymbol{A}$ 不是对角矩阵时,方程(2)不是标准方程,因而不易识别曲面 $S$ 的具体形状.为此,采用正交变换 $\boldsymbol{X}=\boldsymbol{QY}$ 化二次型 $\boldsymbol{X}^{\mathrm{T}}\boldsymbol{AX}$ 为标准形 $\boldsymbol{Y}^{\mathrm{T}}\boldsymbol{\Lambda Y}$,从而曲面 $S$ 在新的直角坐标系下的方程为

$$\boldsymbol{Y}^{\mathrm{T}}\boldsymbol{\Lambda Y}=1. \tag{3}$$

由正交变换的特点,知方程(2)和(3)是同一空间曲面在不同的空间直角坐标系下的方程,即方程(3)所表示的曲面形状就是方程(2)所表示的曲面形状.

**例 2** 设二次型 $f(x_1,x_2,x_3)=5x_1^2+5x_2^2+3x_3^2-2x_1x_2+6x_1x_3-6x_2x_3$,指出方程 $f(x_1,x_2,x_3)=1$ 表示何种二次曲面.

**解** 二次型 $f(x_1,x_2,x_3)$ 的矩阵为

$$\boldsymbol{A}=\begin{pmatrix}5&-1&3\\-1&5&-3\\3&-3&3\end{pmatrix}.$$

因为

$$|\boldsymbol{A}-\lambda\boldsymbol{E}|=\begin{vmatrix}5-\lambda&-1&3\\-1&5-\lambda&-3\\3&-3&3-\lambda\end{vmatrix}=-\lambda(\lambda-4)(\lambda-9),$$

所以 $\boldsymbol{A}$ 的特征值为 $\lambda_1=0,\lambda_2=4,\lambda_3=9$.因此,可利用正交变换将此二次型化为标准形 $f=4y_2^2+9y_3^2$,而 $4y_2^2+9y_3^2=1$ 在 $\mathbf{R}^3$ 中表示椭圆柱面,所以 $f(x_1,x_2,x_3)=1$ 表示椭圆柱面.

## 习题 5-2

1. 求正交矩阵 $\boldsymbol{P}$,使 $\boldsymbol{P}^{-1}\boldsymbol{AP}$ 为对角矩阵:

(1) $\boldsymbol{A}=\begin{pmatrix}1&3&0\\3&-2&-1\\0&-1&1\end{pmatrix}$; (2) $\boldsymbol{A}=\begin{pmatrix}2&2&-2\\2&5&-4\\-2&-4&5\end{pmatrix}$;

(3) $\boldsymbol{A}=\begin{pmatrix}5&-2&0&0\\-2&2&0&0\\0&0&5&-2\\0&0&-2&2\end{pmatrix}$; (4) $\boldsymbol{A}=\begin{pmatrix}1&1&0&-1\\1&1&-1&0\\0&-1&1&1\\-1&0&1&1\end{pmatrix}$.

2. 用正交变换化下列二次型为标准形:

(1) $f=x_1^2+x_2^2+x_3^2+x_4^2+4x_1x_2+4x_3x_4$;

(2) $f=x_1^2+3x_2^2+3x_3^2+4x_2x_3$;

(3) $f=-2x_1x_2-2x_1x_3-2x_2x_3$;

(4) $f=2x_1^2+2x_2^2+2x_3^2+2x_1x_2+2x_2x_3+2x_1x_3$.

3. 求二次型 $f(x_1,x_2,x_3)=4x_2^2-3x_3^2+4x_1x_2-4x_1x_3+8x_2x_3$ 在正交变换下的标准形.根据标准形指出二次曲面 $f(x_1,x_2,x_3)=1$ 的几何形状.

# 第三节　化二次型为标准形的其他方法

上节介绍了化二次型为标准形的正交变换法.这种方法需要计算二次型的矩阵的所有特征值和特征向量.当矩阵的阶数较高时,工作量相当大.本节我们再介绍两种化二次型为标准形的方法.

## 一、配方法

首先我们采用数学归纳法证明本章第一节的定理 1,即任何 $n$ 元实二次型都可经过满秩线性变换化为标准形.证明过程实际上就是一种化二次型为标准形的方法,我们称之为配方法.

当 $n=1$ 时,二次型

$$f(x_1)=a_{11}x_1^2$$

已经是标准形.

现假设对 $n-1$ 元的二次型,定理 1 的结论成立.再设 $n$ 元二次型

$$f(x_1,x_2,\cdots,x_n)=\sum_{i=1}^{n}\sum_{j=1}^{n}a_{ij}x_ix_j,\quad a_{ij}=a_{ji}(i,j=1,2,\cdots,n).$$

当上面二次型的矩阵 $\boldsymbol{A}$ 为零矩阵时,结论显然成立.下面假定矩阵 $\boldsymbol{A}$ 不为零矩阵.我们分两种情况讨论.

情形 1:$\boldsymbol{A}$ 的主对角元 $a_{ii}(1\leqslant i\leqslant n)$ 中至少有一个不为零,不妨设 $a_{11}\neq 0$.这时

$$\begin{aligned}f(x_1,x_2,\cdots,x_n)&=a_{11}x_1^2+\sum_{j=2}^{n}a_{1j}x_1x_j+\sum_{i=2}^{n}a_{i1}x_ix_1+\sum_{i=2}^{n}\sum_{j=2}^{n}a_{ij}x_ix_j\\&=a_{11}\left(x_1+\sum_{j=2}^{n}a_{11}^{-1}a_{1j}x_j\right)^2-a_{11}^{-1}\left(\sum_{j=2}^{n}a_{1j}x_j\right)^2+\\&\quad\sum_{i=2}^{n}\sum_{j=2}^{n}a_{ij}x_ix_j\\&=a_{11}\left(x_1+\sum_{j=2}^{n}a_{11}^{-1}a_{1j}x_j\right)^2+\sum_{i=2}^{n}\sum_{j=2}^{n}b_{ij}x_ix_j,\end{aligned}$$

其中

$$\sum_{i=2}^{n}\sum_{j=2}^{n}b_{ij}x_ix_j=-a_{11}^{-1}\left(\sum_{j=2}^{n}a_{1j}x_j\right)^2+\sum_{i=2}^{n}\sum_{j=2}^{n}a_{ij}x_ix_j$$

为一个关于变量 $x_2,x_3,\cdots,x_n$ 的 $n-1$ 元二次型.令

$$\begin{cases}y_1=x_1+\sum\limits_{j=2}^{n}a_{11}^{-1}a_{1j}x_j,\\y_2=x_2,\\\cdots\cdots\cdots\cdots\\y_n=x_n,\end{cases}\tag{1}$$

或

$$\begin{cases} x_1 = y_1 - \sum\limits_{j=2}^{n} a_{11}^{-1} a_{1j} y_j, \\ x_2 = y_2, \\ \cdots\cdots\cdots\cdots \\ x_n = y_n. \end{cases} \tag{2}$$

显然上述变换为一个满秩的线性变换,它使原二次型化为

$$f(x_1, x_2, \cdots, x_n) = a_{11} y_1^2 + \sum_{i=2}^{n} \sum_{j=2}^{n} b_{ij} y_i y_j.$$

由归纳假定,对于二次型 $\sum\limits_{i=2}^{n} \sum\limits_{j=2}^{n} b_{ij} y_i y_j$,存在满秩线性变换

$$\begin{cases} z_2 = c_{22} y_2 + c_{23} y_3 + \cdots + c_{2n} y_n, \\ z_3 = c_{32} y_2 + c_{33} y_3 + \cdots + c_{3n} y_n, \\ \cdots\cdots\cdots\cdots \\ z_n = c_{n2} y_2 + c_{n3} y_3 + \cdots + c_{nn} y_n, \end{cases}$$

使之变为标准形,即

$$\sum_{i=2}^{n} \sum_{j=2}^{n} b_{ij} y_i y_j = d_2 z_2^2 + d_3 z_3^2 + \cdots + d_n z_n^2.$$

于是满秩的线性变换

$$\begin{cases} z_1 = y_1, \\ z_2 = c_{22} y_2 + c_{23} y_3 + \cdots + c_{2n} y_n, \\ \cdots\cdots\cdots\cdots \\ z_n = c_{n2} y_2 + c_{n3} y_3 + \cdots + c_{nn} y_n, \end{cases}$$

将原二次型化为标准形,即

$$f(x_1, x_2, \cdots, x_n) = a_{11} z_1^2 + d_2 z_2^2 + \cdots + d_n z_n^2.$$

情形 2:$a_{ii} = 0 (1 \leqslant i \leqslant n)$.此时 $\boldsymbol{A}$ 中至少有一个元素 $a_{ij} (i \neq j)$ 不为零,不妨设 $a_{12} \neq 0$.令

$$\begin{cases} x_1 = y_1 + y_2, \\ x_2 = y_1 - y_2, \\ x_3 = y_3, \\ \cdots\cdots\cdots\cdots \\ x_n = y_n, \end{cases} \tag{3}$$

则它是一个满秩线性变换,且使得原二次型化为

$$\begin{aligned} & f(x_1, x_2, \cdots, x_n) \\ = {} & 2a_{12} x_1 x_2 + \cdots + 2a_{1n} x_1 x_n + \cdots + 2a_{n-1,n} x_{n-1} x_n \\ = {} & 2a_{12} (y_1 + y_2)(y_1 - y_2) + \cdots + 2a_{1n} (y_1 + y_2) y_n + \cdots + 2a_{n-1,n} y_{n-1} y_n \\ = {} & 2a_{12} y_1^2 - 2a_{12} y_2^2 + \cdots + 2a_{n-1,n} y_{n-1} y_n. \end{aligned}$$

这时,上式右端关于变量 $y_1, y_2, \cdots, y_n$ 的二次型中 $y_1^2$ 的系数不为零,故可归为情形 1

处理.于是定理得证.

**例 1**　化二次型 $f=x_1^2+2x_2^2-x_3^2+4x_1x_2-4x_1x_3-4x_2x_3$ 为标准形,并写出所作的满秩线性变换.

**解**　用配方法将变量 $x_1,x_2,x_3$ 的项依次配方,得

$$\begin{aligned} f &= x_1^2+4x_1(x_2-x_3)+4(x_2-x_3)^2-4(x_2-x_3)^2+2x_2^2-x_3^2-4x_2x_3 \\ &= (x_1+2x_2-2x_3)^2-2x_2^2+4x_2x_3-5x_3^2 \\ &= (x_1+2x_2-2x_3)^2-2(x_2^2-2x_2x_3+x_3^2)+2x_3^2-5x_3^2 \\ &= (x_1+2x_2-2x_3)^2-2(x_2-x_3)^2-3x_3^2. \end{aligned}$$

因此令

$$\begin{cases} y_1=x_1+2x_2-2x_3, \\ y_2=x_2-x_3, \\ y_3=x_3, \end{cases} \tag{4}$$

则

$$f=y_1^2-2y_2^2-3y_3^2.$$

由式(4)知,所作满秩变换为

$$\begin{cases} x_1=y_1-2y_2, \\ x_2=y_2+y_3, \\ x_3=y_3. \end{cases}$$

**例 2**　用配方法化二次型 $f(x_1,x_2,x_3)=2x_1x_2+4x_1x_3$ 为标准形,并求所作的满秩线性变换.

**解**　因为二次型中不含平方项,故令

$$\begin{cases} x_1=y_1+y_2, \\ x_2=y_1-y_2, \\ x_3=y_3. \end{cases}$$

将上式代入原二次型,即有

$$f=2y_1^2-2y_2^2+4y_1y_3+4y_2y_3.$$

再将含 $y_1,y_2,y_3$ 的项依次配方,得

$$\begin{aligned} f &= 2(y_1^2+2y_1y_3+y_3^2)-2y_3^2-2y_2^2+4y_2y_3 \\ &= 2(y_1+y_3)^2-2(y_2-y_3)^2, \end{aligned}$$

令

$$\begin{cases} z_1=y_1+y_3, \\ z_2=y_2-y_3, \\ z_3=y_3, \end{cases}$$

即

$$\begin{cases} y_1=z_1-z_3, \\ y_2=z_2+z_3, \\ y_3=z_3, \end{cases}$$

则二次型化成了标准形

$$f=2z_1^2-2z_2^2.$$

所作的满秩线性变换为

$$\begin{cases}x_1=y_1+y_2=(z_1-z_3)+(z_2+z_3)=z_1+z_2,\\x_2=y_1-y_2=(z_1-z_3)-(z_2+z_3)=z_1-z_2-2z_3,\\x_3=y_3=z_3,\end{cases}$$

即

$$\begin{cases}x_1=z_1+z_2,\\x_2=z_1-z_2-2z_3,\\x_3=z_3.\end{cases}$$

## 二、初等变换法

设 $\boldsymbol{A}$ 为 $n$ 阶实对称矩阵，由第一节定理 1 知，存在可逆矩阵 $\boldsymbol{C}$，使得 $\boldsymbol{C}^{\mathrm{T}}\boldsymbol{AC}$ 为对角矩阵，即 $\boldsymbol{C}^{\mathrm{T}}\boldsymbol{AC}=\boldsymbol{D}=\mathrm{diag}(d_1,d_2,\cdots,d_n)$. 由第二章第三节知，可逆矩阵 $\boldsymbol{C}$ 可以表示成一系列初等矩阵的乘积，即存在初等矩阵 $\boldsymbol{P}_1,\boldsymbol{P}_2,\cdots,\boldsymbol{P}_s$，使得

$$\boldsymbol{C}=\boldsymbol{P}_1\boldsymbol{P}_2\cdots\boldsymbol{P}_s. \tag{5}$$

因此，

$$\boldsymbol{C}^{\mathrm{T}}\boldsymbol{AC}=\boldsymbol{P}_s^{\mathrm{T}}\cdots\boldsymbol{P}_2^{\mathrm{T}}\boldsymbol{P}_1^{\mathrm{T}}\boldsymbol{AP}_1\boldsymbol{P}_2\cdots\boldsymbol{P}_s=\boldsymbol{D}.$$

由此，我们有下列结论：

**定理 1**　对任意实对称矩阵 $\boldsymbol{A}$，存在一系列初等矩阵 $\boldsymbol{P}_1,\boldsymbol{P}_2,\cdots,\boldsymbol{P}_s$，使

$$\boldsymbol{P}_s^{\mathrm{T}}\cdots\boldsymbol{P}_2^{\mathrm{T}}\boldsymbol{P}_1^{\mathrm{T}}\boldsymbol{AP}_1\boldsymbol{P}_2\cdots\boldsymbol{P}_s=\boldsymbol{D}=\mathrm{diag}(d_1,d_2,\cdots,d_n). \tag{6}$$

设 $\boldsymbol{P}$ 为初等矩阵，由初等矩阵的定义可知，$\boldsymbol{P}^{\mathrm{T}}\boldsymbol{AP}$ 表示对 $\boldsymbol{A}$ 进行对应于初等矩阵 $\boldsymbol{P}$ 的列变换和同样的行变换.将式(5)改写成如下形式

$$\boldsymbol{EP}_1\boldsymbol{P}_2\cdots\boldsymbol{P}_s=\boldsymbol{C}. \tag{7}$$

则式(6)和式(7)说明，若矩阵 $\boldsymbol{A}$ 通过一系列合同变换化为对角矩阵 $\boldsymbol{D}$，即 $\boldsymbol{C}^{\mathrm{T}}\boldsymbol{AC}=\boldsymbol{D}$，则单位矩阵 $\boldsymbol{E}$ 经过相同的一系列列变换化为矩阵 $\boldsymbol{C}$.这样，我们就得到了利用矩阵的初等变换化二次型为标准形的方法，即初等变换法.下面举例说明该方法的具体做法.

**例 3**　求满秩矩阵 $\boldsymbol{C}$，使 $\boldsymbol{C}^{\mathrm{T}}\boldsymbol{AC}$ 为对角矩阵，其中 $\boldsymbol{A}=\begin{pmatrix}0&1&1\\1&-2&2\\1&2&-1\end{pmatrix}$.

**解**　$\begin{pmatrix}\boldsymbol{A}\\\boldsymbol{E}\end{pmatrix}=\begin{pmatrix}0&1&1\\1&-2&2\\1&2&-1\\\hdashline 1&0&0\\0&1&0\\0&0&1\end{pmatrix}$

$$\xrightarrow[c_2+2c_3]{c_1+c_3}\begin{pmatrix}1&3&1\\3&2&2\\0&0&-1\\ \hdashline 1&0&0\\0&1&0\\1&2&1\end{pmatrix}\xrightarrow[r_2+2r_3]{r_1+r_3}\begin{pmatrix}1&3&0\\3&2&0\\0&0&-1\\ \hdashline 1&0&0\\0&1&0\\1&2&1\end{pmatrix}$$

$$\xrightarrow{c_2+(-3)\times c_1}\begin{pmatrix}1&0&0\\3&-7&0\\0&0&-1\\ \hdashline 1&-3&0\\0&1&0\\1&-1&1\end{pmatrix}\xrightarrow{r_2+(-3)\times r_1}\begin{pmatrix}1&0&0\\0&-7&0\\0&0&-1\\ \hdashline 1&-3&0\\0&1&0\\1&-1&1\end{pmatrix}.$$

故当 $C=\begin{pmatrix}1&-3&0\\0&1&0\\1&-1&1\end{pmatrix}$ 时，可使 $C^{\mathrm{T}}AC$ 化为对角矩阵 $\begin{pmatrix}1&0&0\\0&-7&0\\0&0&-1\end{pmatrix}$.

注意到式(5)也可改写成

$$P_s^{\mathrm{T}}\cdots P_1^{\mathrm{T}}E=C^{\mathrm{T}}. \tag{8}$$

因此，若矩阵 $A$ 通过一系列合同变换化为对角矩阵，即 $C^{\mathrm{T}}AC=D$，则单位矩阵 $E$ 也可经过相同的一系列行变换化为 $C^{\mathrm{T}}$.

**例 4**　求一满秩变换 $X=CY$，使二次型

$$f=x_1^2+x_2^2+x_3^2+2x_1x_2+2x_1x_3+8x_2x_3$$

化为标准形.

**解**　二次型的矩阵为 $A=\begin{pmatrix}1&1&1\\1&1&4\\1&4&1\end{pmatrix}$. 因为

$$(A\,\vdots\,E)=\left(\begin{array}{ccc:ccc}1&1&1&1&0&0\\1&1&4&0&1&0\\1&4&1&0&0&1\end{array}\right)\xrightarrow[r_3-r_1]{r_2-r_1}\left(\begin{array}{ccc:ccc}1&1&1&1&0&0\\0&0&3&-1&1&0\\0&3&0&-1&0&1\end{array}\right)$$

$$\xrightarrow[c_3-c_1]{c_2-c_1}\left(\begin{array}{ccc:ccc}1&0&0&1&0&0\\0&0&3&-1&1&0\\0&3&0&-1&0&1\end{array}\right)\xrightarrow{r_2+r_3}\left(\begin{array}{ccc:ccc}1&0&0&1&0&0\\0&3&3&-2&1&1\\0&3&0&-1&0&1\end{array}\right)$$

$$\xrightarrow{c_2+c_3}\left(\begin{array}{ccc:ccc}1&0&0&1&0&0\\0&6&3&-2&1&1\\0&3&0&-1&0&1\end{array}\right)$$

$$\xrightarrow{r_3+\left(-\frac{1}{2}\right)\times r_2}\left(\begin{array}{ccc:ccc}1&0&0&1&0&0\\0&6&3&-2&1&1\\0&0&-\frac{3}{2}&0&-\frac{1}{2}&\frac{1}{2}\end{array}\right)$$

$$\xrightarrow{c_3+\left(-\frac{1}{2}\right)\times c_2}\left(\begin{array}{ccc:ccc}1 & 0 & 0 & 1 & 0 & 0\\ 0 & 6 & 0 & -2 & 1 & 1\\ 0 & 0 & -\frac{3}{2} & 0 & -\frac{1}{2} & \frac{1}{2}\end{array}\right),$$

所以 $\boldsymbol{C}^{\mathrm{T}}=\begin{pmatrix}1 & 0 & 0\\ -2 & 1 & 1\\ 0 & -\frac{1}{2} & \frac{1}{2}\end{pmatrix}$，且满秩线性变换 $\boldsymbol{X}=\boldsymbol{C}\boldsymbol{Y}$ 将二次型化为标准形

$$f=y_1^2+6y_2^2-\frac{3}{2}y_3^2.$$

## 习题 5-3

1. 用配方法化下列二次型为标准形，并写出相应的初等变换.

(1) $f=x_1^2+4x_2^2+x_3^2+4x_1x_2+2x_1x_3+4x_2x_3$；

(2) $f=x_1x_2+x_2x_3+x_3x_4$；

(3) $f=5x_1^2+x_2^2+5x_3^2+4x_1x_2-8x_1x_3-4x_2x_3$.

2. 用初等变换法化下列二次型为标准形.

(1) $f=2x_1^2+5x_2^2+5x_3^2+4x_1x_2-4x_1x_3+8x_2x_3$；

(2) $f=x_1x_2+x_1x_3+x_2x_3$.

# 第四节 二次型的分类

## 一、惯性定理和二次型的规范形

本章第二节的例 1 中所给的二次型

$$f=x_1^2+4x_2^2+4x_3^2-4x_1x_2+4x_1x_3-8x_2x_3$$

在正交变换下的标准形为 $f=9y_1^2$. 而将二次型配成完全平方有 $f=(x_1-2x_2+2x_3)^2$，故经过满秩线性变换 $y_1=x_1-2x_2+2x_3$，$y_2=x_2$，$y_3=x_3$，可将二次型化为标准形 $f=y_1^2$. 因此，二次型的标准形不唯一，它与所作的满秩线性变换有关. 同时，我们发现，上面两个标准形的平方项项数是相同的，且平方项中正系数的项数（或等价的负系数的项数）也相同，这就是惯性定理. 我们不加证明地给出下面定理.

典型例题 5-6 惯性指数(1)

**定理 1**（惯性定理） 一个 $n$ 元二次型 $f=\boldsymbol{X}^{\mathrm{T}}\boldsymbol{A}\boldsymbol{X}$ 经过不同的满秩线性变换化为标准形后，标准形中正平方项的项数 $p$ 和负平方项的项数 $q$ 都是由原二次型唯一确定的，且 $p+q=r(\boldsymbol{A})$，其中 $r(\boldsymbol{A})$ 为矩阵 $\boldsymbol{A}$ 的秩.

**定义 1** 称二次型 $f$ 的标准形中正平方项的项数 $p$ 为二次型 $f$ 的正惯性指数，负

平方项的项数 $q$ 为负惯性指数.

用满秩线性变换将二次型化为标准形后,可再进一步将它化为系数为 1 或 -1 的标准形,我们称这样的标准形为规范标准形,简称为二次型的规范形.

例如,对二次型

$$f=2y_1^2-\frac{1}{2}y_2^2+4y_3^2$$

作线性变换

$$\begin{cases} y_1=\dfrac{\sqrt{2}}{2}z_1, \\ y_2=\sqrt{2}z_3, \\ y_3=\dfrac{1}{2}z_2, \end{cases}$$

变换矩阵

$$\boldsymbol{C}=\begin{pmatrix} \dfrac{\sqrt{2}}{2} & 0 & 0 \\ 0 & 0 & \sqrt{2} \\ 0 & \dfrac{1}{2} & 0 \end{pmatrix}$$

典型例题 5-7
惯性指数
(2)

是非奇异的,此时所给二次型化为 $f=z_1^2+z_2^2-z_3^2$.

由定理 1 知,任意一个二次型 $f$ 总可以经适当的满秩线性变换化成如下形式的规范形

$$f=z_1^2+\cdots+z_p^2-z_{p+1}^2-\cdots-z_r^2, \tag{1}$$

其中 $r$ 为二次型 $f$ 的秩.

对于两个 $n$ 元二次型 $f_1=\boldsymbol{X}^{\mathrm{T}}\boldsymbol{AX}$,$f_2=\boldsymbol{X}^{\mathrm{T}}\boldsymbol{BX}$,若它们的秩相等,且正惯性指数 $p$ 相同(从而负惯性指数也相同),则这两个二次型可以经过满秩线性变换相互转化.因此,我们可以将它们归于同一类.也就是说,$n$ 元二次型的两个参数 $r$ 和 $p$ 提供了将二次型分类的一个标准.

由二次型与对称矩阵的一一对应关系知,对于 $n$ 阶实对称矩阵 $\boldsymbol{A}$,总存在可逆矩阵 $\boldsymbol{C}$,使得

$$\boldsymbol{C}^{\mathrm{T}}\boldsymbol{AC}=\begin{pmatrix} \boldsymbol{E}_p & & \\ & -\boldsymbol{E}_q & \\ & & \boldsymbol{O} \end{pmatrix}, \tag{2}$$

其中 $p+q=r(\boldsymbol{A})$,$\boldsymbol{E}_p$,$\boldsymbol{E}_q$ 分别为 $p$ 阶和 $q$ 阶单位矩阵.有时也把式(2)右端的对角矩阵称为矩阵 $\boldsymbol{A}$ 的合同规范形.

为了方便,我们将二次型 $f=\boldsymbol{X}^{\mathrm{T}}\boldsymbol{AX}$ 的正惯性指数 $p$(负惯性指数 $q$)也称为实对称矩阵 $\boldsymbol{A}$ 的正惯性指数(负惯性指数).

容易证明,两个实对称矩阵合同的充要条件是 $\boldsymbol{A}$ 和 $\boldsymbol{B}$ 有相同的正的和负的惯性指数,因此可将两个合同矩阵视为一类.显然,全体 $n$ 元实二次型(或 $n$ 阶实对称矩阵),按其规范标准形(合同规范形)分类(不考虑 1,-1,0 的排列次序),共有

$\frac{1}{2}(n+1)(n+2)$类.

## 二、正定二次型和正定矩阵

在 $n$ 元实二次型中,正惯性指数等于 $n$ 的那一类,在优化和工程技术问题中经常用到.

**定义 2**　若 $n$ 元二次型 $f=\boldsymbol{X}^{\mathrm{T}}\boldsymbol{A}\boldsymbol{X}$ 的秩为 $n$,且正惯性指数也等于 $n$,则称此二次型为正定二次型,且称矩阵 $\boldsymbol{A}$ 为正定矩阵.

显然正定二次型的规范形的矩阵是单位矩阵.

**定理 2**　设 $\boldsymbol{A}$ 是实对称矩阵,则下列命题是等价的:

(1) $\boldsymbol{A}$ 是正定矩阵(或 $\boldsymbol{X}^{\mathrm{T}}\boldsymbol{A}\boldsymbol{X}$ 是正定二次型);

(2) 对任意非零向量 $\boldsymbol{X}$,有 $\boldsymbol{X}^{\mathrm{T}}\boldsymbol{A}\boldsymbol{X}>0$;

(3) $\boldsymbol{A}$ 的所有特征值都大于零.

*证　我们按(1)→(2)→(3)→(1)的顺序证明三个命题的等价性.

(1)→(2):因 $\boldsymbol{A}$ 是正定矩阵,故存在可逆矩阵 $\boldsymbol{P}$,使 $\boldsymbol{P}^{\mathrm{T}}\boldsymbol{A}\boldsymbol{P}=\boldsymbol{E}$,即 $\boldsymbol{A}=(\boldsymbol{P}^{\mathrm{T}})^{-1}\boldsymbol{P}^{-1}$. 任取 $\boldsymbol{X}\in\mathbf{R}^n$,$\boldsymbol{X}\neq\mathbf{0}$,由于 $\boldsymbol{P}$ 可逆,则 $\boldsymbol{P}^{-1}\boldsymbol{X}\neq\mathbf{0}$,从而

$$\begin{aligned}\boldsymbol{X}^{\mathrm{T}}\boldsymbol{A}\boldsymbol{X}&=\boldsymbol{X}^{\mathrm{T}}(\boldsymbol{P}^{\mathrm{T}})^{-1}\boldsymbol{P}^{-1}\boldsymbol{X}=\boldsymbol{X}^{\mathrm{T}}(\boldsymbol{P}^{-1})^{\mathrm{T}}\boldsymbol{P}^{-1}\boldsymbol{X}\\&=(\boldsymbol{P}^{-1}\boldsymbol{X})^{\mathrm{T}}(\boldsymbol{P}^{-1}\boldsymbol{X})>0.\end{aligned}$$

(2)→(3):若 $\boldsymbol{A}$ 有一个非正的特征值,不妨设 $\lambda_i\leqslant 0$. 由本章第二节定理 4,存在正交矩阵 $\boldsymbol{P}$,使得

$$\boldsymbol{P}^{\mathrm{T}}\boldsymbol{A}\boldsymbol{P}=\begin{pmatrix}\lambda_1&&&\\&\lambda_2&&\\&&\ddots&\\&&&\lambda_n\end{pmatrix}.$$

取 $\boldsymbol{X}=\boldsymbol{P}\boldsymbol{\xi}$,其中 $\boldsymbol{\xi}$ 的第 $i$ 个分量是 1,其余分量全为 0,显然 $\boldsymbol{X}\neq\mathbf{0}$,但

$$\boldsymbol{X}^{\mathrm{T}}\boldsymbol{A}\boldsymbol{X}=(\boldsymbol{P}\boldsymbol{\xi})^{\mathrm{T}}\boldsymbol{A}(\boldsymbol{P}\boldsymbol{\xi})=\boldsymbol{\xi}^{\mathrm{T}}\boldsymbol{P}^{\mathrm{T}}\boldsymbol{A}\boldsymbol{P}\boldsymbol{\xi}=\lambda_i\leqslant 0.$$

这与(2)矛盾,从而(2)→(3)成立.

(3)→(1):这是显然的.因为 $\boldsymbol{A}$ 的全部特征值都大于 0,则由定理 1,矩阵 $\boldsymbol{A}$ 对应的二次型的正惯性指数就是 $n$.

典型例题 5-8 正定矩阵的判定

典型例题 5-8 正定矩阵

典型例题 5-10 二次型正定性的判定(1)

**例 1**　判断二次型

$$f=5x_1^2+x_2^2+5x_3^2+4x_1x_2-8x_1x_3-4x_2x_3$$

的正定性.

**解**　$f$ 的矩阵为

$$\boldsymbol{A}=\begin{pmatrix}5&2&-4\\2&1&-2\\-4&-2&5\end{pmatrix}.$$

容易算出 $\boldsymbol{A}$ 的特征值分别为 $\lambda_1=1$,$\lambda_2=5+2\sqrt{6}$,$\lambda_3=5-2\sqrt{6}$,即 $\boldsymbol{A}$ 的特征值均为正数. 因此,$f$ 是正定二次型.

为了方便地判别二次型的正定性,我们给出有关正定二次型的两个结果.

**定理 3**　若二次型 $X^{\mathrm{T}}AX$ 正定，则

(1) $A$ 的主对角元 $a_{ii}>0(i=1,2,\cdots,n)$；

(2) $A$ 的行列式 $|A|>0$.

**证**　设 $X^{\mathrm{T}}AX=\sum\limits_{i,j=1}^{n}a_{ij}x_ix_j$. 取向量 $\boldsymbol{\alpha}_i$ 的第 $i$ 个分量为 1，其余分量全为 0，即 $\boldsymbol{\alpha}_i=(0,\cdots,0,1,0,\cdots,0)^{\mathrm{T}}\neq 0$. 由二次型的正定性有

$$\boldsymbol{\alpha}_i^{\mathrm{T}}A\boldsymbol{\alpha}_i=a_{ii}>0,i=1,2,\cdots,n,$$

即(1)成立.

又因 $A$ 正定，故存在可逆矩阵 $C$，使 $C^{\mathrm{T}}AC=E$，即

$$A=(C^{\mathrm{T}})^{-1}C^{-1}=(C^{-1})^{\mathrm{T}}C^{-1}.$$

从而

$$|A|=|C^{-1}|\,|C^{-1}|=|C^{-1}|^2>0,$$

即(2)也成立.

**例 2**　判断下列矩阵的正定性.

$$A=\begin{pmatrix}2&4\\4&8\end{pmatrix},B=\begin{pmatrix}1&2\\2&1\end{pmatrix},$$

$$C=\begin{pmatrix}1&2&3\\2&-4&1\\3&1&1\end{pmatrix},D=\begin{pmatrix}1&2&0\\2&1&0\\0&0&1\end{pmatrix}.$$

**解**　因 $|A|=0$, $|B|=-3<0$, $|D|=-3<0$，由定理 3 的(2)知 $A,B,D$ 都不是正定的. 又因 $C$ 的对角元 $c_{22}=-4<0$，由定理 3 的(1)知 $C$ 也不是正定的.

**定理 4**　$n$ 元二次型 $X^{\mathrm{T}}AX$ 正定的充要条件是 $A$ 的 $n$ 个顺序主子式

$$\det(A_k)=\begin{vmatrix}a_{11}&a_{12}&\cdots&a_{1k}\\a_{21}&a_{22}&\cdots&a_{2k}\\\vdots&\vdots&&\vdots\\a_{k1}&a_{k2}&\cdots&a_{kk}\end{vmatrix},\quad k=1,2,\cdots,n$$

全大于零.

我们略去此定理的证明，直接利用其结论判别二次型的正定性.

**例 3**　判断二次型 $f=3x_1^2+4x_2^2+5x_3^2+4x_1x_2-4x_2x_3$ 是否正定.

**解**　二次型 $f$ 的矩阵为

$$A=\begin{pmatrix}3&2&0\\2&4&-2\\0&-2&5\end{pmatrix}.$$

因为 $A$ 的顺序主子式 $|A_1|=3>0$, $|A_2|=\begin{vmatrix}3&2\\2&4\end{vmatrix}=8>0$, $|A|=28>0$，所以由定理 4 知，二次型为正定二次型.

典型例题 5-11 二次型正定性的判定（2）

## 三、二次型的其他类型

**定义 3**　设秩为 $r$ 的 $n$ 元二次型 $f=X^{\mathrm{T}}AX$ 经满秩线性变换化为规范形 $f=z_1^2+$

$z_2^2+\cdots+z_p^2-z_{p+1}^2-\cdots-z_r^2$.

(1) 若 $p=r\leqslant n$,则称 $f$ 为半正定二次型,$\boldsymbol{A}$ 为半正定矩阵;

(2) 若 $p=0,r\leqslant n$ 时,称 $f$ 为半负定二次型,$\boldsymbol{A}$ 为半负定矩阵;

(3) 若 $p=0,r=n$ 时,称 $f$ 为负定二次型,$\boldsymbol{A}$ 为负定矩阵;

(4) 若 $0<p<r\leqslant n$ 时,称 $f$ 为不定二次型,$\boldsymbol{A}$ 为不定矩阵.

由于当 $\boldsymbol{X}^{\mathrm{T}}\boldsymbol{A}\boldsymbol{X}$ 为负定时,$\boldsymbol{X}^{\mathrm{T}}(-\boldsymbol{A})\boldsymbol{X}$ 正定,故由定理 2,我们可得负定二次型的几个充要条件.

**定理 5** 设 $\boldsymbol{A}$ 是实对称矩阵,则下列命题等价:

(1) $\boldsymbol{X}^{\mathrm{T}}\boldsymbol{A}\boldsymbol{X}$ 是负定二次型;

(2) 对任意的非零向量 $\boldsymbol{X}$,$\boldsymbol{X}^{\mathrm{T}}\boldsymbol{A}\boldsymbol{X}<0$;

(3) $\boldsymbol{A}$ 的所有特征值都小于 0;

(4) $\boldsymbol{A}$ 的顺序主子式负正相间,即

$$(-1)^k\begin{vmatrix} a_{11} & a_{12} & \cdots & a_{1k} \\ a_{21} & a_{22} & \cdots & a_{2k} \\ \vdots & \vdots & & \vdots \\ a_{k1} & a_{k2} & \cdots & a_{kk} \end{vmatrix}>0, \quad k=1,2,\cdots,n.$$

我们还可得到如下结论:

**定理 6** 设 $\boldsymbol{A}$ 是 $n$ 阶实对称矩阵,则下列命题等价:

(1) $\boldsymbol{X}^{\mathrm{T}}\boldsymbol{A}\boldsymbol{X}$ 是半正定二次型;

(2) 对任意的非零向量 $\boldsymbol{X}$,$\boldsymbol{X}^{\mathrm{T}}\boldsymbol{A}\boldsymbol{X}\geqslant 0$;

(3) $\boldsymbol{A}$ 的特征值均大于或等于 0;

(4) $\boldsymbol{A}$ 的各阶主子式大于或等于 0.

关于半负定二次型的等价命题读者不难自行写出.定理 6 中的主子式是指形为

$$\begin{vmatrix} a_{i_1i_1} & a_{i_1i_2} & \cdots & a_{i_1i_k} \\ a_{i_2i_1} & a_{i_2i_2} & \cdots & a_{i_2i_k} \\ \vdots & & & \vdots \\ a_{i_ki_1} & a_{i_ki_2} & \cdots & a_{i_ki_k} \end{vmatrix}$$

的子式,其中 $1\leqslant i_1<i_2<\cdots<i_k\leqslant n$.

## 习题 5-4

1. 判断下列二次型的正定性.

(1) $f=5x_1^2+6x_2^2+4x_3^2-4x_1x_2-4x_2x_3$;

(2) $f=4x_1x_2+4x_1x_3-5x_1^2-6x_2^2-4x_3^2$;

(3) $f=3x_1^2+4x_2^2+5x_3^2+4x_1x_2-4x_2x_3$;

(4) $f=x_1^2+3x_2^2+20x_3^2-2x_1x_2-2x_1x_3-10x_2x_3$.

2. 当 $t$ 为何值时,下列二次型正定?

(1) $f=x_1^2+x_2^2+5x_3^2+2tx_1x_2-2x_1x_3+4x_2x_3$;

(2) $f=x_1^2+4x_2^2+2x_3^2+2tx_1x_2+2x_1x_3$.

3. 设 $\boldsymbol{A},\boldsymbol{B}$ 都是正定矩阵，试证 $\boldsymbol{A}+\boldsymbol{B}$ 也是正定矩阵.

4. 设 $\boldsymbol{A},\boldsymbol{B}$ 是正定矩阵，且 $\boldsymbol{AB}=\boldsymbol{BA}$，则 $\boldsymbol{AB}$ 也是正定矩阵.

5. 设 $\boldsymbol{A}$ 是正定矩阵，试证 $\boldsymbol{A}^{\mathrm{T}},\boldsymbol{A}^{-1},\boldsymbol{A}^{*}$（$\boldsymbol{A}$ 的伴随矩阵）也都是正定矩阵.

6. 设 $\boldsymbol{A}$ 是正定矩阵，试证存在满秩矩阵 $\boldsymbol{P}$，使 $\boldsymbol{A}=\boldsymbol{P}^{\mathrm{T}}\boldsymbol{P}$.

## * 第五节　二次曲面在直角坐标系下的分类

在本章第二节中，我们讨论了二次方程 $f(x,y,z)=1$（其中 $f(x,y,z)$ 为二次型）化为标准方程的方法.本节将根据二次型的标准形，进一步讨论一般的二次方程化为标准方程的方法，并讨论二次曲面在直角坐标系下的分类.

**定义 1**　设

$$f(x,y,z)=a_{11}x^2+a_{22}y^2+a_{33}z^2+2a_{12}xy+2a_{13}xz+2a_{23}yz+2a_{14}x+2a_{24}y+2a_{34}z+a_{44}.$$

在直角坐标系下，方程

$$f(x,y,z)=0$$

所代表的曲面 $S$ 称为二次曲面，这里二次项系数不全为零.

引入记号

$$\Phi(x,y,z)=a_{11}x^2+a_{22}y^2+a_{33}z^2+2a_{12}xy+2a_{13}xz+2a_{23}yz, \tag{1}$$

$$\varphi(x,y,z)=2a_{14}x+2a_{24}y+2a_{34}z+a_{44}, \tag{2}$$

即 $\Phi(x,y,z)$ 是函数 $f(x,y,z)$ 的二次项部分，$\varphi(x,y,z)$ 是函数 $f(x,y,z)$ 的一次项和常数项部分.由于 $\Phi(x,y,z)$ 是一个关于 $x,y,z$ 的二次型，由本章第二节定理 4，存在一个正交变换（即直角坐标变换）

$$\begin{pmatrix}x\\y\\z\end{pmatrix}=\boldsymbol{P}\begin{pmatrix}x'\\y'\\z'\end{pmatrix}, \tag{3}$$

使二次型 $\Phi(x,y,z)$ 化为标准形

$$\Phi(x',y',z')=\lambda_1x'^2+\lambda_2y'^2+\lambda_3z'^2.$$

而 $\varphi(x,y,z)$ 在式(3)的变换下，仍然是一个一次式加上一个常数.故在直角坐标变换(3)下，$S$ 的方程可写成

$$G(x',y',z')=0,$$

其中

$$G(x',y',z')=\lambda_1x'^2+\lambda_2y'^2+\lambda_3z'^2+2a_{14}'x'+2a_{24}'y'+2a_{34}'z'+a_{44}'. \tag{4}$$

上式中，$\lambda_1,\lambda_2,\lambda_3$ 是 $\Phi(x,y,z)$ 所对应的矩阵的特征值，且至少有一个不为零.不妨设 $\lambda_1\neq0$.在式(4)中对 $x'$ 进行配方得

$$G(x',y',z')=\lambda_1\left(x'+\frac{a'_{14}}{\lambda_1}\right)^2+\lambda_2y'^2+\lambda_3z'^2+2a_{24}'y'+2a_{34}'z'+a_{44}'-\frac{a_{14}'^2}{\lambda_1}.$$

令

$$\begin{cases} x''=x'+\dfrac{a_{14}'}{\lambda}, \\ y''=y', \\ z''=z', \end{cases}$$

则 $S$ 的方程可写成

$$\lambda_1 x''^2+\lambda_2 y''^2+\lambda_3 z''^2+2a_{24}''y''+2a_{34}''z''+a_{44}''=0. \tag{5}$$

（一）若 $\lambda_2,\lambda_3$ 均不为零，取 $\left(0,-\dfrac{a_{24}''}{\lambda_2},-\dfrac{a_{34}''}{\lambda_3}\right)$ 为新原点，作坐标平移，则式(5)化成

$$\lambda_1 x'''^2+\lambda_2 y'''^2+\lambda_3 z'''^2=a^*. \tag{6}$$

1. 若 $a^*\neq 0$，则根据 $\lambda_1,\lambda_2,\lambda_3,a^*$ 的符号的不同，可将式(6)划分成下列四种类型：

(1) $\dfrac{x^2}{a^2}+\dfrac{y^2}{b^2}+\dfrac{z^2}{c^2}=1$　　（椭球面）；

(2) $\dfrac{x^2}{a^2}+\dfrac{y^2}{b^2}+\dfrac{z^2}{c^2}=-1$　　（虚椭球面）；

(3) $\dfrac{x^2}{a^2}+\dfrac{y^2}{b^2}-\dfrac{z^2}{c^2}=1$,

$\dfrac{x^2}{a^2}-\dfrac{y^2}{b^2}+\dfrac{z^2}{c^2}=1$ 或 $-\dfrac{x^2}{a^2}+\dfrac{y^2}{b^2}+\dfrac{z^2}{c^2}=1$　　（单叶双曲面）；

(4) $\dfrac{x^2}{a^2}+\dfrac{y^2}{b^2}-\dfrac{z^2}{c^2}=-1$,

$\dfrac{x^2}{a^2}-\dfrac{y^2}{b^2}+\dfrac{z^2}{c^2}=-1$ 或 $-\dfrac{x^2}{a^2}+\dfrac{y^2}{b^2}+\dfrac{z^2}{c^2}=-1$　　（双叶双曲面）.

2. 若 $a^*=0$，则由 $\lambda_1,\lambda_2,\lambda_3$ 的符号，可将式(6)划分成下列两种类型：

(5) $\dfrac{x^2}{a^2}+\dfrac{y^2}{b^2}+\dfrac{z^2}{c^2}=0$　　（虚二次锥面）；

(6) $\dfrac{x^2}{a^2}+\dfrac{y^2}{b^2}-\dfrac{z^2}{c^2}=0$,

$\dfrac{x^2}{a^2}-\dfrac{y^2}{b^2}+\dfrac{z^2}{c^2}=0$ 或 $-\dfrac{x^2}{a^2}+\dfrac{y^2}{b^2}+\dfrac{z^2}{c^2}=0$　　（二次锥面）.

（二）若 $\lambda_2,\lambda_3$ 中有一项为零，不妨设 $\lambda_2\neq 0,\lambda_3=0$. 此时，视 $a_{34}''$ 是否为零分两种情形考虑：

1. 若 $a_{34}''\neq 0$，经过平移，可将方程(5)化成如下形式：

$$\lambda_1 x'''^2+\lambda_2 y'''^2+2a_{34}''z'''=0. \tag{7}$$

根据 $\lambda_1,\lambda_2$ 的符号，可将式(7)划分成下列两种类型：

(7) $z=\dfrac{x^2}{a^2}+\dfrac{y^2}{b^2}$ 或 $z=-\left(\dfrac{x^2}{a^2}+\dfrac{y^2}{b^2}\right)$　　（椭圆抛物面）；

(8) $z=\frac{x^2}{a^2}-\frac{y^2}{b^2}$ 或 $z=-\frac{x^2}{a^2}+\frac{y^2}{b^2}$　　（双曲抛物面）.

2. 若 $a''_{34}=0$，则式(5)可化为

$$\lambda_1 x'''^2+\lambda_2 y'''^2+a^*=0. \tag{8}$$

1) 若 $a^*\neq 0$，则根据 $a^*$ 和 $\lambda_1,\lambda_2$ 的符号可将式(8)划分成下列三种类型：

(9) $\frac{x^2}{a^2}+\frac{y^2}{b^2}=1$　　（椭圆柱面）；

(10) $\frac{x^2}{a^2}+\frac{y^2}{b^2}=-1$　　（虚椭圆柱面）；

(11) $\frac{x^2}{a^2}-\frac{y^2}{b^2}=1$ 或 $-\frac{x^2}{a^2}+\frac{y^2}{b^2}=1$　　（双曲柱面）.

2) 若 $a^*=0$，则根据 $\lambda_1,\lambda_2$ 的符号可将式(8)划分成下列两种类型：

(12) $\frac{x^2}{a^2}-\frac{y^2}{b^2}=0$　　（一对相交平面）；

(13) $\frac{x^2}{a^2}+\frac{y^2}{b^2}=0$　　（一对虚相交平面）.

（三）若 $\lambda_2=\lambda_3=0$，则式(5)可化为

$$\lambda_1 x''^2+2a''_{24}y''+2a''_{34}z''+a''_{44}=0. \tag{9}$$

1. 若 $a''_{24},a''_{34}$ 不全为零，作坐标变换

$$\begin{cases} x'''=x'', \\ y'''=\dfrac{2a''_{24}y''+2a''_{34}z''+a''_{44}}{2\sqrt{a''^2_{24}+a''^2_{34}}}, \\ z'''=\dfrac{-a''_{34}y''+a''_{24}z''}{\sqrt{a''^2_{24}+a''^2_{34}}}, \end{cases}$$

则式(9)可写成

$$\lambda_1 x'''^2+2\sqrt{a''^2_{24}+a''^2_{34}}\,y'''=0.$$

因此 $S$ 的方程可写成

(14) $x^2-py=0$　　（抛物柱面）.

2. 若 $a''_{24}=a''_{34}=0$，则式(9)可写成

$$\lambda_1 x''^2+a''_{44}=0. \tag{10}$$

1) 当 $a''_{44}\neq 0$ 时，根据 $\lambda_1,a''_{44}$ 的符号将式(10)划分成下列两种类型：

(15) $x^2-a^2=0$　　（一对平行平面）；

(16) $x^2+a^2=0$　　（一对虚的平行平面）.

2) 当 $a''_{44}=0$ 时，可将式(10)化为

(17) $x^2=0$　　（一对重合的平面）.

综上所述，所有二次曲面在适当的直角坐标变换下一定能化为以上 17 种标准形式中的某一种.

**例 1**　化二次曲面方程

$$x^2+4y^2+4z^2-4xy+4xz-8yz+2x+8y-2z+1=0$$

为标准方程，并指出它是何种曲面.

**解**　首先考虑二次型

$$\Phi(x,y,z)=x^2+4y^2+4z^2-4xy+4xz-8yz,$$

其矩阵为

$$\boldsymbol{A}=\begin{pmatrix}1&-2&2\\-2&4&-4\\2&-4&4\end{pmatrix}.$$

由特征方程 $|\lambda\boldsymbol{E}-\boldsymbol{A}|=0$ 解得矩阵 $\boldsymbol{A}$ 的特征值为 $\lambda_1=\lambda_2=0,\lambda_3=9$. 解齐次线性方程组 $(\lambda_1\boldsymbol{E}-\boldsymbol{A})\boldsymbol{X}=\boldsymbol{0}$ 得矩阵 $\boldsymbol{A}$ 的属于特征值 $\lambda_1=\lambda_2=0$ 的两个相互正交的特征向量

$$\boldsymbol{\xi}_1=(-2,1,2)^{\mathrm{T}},\quad \boldsymbol{\xi}_2=(2,2,1)^{\mathrm{T}}.$$

再解齐次线性方程组 $(\lambda_3\boldsymbol{E}-\boldsymbol{A})\boldsymbol{X}=\boldsymbol{0}$ 得矩阵 $\boldsymbol{A}$ 的属于特征值 $\lambda_3=9$ 的特征向量

$$\boldsymbol{\xi}_3=(1,-2,2)^{\mathrm{T}}.$$

将 $\boldsymbol{\xi}_1,\boldsymbol{\xi}_2,\boldsymbol{\xi}_3$ 单位化后得

$$\boldsymbol{\eta}_1=\frac{1}{3}(-2,1,2)^{\mathrm{T}},\boldsymbol{\eta}_2=\frac{1}{3}(2,2,1)^{\mathrm{T}},\boldsymbol{\eta}_3=\frac{1}{3}(1,-2,2)^{\mathrm{T}}.$$

令 $\boldsymbol{Q}=(\boldsymbol{\eta}_1,\boldsymbol{\eta}_2,\boldsymbol{\eta}_3)=\dfrac{1}{3}\begin{pmatrix}-2&2&1\\1&2&-2\\2&1&2\end{pmatrix}$，故正交变换

$$\begin{pmatrix}x\\y\\z\end{pmatrix}=\frac{1}{3}\begin{pmatrix}-2&2&1\\1&2&-2\\2&1&2\end{pmatrix}\begin{pmatrix}x'\\y'\\z'\end{pmatrix}$$

将二次型 $\Phi(x,y,z)$ 化为标准形 $\Phi(x',y',z')=9z'^2$. 从而，原二次曲面方程化为

$$9z'^2+6y'-6z'+1=0,$$

即

$$z'^2+\frac{2}{3}y'-\frac{2}{3}z'+\frac{1}{9}=\left(z'-\frac{1}{3}\right)^2+\frac{2}{3}y'=0.$$

再将坐标系平移，即令

$$\begin{cases}x''=x',\\y''=y',\\z''=z'-\dfrac{1}{3}.\end{cases}$$

得

$$z''^2+\frac{2}{3}y''=0.$$

这就是所求的标准方程，从而原二次曲面为抛物柱面.

## 习题 5-5

将下列一般二次曲面方程化为标准方程：

(1) $x^2-2y^2+10z^2+28xy-8yz+20zx-26x+32y+28z-38=0$;

(2) $5x^2+4xy+2y^2-24x-12y+18=0$;

(3) $x^2+2xy+y^2-4x+y-1=0$;

(4) $2x^2+2y^2-2x-6y-13=0$.

# 第五章延伸阅读　若尔当标准形简介

从前面章节可知，矩阵的相似对角化在理论和实际上都有重要的应用．但 $n$ 阶矩阵 $\boldsymbol{A}$ 能否对角化是有条件的，即 $\boldsymbol{A}$ 需要有 $n$ 个线性无关的特征向量．若 $\boldsymbol{A}$ 是 $n$ 阶实对称矩阵，则矩阵 $\boldsymbol{A}$ 必相似于一个对角矩阵 $\boldsymbol{\Lambda}$，其中 $\boldsymbol{\Lambda}$ 是以 $\boldsymbol{A}$ 的 $n$ 个特征值为对角元素的对角矩阵．

下面介绍若尔当形矩阵的概念．

**定义 1**　在 $n$ 阶矩阵 $\boldsymbol{A}$ 中，形如

$$\boldsymbol{J}=\begin{pmatrix}\lambda & 1 & & & \\ & \lambda & 1 & & \\ & & \ddots & \ddots & \\ & & & \lambda & 1 \\ & & & & \lambda\end{pmatrix}$$

的矩阵称为若尔当(Jordan)块．

如果矩阵 $\boldsymbol{J}$ 可分块为

$$\boldsymbol{J}=\begin{pmatrix}\boldsymbol{J}_1 & & & \\ & \boldsymbol{J}_2 & & \\ & & \ddots & \\ & & & \boldsymbol{J}_s\end{pmatrix},$$

而 $\boldsymbol{J}_i(i=1,2,\cdots,s)$ 都是若尔当块，则称 $\boldsymbol{J}$ 为若尔当形矩阵，或称若尔当标准形．

例如，下列矩阵都是若尔当块：

$$\begin{pmatrix}3 & 1 & 0\\ 0 & 3 & 1\\ 0 & 0 & 3\end{pmatrix},\begin{pmatrix}0 & 1 & 0\\ 0 & 0 & 1\\ 0 & 0 & 0\end{pmatrix},\begin{pmatrix}-1 & 1\\ 0 & -1\end{pmatrix}.$$

而下列矩阵是若尔当形矩阵：

$$\begin{pmatrix}3&1&0&0&0\\0&3&1&0&0\\0&0&3&0&0\\0&0&0&-1&1\\0&0&0&0&-1\end{pmatrix},\begin{pmatrix}1&1&0&0&0&0\\0&1&0&0&0&0\\0&0&4&0&0&0\\0&0&0&2&1&0\\0&0&0&0&2&1\\0&0&0&0&0&2\end{pmatrix}.$$

我们有如下定理.

**定理 1**　对任一个 $n$ 阶矩阵 $\boldsymbol{A}$,都存在 $n$ 阶可逆矩阵 $\boldsymbol{T}$ 和若尔当形矩阵 $\boldsymbol{J}$,使得

$$\boldsymbol{T}^{-1}\boldsymbol{A}\boldsymbol{T}=\boldsymbol{J},$$

即任一 $n$ 阶矩阵 $\boldsymbol{A}$ 都与一 $n$ 阶若尔当形矩阵 $\boldsymbol{J}$ 相似.

例如,矩阵

$$\boldsymbol{A}=\begin{pmatrix}-1&1&0\\-4&3&0\\1&0&2\end{pmatrix}$$

有两个特征值 $\lambda_1=2,\lambda_2=\lambda_3=1$,但仅有两个线性无关特征向量

$$\boldsymbol{\xi}_1=\begin{pmatrix}0\\0\\1\end{pmatrix},\boldsymbol{\xi}_2=\begin{pmatrix}1\\2\\-1\end{pmatrix},$$

所以它不与对角矩阵相似,但它与若尔当形矩阵相似,此时

$$\boldsymbol{T}=\begin{pmatrix}0&1&0\\0&2&1\\1&-1&-1\end{pmatrix},\quad \boldsymbol{J}=\begin{pmatrix}2&0&0\\0&1&1\\0&0&1\end{pmatrix},$$

满足

$$\boldsymbol{T}^{-1}\boldsymbol{A}\boldsymbol{T}=\boldsymbol{J}.$$

# 第五章综合题

1. 填空

(1) 二次型 $f(x_1,x_2,x_3)=-4x_1x_2+2x_1x_3+2x_2x_3$ 的矩阵是____,二次型的秩为____.

(2) 已知二次型的系数矩阵为 $\begin{pmatrix}2&-1&3\\-1&0&4\\3&4&-1\end{pmatrix}$,那么它对应的二次型 $f(x_1,x_2,x_3)=$____.

(3) 若二次型 $f(x_1,x_2,x_3)=x_1^2+4x_2^2+2x_3^2+2tx_1x_2+2x_1x_3$ 是正定的,那么 $t$ 应满足不等式____.

(4) $\boldsymbol{A}=\begin{pmatrix}1&1&0\\1&k&0\\0&0&k^2\end{pmatrix}$是正定矩阵,则 $k$ 满足条件____.

(5) 实二次型 $f(x_1,x_2,x_3)=x_1^2-x_2^2+3x_3^2$ 的秩为____,正惯性指数为____,负惯性指数为____.

(6) 若实对称矩阵 $\boldsymbol{A}$ 与 $\boldsymbol{B}=\begin{pmatrix}1&0&0\\0&-1&2\\0&2&2\end{pmatrix}$合同,则二次型 $\boldsymbol{x}^{\mathrm{T}}\boldsymbol{A}\boldsymbol{x}$ 的规范形为____.

2. 已知二次型 $f(x_1,x_2,x_3)=4x_2^2-3x_3^2+4x_1x_2-4x_1x_3+8x_2x_3$.

(1) 写出二次型 $f$ 的矩阵.

(2) 用正交变换把二次型 $f$ 化为标准形,并写出相应的正交矩阵.

3. 设矩阵 $\boldsymbol{A}=\begin{pmatrix}0&1&0&0\\1&0&0&0\\0&0&y&1\\0&0&1&2\end{pmatrix}$.

(1) 已知 $\boldsymbol{A}$ 的一个特征值为 3,求 $y$ 的值;

(2) 求矩阵 $\boldsymbol{P}$,使 $(\boldsymbol{AP})^{\mathrm{T}}(\boldsymbol{AP})$ 为对角矩阵.

4. 设二次型 $f=x_1^2+x_2^2+x_3^2+2\alpha x_1x_2+2\beta x_2x_3+2x_1x_3$ 经正交变换 $\boldsymbol{X}=\boldsymbol{P}\boldsymbol{y}$ 化成 $f=y_2^2+2y_3^2$,其中 $\boldsymbol{x}=(x_1,x_2,x_3)^{\mathrm{T}}$,$\boldsymbol{y}=(y_1,y_2,y_3)^{\mathrm{T}}$,试求参数 $\alpha,\beta$ 的值.

5. 已知二次型 $f(x_1,x_2,x_3)=5x_1^2+5x_2^2+cx_3^2-2x_1x_2+6x_1x_3-6x_2x_3$ 的秩为 2.

(1) 求参数 $c$ 及此二次型对应矩阵的特征值;

(2) 指出方程 $f(x_1,x_2,x_3)=1$ 表示何种二次曲面.

6. 设三阶实对称矩阵 $\boldsymbol{A}$ 的特征值为 $\lambda_1=-1,\lambda_2=\lambda_3=1$,对应于 $\lambda_1$ 的特征向量为 $\boldsymbol{\xi}_1=(0,1,1)^{\mathrm{T}}$,求 $\boldsymbol{A}$.

7. 已知 $\lambda_1=6,\lambda_2=\lambda_3=3$ 是三阶实对称矩阵的三个特征值,且对应于 $\lambda_2=\lambda_3=3$ 的特征向量为 $\boldsymbol{\xi}_2=(-1,0,1)^{\mathrm{T}}$,$\boldsymbol{\xi}_3=(1,-2,1)^{\mathrm{T}}$,求 $\boldsymbol{A}$ 对应于 $\lambda_1=6$ 的特征向量及矩阵 $\boldsymbol{A}$.

8. 设 $\boldsymbol{A}$ 是 $n$ 阶正定矩阵,$\boldsymbol{E}$ 是 $n$ 阶单位矩阵,证明 $\boldsymbol{E}+\boldsymbol{A}$ 的行列式大于 1.

9. 设 $\boldsymbol{A}$ 为 $n$ 阶实对称矩阵,证明当 $t$ 充分大时,$\boldsymbol{A}+t\boldsymbol{E}$ 为正定矩阵,其中 $\boldsymbol{E}$ 为 $n$ 阶单位矩阵.

10. 设二次型 $f(x_1,x_2,x_3)=x_1^2+ax_2^2+x_3^2+2x_1x_2-2x_2x_3-2ax_1x_3$ 的正、负惯性指数都是 1,求参数 $a$ 及曲面 $f=1$ 在点 $(1,1,0)$ 处的切平面方程.

第五章综合题参考答案

第五章自测题

# 第六章

# 线性空间与线性变换

本章采用较抽象的数学思维模式，研究一般的线性空间和线性变换，进而证明一般的线性空间与向量空间具有同构的关系，而线性变换也可与矩阵相对应.

## 第一节　线性空间

### 一、线性空间的定义与性质

**定义 1**　设 $V$ 是一个非空集合，$\mathbf{R}$ 是实数域.若对于任意两个元素 $\boldsymbol{\alpha},\boldsymbol{\beta}\in V$，总有唯一的一个元素 $\boldsymbol{\gamma}\in V$ 与之对应，称其为 $\boldsymbol{\alpha}$ 与 $\boldsymbol{\beta}$ 的和，记作 $\boldsymbol{\gamma}=\boldsymbol{\alpha}+\boldsymbol{\beta}$；若对于给定的 $\lambda\in\mathbf{R}$ 与任一个元素 $\boldsymbol{\alpha}\in V$，总有唯一的一个元素 $\boldsymbol{\delta}\in V$ 与之对应，称其为 $\lambda$ 与 $\boldsymbol{\alpha}$ 的积，记作 $\boldsymbol{\delta}=\lambda\boldsymbol{\alpha}$.若上述两种运算满足以下八条运算规律：

设 $\boldsymbol{\alpha},\boldsymbol{\beta},\boldsymbol{\gamma}\in V;\lambda,\mu\in\mathbf{R}$，

(1) $\boldsymbol{\alpha}+\boldsymbol{\beta}=\boldsymbol{\beta}+\boldsymbol{\alpha}$；

(2) $(\boldsymbol{\alpha}+\boldsymbol{\beta})+\boldsymbol{\gamma}=\boldsymbol{\alpha}+(\boldsymbol{\beta}+\boldsymbol{\gamma})$；

(3) 在 $V$ 中存在零元素 $\mathbf{0}$，对任何 $\boldsymbol{\alpha}\in V$，都有 $\boldsymbol{\alpha}+\mathbf{0}=\boldsymbol{\alpha}$；

(4) 对任何 $\boldsymbol{\alpha}\in V$，都有 $\boldsymbol{\alpha}$ 的负元素 $\boldsymbol{\beta}\in V$，使 $\boldsymbol{\alpha}+\boldsymbol{\beta}=\mathbf{0}$；

(5) $1\boldsymbol{\alpha}=\boldsymbol{\alpha}$；

(6) $\lambda(\mu\boldsymbol{\alpha})=(\lambda\mu)\boldsymbol{\alpha}$；

(7) $(\lambda+\mu)\boldsymbol{\alpha}=\lambda\boldsymbol{\alpha}+\mu\boldsymbol{\alpha}$；

(8) $\lambda(\boldsymbol{\alpha}+\boldsymbol{\beta})=\lambda\boldsymbol{\alpha}+\lambda\boldsymbol{\beta}$.

那么 $V$ 就称为实数域 $\mathbf{R}$ 上的线性空间.

由定义，向量空间 $\mathbf{R}^n$ 是实数域 $\mathbf{R}$ 上的线性空间.

**例 1**　实数域上次数不超过 $n$ 的多项式的全体 $P[x]_n$，即

$$P[x]_n=\{p(x)=a_nx^n+\cdots+a_1x+a_0\mid a_n,\cdots,a_1,a_0\in\mathbf{R}\},$$

对通常的多项式的加法和数乘运算构成线性空间.

**证**　因为通常的多项式的加法与数乘运算满足运算的八条规律，且

$$(a_nx^n+\cdots+a_1x+a_0)+(b_nx^n+\cdots+b_1x+b_0)$$

$$=(a_n+b_n)x^n+\cdots+(a_1+b_1)x+(a_0+b_0)\in P[x]_n,$$

$$\lambda(a_nx^n+\cdots+a_1x+a_0)=(\lambda a_n)x^n+\cdots+(\lambda a_1)x+\lambda a_0\in P[x]_n,$$

即 $P[x]_n$ 对线性运算封闭,故 $P[x]_n$ 构成一线性空间.

**例 2** 实数域上 $m\times n$ 矩阵的全体,按矩阵的加法和矩阵与数的乘法,构成实数域 $\mathbf{R}$ 上的一个线性空间,用 $\mathbf{R}^{m\times n}$ 表示.

线性空间具有如下性质:

**性质 1** 零元素是唯一的.

**证** 假设 $\mathbf{0}_1,\mathbf{0}_2$ 是线性空间 $V$ 中的两个零元素,则有

$$\mathbf{0}_1=\mathbf{0}_1+\mathbf{0}_2=\mathbf{0}_2+\mathbf{0}_1=\mathbf{0}_2.$$

**性质 2** 任一元素的负元素是唯一的.

**证** 假设元素 $\boldsymbol{\alpha}$ 有两个负元素 $\boldsymbol{\beta}$ 与 $\boldsymbol{\gamma}$,则有

$$\boldsymbol{\beta}=\boldsymbol{\beta}+\mathbf{0}=\boldsymbol{\beta}+(\boldsymbol{\alpha}+\boldsymbol{\gamma})=(\boldsymbol{\beta}+\boldsymbol{\alpha})+\boldsymbol{\gamma}=\mathbf{0}+\boldsymbol{\gamma}=\boldsymbol{\gamma}.$$

向量 $\boldsymbol{\alpha}$ 的负元素记为 $-\boldsymbol{\alpha}$.

**性质 3** $0\boldsymbol{\alpha}=\mathbf{0}$;$(-1)\boldsymbol{\alpha}=-\boldsymbol{\alpha}$;$\lambda\mathbf{0}=\mathbf{0}$.

**证** 因为 $\boldsymbol{\alpha}+0\boldsymbol{\alpha}=1\boldsymbol{\alpha}+0\boldsymbol{\alpha}=(1+0)\boldsymbol{\alpha}=1\boldsymbol{\alpha}=\boldsymbol{\alpha}$,故 $0\boldsymbol{\alpha}=\mathbf{0}$.

又 $\boldsymbol{\alpha}+(-1)\boldsymbol{\alpha}=1\boldsymbol{\alpha}+(-1)\boldsymbol{\alpha}=[1+(-1)]\boldsymbol{\alpha}=0\boldsymbol{\alpha}=\mathbf{0}$,故 $(-1)\boldsymbol{\alpha}=-\boldsymbol{\alpha}$.

$\lambda\mathbf{0}=\mathbf{0}$ 的证明留给读者去完成.

**性质 4** 若 $\lambda\boldsymbol{\alpha}=\mathbf{0}$,则 $\lambda=0$ 或 $\boldsymbol{\alpha}=\mathbf{0}$.

**证** 假设 $\lambda\neq0$,则

$$\boldsymbol{\alpha}=1\cdot\boldsymbol{\alpha}=\frac{1}{\lambda}(\lambda\boldsymbol{\alpha})=\frac{1}{\lambda}\cdot\mathbf{0}=\mathbf{0}.$$

## 二、线性空间的子空间

**定义 2** 设 $V$ 是一个线性空间,$W$ 是 $V$ 的一个非空子集,如果 $W$ 对于 $V$ 中所定义的加法和数乘两种运算也构成一个线性空间,则称 $W$ 为 $V$ 的子空间.

**定理 1** 线性空间 $V$ 的非空子集 $W$ 构成子空间的充要条件是:$W$ 对于 $V$ 中的线性运算封闭.

**例 3** $\mathbf{R}^{2\times3}$ 中的下列子集是否构成子空间?为什么?

(1) $W_1=\left\{\begin{pmatrix}1&b&0\\0&c&d\end{pmatrix}\,\middle|\,b,c,d\in\mathbf{R}\right\}$;

(2) $W_2=\left\{\begin{pmatrix}a&b&0\\0&0&c\end{pmatrix}\,\middle|\,a+b+c=0,a,b,c\in\mathbf{R}\right\}$.

**解** (1) 不构成子空间.因为对

$\boldsymbol{A}=\boldsymbol{B}=\begin{pmatrix}1&b&0\\0&c&d\end{pmatrix}\in W_1$,$\boldsymbol{A}+\boldsymbol{B}=\begin{pmatrix}2&2b&0\\0&2c&2d\end{pmatrix}\notin W_1$,即 $W_1$ 对加法不封闭,故 $W_1$ 不构成子空间.

(2) 若

$$\boldsymbol{A}=\begin{pmatrix}a_1&b_1&0\\0&0&c_1\end{pmatrix}\in W_2,\boldsymbol{B}=\begin{pmatrix}a_2&b_2&0\\0&0&c_2\end{pmatrix}\in W_2,\text{有}$$

$$a_1+b_1+c_1=0,\quad a_2+b_2+c_2=0.$$

于是

$$\boldsymbol{A}+\boldsymbol{B}=\begin{pmatrix} a_1+a_2 & b_1+b_2 & 0 \\ 0 & 0 & c_1+c_2 \end{pmatrix}$$

满足

$$(a_1+a_2)+(b_1+b_2)+(c_1+c_2)=0,$$

即 $\boldsymbol{A}+\boldsymbol{B}\in W_2$.对于 $\lambda\in\mathbf{R}$,有

$$\lambda\boldsymbol{A}=\begin{pmatrix} \lambda a_1 & \lambda b_1 & 0 \\ 0 & 0 & \lambda c_1 \end{pmatrix},$$

且 $\lambda a_1+\lambda b_1+\lambda c_1=0$,所以 $\lambda\boldsymbol{A}\in W_2$,所以 $W_2$ 关于加法和数乘都封闭,故 $W_2$ 是 $\mathbf{R}^{2\times 3}$ 的子空间.

## 习题 6-1

1. 令 $\mathbf{R}^{n\times n}$ 表示实数域上所有 $n$ 阶矩阵所构成的线性空间,令 $\boldsymbol{S}=\{\boldsymbol{A}\in\mathbf{R}^{n\times n}\mid\boldsymbol{A}^{\mathrm{T}}=\boldsymbol{A}\}$,$\boldsymbol{T}=\{\boldsymbol{A}\in\mathbf{R}^{n\times n}\mid\boldsymbol{A}^{\mathrm{T}}=-\boldsymbol{A}\}$,其中 $\boldsymbol{A}^{\mathrm{T}}$ 表示矩阵 $\boldsymbol{A}$ 的转置,证明 $\boldsymbol{S}$ 和 $\boldsymbol{T}$ 均为 $\mathbf{R}^{n\times n}$ 的子空间.

2. 证明 $\mathbf{R}^3$ 中形如 $(a,0,b)$ 的向量全体构成 $\mathbf{R}^3$ 的一个子空间.

3. 证明 $\mathbf{R}^4$ 中形如 $(0,0,b,0)$ 的向量全体构成 $\mathbf{R}^4$ 的一个子空间.

4. 证明 $\mathbf{R}^3$ 中形如 $(a,2a,b)$ 的向量全体构成 $\mathbf{R}^3$ 的一个子空间.

5. 判断 $\mathbf{R}^n$ 中下列子集哪些是子空间:

(1) $\{(a_1,0,\cdots,0,a_n)\mid a_1,a_n\in\mathbf{R}\}$;

(2) $\left\{(a_1,a_2,\cdots,a_n)\,\middle|\,\sum\limits_{i=1}^{n}a_i=0\right\}$;

(3) $\left\{(a_1,a_2,\cdots,a_n)\,\middle|\,\sum\limits_{i=1}^{n}a_i=1\right\}$;

(4) $\{(a_1,a_2,\cdots,a_n)\mid a_i\in\mathbf{Z},i=1,2,\cdots,n\}$,其中 $\mathbf{Z}$ 表示整数集合.

# 第二节　基、维数与坐标

在第三章中,我们定义了向量空间中的一些重要概念,如线性组合、线性表示、线性相关、线性无关等,这些概念以及相关的性质只涉及向量的线性运算,但是,它们对于一般的线性空间中的元素仍然适用.因此,今后我们将直接引用这些概念及相关性质.

## 一、线性空间的基、维数与向量的坐标

线性空间中的元素我们也称之为向量,下面给出线性空间中基的概念.

**定义 1**　在线性空间 $V$ 中，若存在 $n$ 个向量 $\boldsymbol{\alpha}_1,\boldsymbol{\alpha}_2,\cdots,\boldsymbol{\alpha}_n$ 满足：

（1）$\boldsymbol{\alpha}_1,\boldsymbol{\alpha}_2,\cdots,\boldsymbol{\alpha}_n$ 线性无关，

（2）$V$ 中任一向量 $\boldsymbol{\alpha}$ 总可由 $\boldsymbol{\alpha}_1,\boldsymbol{\alpha}_2,\cdots,\boldsymbol{\alpha}_n$ 线性表示，

则称 $\boldsymbol{\alpha}_1,\boldsymbol{\alpha}_2,\cdots,\boldsymbol{\alpha}_n$ 为线性空间 $V$ 的一组基，$n$ 称为线性空间 $V$ 的维数，记为 $\dim V=n$. 维数为 $n$ 的线性空间称为 $n$ 维线性空间，记作 $V_n$.

若 $\boldsymbol{\alpha}_1,\boldsymbol{\alpha}_2,\cdots,\boldsymbol{\alpha}_n$ 为 $V_n$ 的一组基，则 $V_n$ 可表示为

$$V_n=\{\boldsymbol{\alpha}=x_1\boldsymbol{\alpha}_1+x_2\boldsymbol{\alpha}_2+\cdots+x_n\boldsymbol{\alpha}_n \mid x_1,x_2,\cdots,x_n\in\mathbf{R}\}.$$

任取 $\boldsymbol{\alpha}\in V_n$，存在实数 $x_1,x_2,\cdots,x_n$，使 $\boldsymbol{\alpha}$ 可表示成 $\boldsymbol{\alpha}_1,\boldsymbol{\alpha}_2,\cdots,\boldsymbol{\alpha}_n$ 的线性组合

$$\boldsymbol{\alpha}=x_1\boldsymbol{\alpha}_1+x_2\boldsymbol{\alpha}_2+\cdots+x_n\boldsymbol{\alpha}_n,$$

由于 $\boldsymbol{\alpha}_1,\boldsymbol{\alpha}_2,\cdots,\boldsymbol{\alpha}_n$ 线性无关，可知该表示法是唯一的.

反之，任给一组实数 $x_1,x_2,\cdots,x_n$，总有唯一的向量

$$\boldsymbol{\alpha}=x_1\boldsymbol{\alpha}_1+x_2\boldsymbol{\alpha}_2+\cdots+x_n\boldsymbol{\alpha}_n\in V_n,$$

于是 $V_n$ 中任一向量 $\boldsymbol{\alpha}$ 均与一有序数组 $(x_1,x_2,\cdots,x_n)^{\mathrm{T}}$ 一一对应.

**定义 2**　设 $\boldsymbol{\alpha}_1,\boldsymbol{\alpha}_2,\cdots,\boldsymbol{\alpha}_n$ 是线性空间 $V_n$ 的一组基，对于任一向量 $\boldsymbol{\alpha}\in V_n$，有且仅有一组有序数组 $x_1,x_2,\cdots,x_n$，使得

$$\boldsymbol{\alpha}=x_1\boldsymbol{\alpha}_1+x_2\boldsymbol{\alpha}_2+\cdots+x_n\boldsymbol{\alpha}_n,$$

则称有序数组 $x_1,x_2,\cdots,x_n$ 为向量 $\boldsymbol{\alpha}$ 在基 $\boldsymbol{\alpha}_1,\boldsymbol{\alpha}_2,\cdots,\boldsymbol{\alpha}_n$ 下的坐标，并记为 $\boldsymbol{X}=(x_1,x_2,\cdots,x_n)^{\mathrm{T}}$.

**例 1**　证明：在线性空间 $P[x]_4$ 中，$1,x,x^2,x^3,x^4$ 是它的一组基.

**证**　因为

（1）由 $k_1+k_2x+k_3x^2+k_4x^3+k_5x^4=0$ 必有 $k_1,k_2,k_3,k_4,k_5$ 全为零（4 次多项式方程最多有 4 个根，要使方程恒成立，系数必须全为 0），所以 $1,x,x^2,x^3,x^4$ 线性无关；

（2）任一不超过 4 次的多项式可表为

$$p(x)=a_0+a_1x+a_2x^2+a_3x^3+a_4x^4,$$

因此 $1,x,x^2,x^3,x^4$ 是 $P[x]_4$ 的一组基，且 $p(x)$ 在这个基下的坐标为 $\boldsymbol{X}=(a_0,a_1,a_2,a_3,a_4)^{\mathrm{T}}$.

若取另一基 $q_1=1,q_2=1+x,q_3=2x^2,q_4=x^3,q_5=x^4$，则

$$\begin{aligned}p(x)&=a_0+a_1x+a_2x^2+a_3x^3+a_4x^4\\&=(a_0-a_1)+a_1(1+x)+\frac{1}{2}a_2(2x^2)+a_3x^3+a_4x^4\\&=(a_0-a_1)q_1+a_1q_2+\frac{1}{2}a_2q_3+a_3q_4+a_4q_5,\end{aligned}$$

因此 $p(x)$ 在这个基下的坐标为

$$\boldsymbol{Y}=\left(a_0-a_1,a_1,\frac{1}{2}a_2,a_3,a_4\right)^{\mathrm{T}}.$$

此例说明线性空间 $V$ 中的向量在不同基下对应的坐标一般是不同的.

**例 2**　所有二阶实矩阵组成集合 $\mathbf{R}^{2\times2}$，对于矩阵的加法和数乘构成实数域 $\mathbf{R}$ 上的一个线性空间. 试证

$$\boldsymbol{E}_{11}=\begin{pmatrix}1&0\\0&0\end{pmatrix},\boldsymbol{E}_{12}=\begin{pmatrix}0&1\\0&0\end{pmatrix},\boldsymbol{E}_{21}=\begin{pmatrix}0&0\\1&0\end{pmatrix},\boldsymbol{E}_{22}=\begin{pmatrix}0&0\\0&1\end{pmatrix}$$

是 $\mathbf{R}^{2\times2}$ 中的一组基,并求任意矩阵 $\boldsymbol{A}$ 在该基下的坐标.

**证**　先证其线性无关,由

$$k_1\boldsymbol{E}_{11}+k_2\boldsymbol{E}_{12}+k_3\boldsymbol{E}_{21}+k_4\boldsymbol{E}_{22}=\begin{pmatrix}k_1&k_2\\k_3&k_4\end{pmatrix}=\begin{pmatrix}0&0\\0&0\end{pmatrix},$$

知 $k_1=k_2=k_3=k_4=0$,故 $\boldsymbol{E}_{11},\boldsymbol{E}_{12},\boldsymbol{E}_{21},\boldsymbol{E}_{22}$线性无关.

又对于任意二阶实矩阵 $\boldsymbol{A}=\begin{pmatrix}a_{11}&a_{12}\\a_{21}&a_{12}\end{pmatrix}\in\mathbf{R}^{2\times2}$,有

$$\boldsymbol{A}=a_{11}\boldsymbol{E}_{11}+a_{12}\boldsymbol{E}_{12}+a_{21}\boldsymbol{E}_{21}+a_{22}\boldsymbol{E}_{22},$$

因此 $\boldsymbol{E}_{11},\boldsymbol{E}_{12},\boldsymbol{E}_{21},\boldsymbol{E}_{22}$为 $V$ 的一组基,而矩阵 $\boldsymbol{A}$ 在这组基下的坐标是 $\boldsymbol{X}=(a_{11},a_{12},a_{21},a_{22})^{\mathrm{T}}$.

## 二、基变换与坐标变换

与第三章第三节相类似,给定线性空间 $V_n$ 的两组基 $\boldsymbol{\alpha}_1,\boldsymbol{\alpha}_2,\cdots,\boldsymbol{\alpha}_n$ 和 $\boldsymbol{\beta}_1,\boldsymbol{\beta}_2,\cdots,\boldsymbol{\beta}_n$,由基 $\boldsymbol{\alpha}_1,\boldsymbol{\alpha}_2,\cdots,\boldsymbol{\alpha}_n$ 到基 $\boldsymbol{\beta}_1,\boldsymbol{\beta}_2,\cdots,\boldsymbol{\beta}_n$ 的过渡矩阵为

$$\boldsymbol{A}=\begin{pmatrix}a_{11}&a_{12}&\cdots&a_{1n}\\a_{21}&a_{22}&\cdots&a_{2n}\\\vdots&\vdots&&\vdots\\a_{n1}&a_{n2}&\cdots&a_{nn}\end{pmatrix},$$

则有

$$(\boldsymbol{\beta}_1,\boldsymbol{\beta}_2,\cdots,\boldsymbol{\beta}_n)=(\boldsymbol{\alpha}_1,\boldsymbol{\alpha}_2,\cdots,\boldsymbol{\alpha}_n)\boldsymbol{A},\tag{1}$$

此时 $\boldsymbol{A}$ 是可逆矩阵,且

$$(\boldsymbol{\alpha}_1,\boldsymbol{\alpha}_2,\cdots,\boldsymbol{\alpha}_n)=(\boldsymbol{\beta}_1,\boldsymbol{\beta}_2,\cdots,\boldsymbol{\beta}_n)\boldsymbol{A}^{-1},\tag{2}$$

即由基 $\boldsymbol{\beta}_1,\boldsymbol{\beta}_2,\cdots,\boldsymbol{\beta}_n$ 到基 $\boldsymbol{\alpha}_1,\boldsymbol{\alpha}_2,\cdots,\boldsymbol{\alpha}_n$ 的过渡矩阵为 $\boldsymbol{A}^{-1}$.

**定理 1**　设线性空间 $V_n$ 中的向量 $\boldsymbol{\alpha}$ 在基 $\boldsymbol{\alpha}_1,\boldsymbol{\alpha}_2,\cdots,\boldsymbol{\alpha}_n$ 下的坐标为 $\boldsymbol{X}=(x_1,x_2,\cdots,x_n)^{\mathrm{T}}$,在基 $\boldsymbol{\beta}_1,\boldsymbol{\beta}_2,\cdots,\boldsymbol{\beta}_n$ 下的坐标为 $\boldsymbol{Y}=(y_1,y_2,\cdots,y_n)^{\mathrm{T}}$,由基 $\boldsymbol{\alpha}_1,\boldsymbol{\alpha}_2,\cdots,\boldsymbol{\alpha}_n$ 到基 $\boldsymbol{\beta}_1,\boldsymbol{\beta}_2,\cdots,\boldsymbol{\beta}_n$ 下的过渡矩阵为 $\boldsymbol{A}$,即式(1)成立,则有坐标变换公式

$$\boldsymbol{X}=\boldsymbol{AY}\text{ 或 }\boldsymbol{Y}=\boldsymbol{A}^{-1}\boldsymbol{X}.\tag{3}$$

**证**　因为

$$\boldsymbol{\alpha}=(\boldsymbol{\alpha}_1,\boldsymbol{\alpha}_2,\cdots,\boldsymbol{\alpha}_n)\boldsymbol{X},\tag{4}$$

并且

$$\boldsymbol{\alpha}=(\boldsymbol{\beta}_1,\boldsymbol{\beta}_2,\cdots,\boldsymbol{\beta}_n)\boldsymbol{Y},\tag{5}$$

将式(1)代入式(5)得

$$\boldsymbol{\alpha}=(\boldsymbol{\alpha}_1,\boldsymbol{\alpha}_2,\cdots,\boldsymbol{\alpha}_n)(\boldsymbol{AY}),\tag{6}$$

比较式(4)和式(6)并由于 $\boldsymbol{\alpha}_1,\boldsymbol{\alpha}_2,\cdots,\boldsymbol{\alpha}_n$ 的线性无关性得式(3).

**例 3**　在 $P[x]_3$ 中取两组基

$$\boldsymbol{\alpha}_1=x^3+2x^2-x,\boldsymbol{\alpha}_2=x^3-x^2+x+1,$$

$$\boldsymbol{\alpha}_3=-x^3+2x^2+x+1,\boldsymbol{\alpha}_4=-x^3-x^2+1,$$

及

$$\boldsymbol{\beta}_1=2x^3+x^2+1,\quad \boldsymbol{\beta}_2=x^2+2x+2,$$
$$\boldsymbol{\beta}_3=-2x^3+x^2+x+2,\quad \boldsymbol{\beta}_4=x^3+3x^2+x+2.$$

求坐标变换公式.

**解**　先取 $P[x]_3$ 中的另一组基 $\boldsymbol{\gamma}_1=x^3,\boldsymbol{\gamma}_2=x^2,\boldsymbol{\gamma}_3=x,\boldsymbol{\gamma}_4=1$,因为

$$(\boldsymbol{\alpha}_1,\boldsymbol{\alpha}_2,\boldsymbol{\alpha}_3,\boldsymbol{\alpha}_4)=(\boldsymbol{\gamma}_1,\boldsymbol{\gamma}_2,\boldsymbol{\gamma}_3,\boldsymbol{\gamma}_4)\boldsymbol{A},$$
$$(\boldsymbol{\beta}_1,\boldsymbol{\beta}_2,\boldsymbol{\beta}_3,\boldsymbol{\beta}_4)=(\boldsymbol{\gamma}_1,\boldsymbol{\gamma}_2,\boldsymbol{\gamma}_3,\boldsymbol{\gamma}_4)\boldsymbol{B},$$

其中

$$\boldsymbol{A}=\begin{pmatrix}1&1&-1&-1\\2&-1&2&-1\\-1&1&1&0\\0&1&1&1\end{pmatrix},\quad \boldsymbol{B}=\begin{pmatrix}2&0&-2&1\\1&1&1&3\\0&2&1&1\\1&2&2&2\end{pmatrix},$$

故由 $\boldsymbol{\alpha}_1,\boldsymbol{\alpha}_2,\boldsymbol{\alpha}_3,\boldsymbol{\alpha}_4$ 到 $\boldsymbol{\beta}_1,\boldsymbol{\beta}_2,\boldsymbol{\beta}_3,\boldsymbol{\beta}_4$ 的过渡矩阵从等式

$$(\boldsymbol{\beta}_1,\boldsymbol{\beta}_2,\boldsymbol{\beta}_3,\boldsymbol{\beta}_4)=(\boldsymbol{\alpha}_1,\boldsymbol{\alpha}_2,\boldsymbol{\alpha}_3,\boldsymbol{\alpha}_4)\boldsymbol{A}^{-1}\boldsymbol{B}$$

给出,即 $\boldsymbol{P}=\boldsymbol{A}^{-1}\boldsymbol{B}$.

用初等变换求 $\boldsymbol{P}^{-1}=\boldsymbol{B}^{-1}\boldsymbol{A}$.

$$(\boldsymbol{B}\,\vdots\,\boldsymbol{A})=\left(\begin{array}{cccc:cccc}2&0&-2&1&1&1&-1&-1\\1&1&1&3&2&-1&2&-1\\0&2&1&1&-1&1&1&0\\1&2&2&2&0&1&1&1\end{array}\right)$$

$$\xrightarrow{\text{初等行变换}}\left(\begin{array}{cccc:cccc}1&0&0&0&0&1&-1&1\\0&1&0&0&-1&1&0&0\\0&0&1&0&0&0&0&1\\0&0&0&1&1&-1&1&-1\end{array}\right)=(\boldsymbol{E}\,\vdots\,\boldsymbol{B}^{-1}\boldsymbol{A}),$$

故所求坐标变换公式为 $\boldsymbol{Y}=\boldsymbol{P}^{-1}\boldsymbol{X}$,即

$$\begin{pmatrix}y_1\\y_2\\y_3\\y_4\end{pmatrix}=\begin{pmatrix}0&1&-1&1\\-1&1&0&0\\0&0&0&1\\1&-1&1&-1\end{pmatrix}\begin{pmatrix}x_1\\x_2\\x_3\\x_4\end{pmatrix}.$$

典型例题 6-1
线性空间

## 习题 6-2

1. 令 $P[x]_n$ 表示实数域 $\mathbf{R}$ 上一切次数小于或等于 $n$ 的多项式连同零次多项式所组成的线性空间.这个线性空间的维数是多少?下列向量组是不是 $P[x]_3$ 的基:

(1) $\{x^3+1,x+1,x^2+x,x^3+x^2+2x+2\}$;

(2) $\{x-1,1-x^2,x^2+2x-2,x^3\}$.

2. 设$\{\boldsymbol{\alpha}_1,\boldsymbol{\alpha}_2,\cdots,\boldsymbol{\alpha}_n\}$是线性空间$V$的一组基,求由这组基到基$\{\boldsymbol{\alpha}_2,\cdots,\boldsymbol{\alpha}_n,\boldsymbol{\alpha}_1\}$的过渡矩阵.

3. 证明$\{x^3,x^3+x,x^2+1,x+1\}$是$P[x]_3$的一组基,并求下列多项式关于这组基的坐标:

(1) $x^2+2x+3$;(2) $x^3$;(3) 4;(4) $x^2-x$.

4. 已知$1,x,x^2,x^3$和$1,x-1,(x-1)^2,(x-1)^3$是线性空间$P[x]_3$的两组基,求由基$1,x-1,(x-1)^2,(x-1)^3$到基$1,x,x^2,x^3$的过渡矩阵,并求$f(x)=3x^3-11x^2+14x-7$在基$1,x-1,(x-1)^2,(x-1)^3$下的坐标.

# 第三节　线性变换

## 一、线性变换的定义与性质

线性函数是最简单和基本的函数,类似地,线性变换是向量空间中最简单和基本的一种变换.它是线性代数的一个主要研究对象.

**定义 1**　设$T$是从向量空间$V$到向量空间$W$的一个映射,如果$T$满足以下条件:

(1) 对任意的$\boldsymbol{\alpha},\boldsymbol{\beta}\in V$,有

$$T(\boldsymbol{\alpha}+\boldsymbol{\beta})=T(\boldsymbol{\alpha})+T(\boldsymbol{\beta});$$

(2) 对任意的$\boldsymbol{\alpha}\in V$,及任意的实数$k$,有

$$T(k\boldsymbol{\alpha})=kT(\boldsymbol{\alpha}),$$

则称$T$为$V$到$W$的一个线性映射.

简言之,线性映射就是保持线性关系的映射.

**定义 2**　线性空间$V$到其自身的映射称为$V$的变换,$V$到$V$的线性映射称为$V$的线性变换.

这一节我们讨论线性空间$V$的线性变换,我们用大写字母$T,R,L$表示线性变换.向量$\boldsymbol{\alpha}$在$T$下的像,记为$T(\boldsymbol{\alpha})$或$T\boldsymbol{\alpha}$.

**例 1**　设$\boldsymbol{A}$是一$n$阶实矩阵,对任意的$n$维行向量$\boldsymbol{\alpha}$,令

$$T\boldsymbol{\alpha}=\boldsymbol{\alpha}\boldsymbol{A},\quad \boldsymbol{\alpha}\in V.$$

因为

$$T(\boldsymbol{\alpha}+\boldsymbol{\beta})=(\boldsymbol{\alpha}+\boldsymbol{\beta})\boldsymbol{A}=\boldsymbol{\alpha}\boldsymbol{A}+\boldsymbol{\beta}\boldsymbol{A}=T(\boldsymbol{\alpha})+T(\boldsymbol{\beta}),$$
$$T(k\boldsymbol{\alpha})=(k\boldsymbol{\alpha})\boldsymbol{A}=k(\boldsymbol{\alpha}\boldsymbol{A})=kT(\boldsymbol{\alpha}).$$

所以$T$是$\mathbf{R}^n$的线性变换.

**例 2**　设$V$是一向量空间,$\lambda\in\mathbf{R}$.对任意的$\boldsymbol{\alpha}\in V$,令$T\boldsymbol{\alpha}=\lambda\boldsymbol{\alpha}$,则$T$是$V$的一个线性变换.

事实上,对$\boldsymbol{\alpha},\boldsymbol{\beta}\in V,k\in\mathbf{R}$,有

$$T(\boldsymbol{\alpha}+\boldsymbol{\beta})=\lambda(\boldsymbol{\alpha}+\boldsymbol{\beta})=\lambda\boldsymbol{\alpha}+\lambda\boldsymbol{\beta}=T\boldsymbol{\alpha}+T\boldsymbol{\beta},$$
$$T(k\boldsymbol{\alpha})=\lambda(k\boldsymbol{\alpha})=k(\lambda\boldsymbol{\alpha})=kT\boldsymbol{\alpha}.$$

所以 $T$ 是 $V$ 的线性变换.称这种变换为数乘变换.

特别地,当 $\lambda=1$ 时,$T\boldsymbol{\alpha}=\boldsymbol{\alpha}$,$T$ 称为恒等变换,记为 $E$,即

$$E\boldsymbol{\alpha}=\boldsymbol{\alpha},\quad \forall\,\boldsymbol{\alpha}\in V.$$

而当 $\lambda=0$ 时,$T\boldsymbol{\alpha}=\mathbf{0}$($V$ 中的零向量)称为零变换,记为 $O$,即

$$O\boldsymbol{\alpha}=\mathbf{0},\quad \forall\,\boldsymbol{\alpha}\in V.$$

由线性变换的定义可推得它的几个重要性质.

**定理 1**　设 $T$ 是 $V$ 的一个线性变换,则

(1) $T$ 把零向量变到零向量,把 $\boldsymbol{\alpha}$ 的负向量变到 $\boldsymbol{\alpha}$ 的像的负向量,即

$$T\mathbf{0}=\mathbf{0},\quad T(-\boldsymbol{\alpha})=-T\boldsymbol{\alpha}.$$

(2) $T$ 保持向量的线性组合关系不变,即

$$T(k_1\boldsymbol{\alpha}_1+k_2\boldsymbol{\alpha}_2+\cdots+k_s\boldsymbol{\alpha}_s)=k_1T\boldsymbol{\alpha}_1+k_2T\boldsymbol{\alpha}_2+\cdots+k_sT\boldsymbol{\alpha}_s.$$

(3) $T$ 把线性相关的向量组变为线性相关的向量组.

(4) 线性空间 $V_n$ 中的线性变换 $T$ 的像集 $T(V_n)$ 是线性空间 $V_n$ 的一个子空间.

**证**　仅证明(4).设 $\boldsymbol{\beta}_1,\boldsymbol{\beta}_2\in T(V_n)$,则存在 $\boldsymbol{\alpha}_1,\boldsymbol{\alpha}_2\in V_n$,使 $T\boldsymbol{\alpha}_1=\boldsymbol{\beta}_1$,$T\boldsymbol{\alpha}_2=\boldsymbol{\beta}_2$,此时

$$\boldsymbol{\beta}_1+\boldsymbol{\beta}_2=T\boldsymbol{\alpha}_1+T\boldsymbol{\alpha}_2=T(\boldsymbol{\alpha}_1+\boldsymbol{\alpha}_2)\in T(V_n).$$
$$k\boldsymbol{\beta}_1=kT\boldsymbol{\alpha}_1=T(k\boldsymbol{\alpha}_1)\in T(V_n),$$

由于 $T(V_n)\subset V_n$,从上述证明知它对 $V_n$ 中的线性运算封闭,故 $T(V_n)$ 是 $V_n$ 的子空间.

**例 3**　线性空间 $P[x]_n$ 的求导运算

$$\mathrm{D}p(x)=\frac{\mathrm{d}p(x)}{\mathrm{d}x}$$

是 $P[x]_n$ 中的线性变换,显然 $\mathrm{D}[P[x]_n]=P[x]_{n-1}$.

下面定义线性变换的运算.

**定义 3**　设 $L(V)$ 是线性空间 $V$ 中的全体线性变换的集合,定义 $L(V)$ 中的加法、数乘与乘法如下.

加法:$(T+R)\boldsymbol{\alpha}=T\boldsymbol{\alpha}+R\boldsymbol{\alpha}$;

数乘:$(kT)\boldsymbol{\alpha}=kT\boldsymbol{\alpha}$;

乘法:$(TR)\boldsymbol{\alpha}=T(R\boldsymbol{\alpha})$,

其中 $\boldsymbol{\alpha}\in V,k\in\mathbf{R}$.

容易验证,当 $T,R$ 是 $V$ 中的线性变换时,$T+R$,$TR$ 及 $kT$ 都是 $V$ 中的线性变换.

## 二、线性变换的矩阵

设 $V$ 是线性空间,$\dim(V)=m$,$\boldsymbol{\alpha}_1,\boldsymbol{\alpha}_2,\cdots,\boldsymbol{\alpha}_m$ 是 $V$ 的一组基,$T$ 是 $V$ 的一个线性变换.任取 $\boldsymbol{\alpha}\in V$,设 $\boldsymbol{\alpha}=k_1\boldsymbol{\alpha}_1+k_2\boldsymbol{\alpha}_2+\cdots+k_m\boldsymbol{\alpha}_m$,则

$$T\boldsymbol{\alpha}=k_1T\boldsymbol{\alpha}_1+k_2T\boldsymbol{\alpha}_2+\cdots+k_mT\boldsymbol{\alpha}_m.$$

所以,只要我们知道了基 $\boldsymbol{\alpha}_1,\boldsymbol{\alpha}_2,\cdots,\boldsymbol{\alpha}_m$ 的像,就可以知道 $V$ 中任意向量的像了.

设

$$T\boldsymbol{\alpha}_1=a_{11}\boldsymbol{\alpha}_1+a_{21}\boldsymbol{\alpha}_2+\cdots+a_{m1}\boldsymbol{\alpha}_m,$$

$$T\boldsymbol{\alpha}_2=a_{12}\boldsymbol{\alpha}_1+a_{22}\boldsymbol{\alpha}_2+\cdots+a_{m2}\boldsymbol{\alpha}_m,$$
$$\cdots$$
$$T\boldsymbol{\alpha}_m=a_{1m}\boldsymbol{\alpha}_1+a_{2m}\boldsymbol{\alpha}_2+\cdots+a_{mm}\boldsymbol{\alpha}_m.$$

用矩阵表示即为

$$T(\boldsymbol{\alpha}_1,\boldsymbol{\alpha}_2,\cdots,\boldsymbol{\alpha}_m)=(T\boldsymbol{\alpha}_1,T\boldsymbol{\alpha}_2,\cdots,T\boldsymbol{\alpha}_m)=(\boldsymbol{\alpha}_1,\boldsymbol{\alpha}_2,\cdots,\boldsymbol{\alpha}_m)\boldsymbol{A},$$

其中

$$\boldsymbol{A}=\begin{pmatrix}a_{11}&a_{12}&\cdots&a_{1m}\\a_{21}&a_{22}&\cdots&a_{2m}\\\vdots&\vdots&&\vdots\\a_{m1}&a_{m2}&\cdots&a_{mm}\end{pmatrix}.$$

**定义 4** 设 $T$ 是线性空间 $V$ 的线性变换，如果

$$(T\boldsymbol{\alpha}_1,T\boldsymbol{\alpha}_2,\cdots,T\boldsymbol{\alpha}_m)=(\boldsymbol{\alpha}_1,\boldsymbol{\alpha}_2,\cdots,\boldsymbol{\alpha}_m)\boldsymbol{A},$$

则矩阵 $\boldsymbol{A}$ 称为线性变换 $T$ 在基 $\boldsymbol{\alpha}_1,\boldsymbol{\alpha}_2,\cdots,\boldsymbol{\alpha}_m$ 下的矩阵.

这样，对向量空间 $V$ 的任意的线性变换 $T$，唯一对应一个 $m$ 阶实矩阵 $\boldsymbol{A}$.可以证明，对任一个 $m$ 阶实矩阵 $\boldsymbol{A}$，也一定存在唯一的 $V$ 的线性变换 $T$，使 $T$ 在基 $\boldsymbol{\alpha}_1,\boldsymbol{\alpha}_2,\cdots,\boldsymbol{\alpha}_m$ 下的矩阵为 $\boldsymbol{A}$.

**例 4** 设 $\mathbf{R}^3$ 的线性变换 $T$ 为

$$T(x_1,x_2,x_3)=(a_1x_1+a_2x_2+a_3x_3,b_1x_1+b_2x_2+b_3x_3,c_1x_1+c_2x_2+c_3x_3),$$

求 $T$ 在标准基 $\boldsymbol{\varepsilon}_1,\boldsymbol{\varepsilon}_2,\boldsymbol{\varepsilon}_3$ 下的矩阵.

**解** 因为

$$T\boldsymbol{\varepsilon}_1=T(1,0,0)=(a_1,b_1,c_1)=a_1\boldsymbol{\varepsilon}_1+b_1\boldsymbol{\varepsilon}_2+c_1\boldsymbol{\varepsilon}_3,$$
$$T\boldsymbol{\varepsilon}_2=T(0,1,0)=(a_2,b_2,c_2)=a_2\boldsymbol{\varepsilon}_1+b_2\boldsymbol{\varepsilon}_2+c_2\boldsymbol{\varepsilon}_3,$$
$$T\boldsymbol{\varepsilon}_3=T(0,0,1)=(a_3,b_3,c_3)=a_3\boldsymbol{\varepsilon}_1+b_3\boldsymbol{\varepsilon}_2+c_3\boldsymbol{\varepsilon}_3,$$

所以 $T$ 在标准基 $\boldsymbol{\varepsilon}_1,\boldsymbol{\varepsilon}_2,\boldsymbol{\varepsilon}_3$ 下的矩阵为

$$\boldsymbol{A}=\begin{pmatrix}a_1&a_2&a_3\\b_1&b_2&b_3\\c_1&c_2&c_3\end{pmatrix}.$$

**例 5** 设 $T$ 是向量空间 $V$ 的一个数乘变换：$T\boldsymbol{\alpha}=k\boldsymbol{\alpha}(\boldsymbol{\alpha}\in V)$，求线性变换 $T$ 在 $V$ 的基 $\boldsymbol{\alpha}_1,\boldsymbol{\alpha}_2,\cdots,\boldsymbol{\alpha}_m$ 下的矩阵.

**解** 因为 $T\boldsymbol{\alpha}_i=k\boldsymbol{\alpha}_i(i=1,2,\cdots,m)$，所以 $T$ 在基 $\boldsymbol{\alpha}_1,\boldsymbol{\alpha}_2,\cdots,\boldsymbol{\alpha}_m$ 下的矩阵为数量矩阵

$$\begin{pmatrix}k&&&\\&k&&\\&&\ddots&\\&&&k\end{pmatrix}.$$

在例 5 中取 $k=0$，则可知零变换在任何基下的矩阵都为零矩阵；取 $k=1$，则恒等变换在任何基下的矩阵为单位矩阵.

**例 6** 设将平面直角坐标系 $Oxy$ 逆时针旋转 $\theta$ 角度后变为平面直角坐标系 $Ox'y'$，

平面上任一向量 $\boldsymbol{\alpha}$ 的新旧坐标分别为 $(x,y)$ 和 $(x',y')$，则

$$\begin{cases}x'=x\cos\theta+y\sin\theta,\\y'=-x\sin\theta+y\cos\theta.\end{cases}$$

定义映射

$$T(x,y)=(x\cos\theta+y\sin\theta,-x\sin\theta+y\cos\theta),$$

显然，上述映射为一个线性变换（通常称为坐标旋转变换）.

容易验证，坐标旋转变换有一个非常好的性质：$(T\boldsymbol{\alpha},T\boldsymbol{\beta})=(\boldsymbol{\alpha},\boldsymbol{\beta})$，即变换后不改变向量间的距离.它在标准基下的矩阵

$$\boldsymbol{A}=\begin{pmatrix}\cos\theta&\sin\theta\\-\sin\theta&\cos\theta\end{pmatrix}$$

满足 $\boldsymbol{A}^{\mathrm{T}}\boldsymbol{A}=\boldsymbol{A}\boldsymbol{A}^{\mathrm{T}}=\boldsymbol{E}$，即为正交矩阵.

保持度量性质的线性变换在欧氏空间中有着特殊的地位.对于一般向量空间，我们给出如下定义：

**定义 5**　欧氏空间 $V$ 的线性变换 $T$ 称为正交变换，如果对于任意的 $\boldsymbol{\alpha},\boldsymbol{\beta}\in V$，都有 $(T\boldsymbol{\alpha},T\boldsymbol{\beta})=(\boldsymbol{\alpha},\boldsymbol{\beta})$.

正交变换可以从几个不同的角度来刻画.

**定理 2**　设 $T$ 是欧氏空间的一个线性变换，则下面几个命题等价：

(1) $T$ 是正交变换；

(2) $T$ 保持向量的长度不变，即对于任意的 $\boldsymbol{\alpha}\in V$，$\|T\boldsymbol{\alpha}\|=\|\boldsymbol{\alpha}\|$；

(3) 如果 $\boldsymbol{\alpha}_1,\boldsymbol{\alpha}_2,\cdots,\boldsymbol{\alpha}_m$ 是 $V$ 的标准正交基，则 $T\boldsymbol{\alpha}_1,T\boldsymbol{\alpha}_2,\cdots,T\boldsymbol{\alpha}_m$ 也是 $V$ 的标准正交基；

(4) $T$ 在任一组标准正交基下的矩阵是正交矩阵.

利用线性变换的矩阵可以直接计算一个向量的像.

**定理 3**　设 $V$ 的线性变换 $T$ 在基 $\boldsymbol{\alpha}_1,\boldsymbol{\alpha}_2,\cdots,\boldsymbol{\alpha}_m$ 下的矩阵为 $\boldsymbol{A}$，向量 $\boldsymbol{\alpha}$ 在基 $\boldsymbol{\alpha}_1,\boldsymbol{\alpha}_2,\cdots,\boldsymbol{\alpha}_m$ 下的坐标为 $(x_1,x_2,\cdots,x_m)$，$T\boldsymbol{\alpha}$ 在此基下的坐标为 $(y_1,y_2,\cdots,y_m)$，则

$$\begin{pmatrix}y_1\\y_2\\\vdots\\y_m\end{pmatrix}=\boldsymbol{A}\begin{pmatrix}x_1\\x_2\\\vdots\\x_m\end{pmatrix}.$$

**证**　由假设知

$$\boldsymbol{\alpha}=x_1\boldsymbol{\alpha}_1+x_2\boldsymbol{\alpha}_2+\cdots+x_m\boldsymbol{\alpha}_m.$$

由于 $T$ 是 $V$ 的线性变换，则

$$\begin{aligned}T\boldsymbol{\alpha}&=T(x_1\boldsymbol{\alpha}_1+x_2\boldsymbol{\alpha}_2+\cdots+x_m\boldsymbol{\alpha}_m)=x_1T\boldsymbol{\alpha}_1+x_2T\boldsymbol{\alpha}_2+\cdots+x_mT\boldsymbol{\alpha}_m\\&=(T\boldsymbol{\alpha}_1,T\boldsymbol{\alpha}_2,\cdots,T\boldsymbol{\alpha}_m)\begin{pmatrix}x_1\\x_2\\\vdots\\x_m\end{pmatrix}=(\boldsymbol{\alpha}_1,\boldsymbol{\alpha}_2,\cdots,\boldsymbol{\alpha}_m)\boldsymbol{A}\begin{pmatrix}x_1\\x_2\\\vdots\\x_m\end{pmatrix}.\end{aligned}$$

由坐标的唯一性可知，

$$\begin{pmatrix} y_1 \\ y_2 \\ \vdots \\ y_m \end{pmatrix} = \boldsymbol{A} \begin{pmatrix} x_1 \\ x_2 \\ \vdots \\ x_m \end{pmatrix}.$$

在取定 $V$ 的一组基后，$V$ 的全体线性变换组成的集合 $L(V)$ 与全体实 $m$ 阶方阵所组成的集合 $\mathbf{R}^{m\times m}$ 之间存在一一对应关系，而且可以证明，按定义 3 中定义的线性变换的和、数乘和乘法对应于相应的矩阵之间的和、数乘和乘法. 同时，一个线性变换 $T$ 可逆(即存在 $V$ 的一个变换 $R$，使得 $TR=RT=\boldsymbol{E}$)当且仅当 $T$ 对应的矩阵 $\boldsymbol{A}$ 可逆，且 $T$ 的逆变换对应的矩阵就是 $\boldsymbol{A}^{-1}$.

## 三、线性变换在不同基下的矩阵

线性变换与矩阵的对应关系是在取定了空间的一组基的情况下建立的. 如果取不同的基，同一个线性变换对应的矩阵一般是不相同的. 下面讨论同一个线性变换在不同的基下的矩阵的关系.

**定理 4**　设 $\boldsymbol{\alpha}_1,\boldsymbol{\alpha}_2,\cdots,\boldsymbol{\alpha}_m$ 与 $\boldsymbol{\beta}_1,\boldsymbol{\beta}_2,\cdots,\boldsymbol{\beta}_m$ 是线性空间 $V$ 的两个基，从基 $\boldsymbol{\alpha}_1,\boldsymbol{\alpha}_2,\cdots,\boldsymbol{\alpha}_m$ 到基 $\boldsymbol{\beta}_1,\boldsymbol{\beta}_2,\cdots,\boldsymbol{\beta}_m$ 的过渡矩阵为 $\boldsymbol{C}$，又设线性变换 $T$ 在这两个基下的矩阵分别为 $\boldsymbol{A},\boldsymbol{B}$，则 $\boldsymbol{B}=\boldsymbol{C}^{-1}\boldsymbol{A}\boldsymbol{C}$.

**证**　已知

$$\begin{aligned} T(\boldsymbol{\alpha}_1,\boldsymbol{\alpha}_2,\cdots,\boldsymbol{\alpha}_m) &= (\boldsymbol{\alpha}_1,\boldsymbol{\alpha}_2,\cdots,\boldsymbol{\alpha}_m)\boldsymbol{A}, \\ T(\boldsymbol{\beta}_1,\boldsymbol{\beta}_2,\cdots,\boldsymbol{\beta}_m) &= (\boldsymbol{\beta}_1,\boldsymbol{\beta}_2,\cdots,\boldsymbol{\beta}_m)\boldsymbol{B}, \\ (\boldsymbol{\beta}_1,\boldsymbol{\beta}_2,\cdots,\boldsymbol{\beta}_m) &= (\boldsymbol{\alpha}_1,\boldsymbol{\alpha}_2,\cdots,\boldsymbol{\alpha}_m)\boldsymbol{C}. \end{aligned}$$

于是

$$\begin{aligned} T(\boldsymbol{\beta}_1,\boldsymbol{\beta}_2,\cdots,\boldsymbol{\beta}_m) &= T((\boldsymbol{\alpha}_1,\boldsymbol{\alpha}_2,\cdots,\boldsymbol{\alpha}_m)\boldsymbol{C}) \\ &= (T(\boldsymbol{\alpha}_1,\boldsymbol{\alpha}_2,\cdots,\boldsymbol{\alpha}_m))\boldsymbol{C} \\ &= (\boldsymbol{\alpha}_1,\boldsymbol{\alpha}_2,\cdots,\boldsymbol{\alpha}_m)\boldsymbol{A}\boldsymbol{C} \\ &= (\boldsymbol{\beta}_1,\boldsymbol{\beta}_2,\cdots,\boldsymbol{\beta}_m)\boldsymbol{C}^{-1}\boldsymbol{A}\boldsymbol{C}. \end{aligned}$$

因此，$\boldsymbol{B}=\boldsymbol{C}^{-1}\boldsymbol{A}\boldsymbol{C}$.

定理 4 告诉我们，一个线性变换在不同基下的矩阵是相似的. 反之，若方阵 $\boldsymbol{A}$ 与 $\boldsymbol{B}$ 相似($\boldsymbol{A}\neq\boldsymbol{B}$)，则可视它们为同一线性变换在不同基下的矩阵.

**例 7**　设 $\boldsymbol{\alpha}_1,\boldsymbol{\alpha}_2$ 与 $\boldsymbol{\beta}_1,\boldsymbol{\beta}_2$ 是向量空间 $V$ 的两个基，由基 $\boldsymbol{\alpha}_1,\boldsymbol{\alpha}_2$ 到基 $\boldsymbol{\beta}_1,\boldsymbol{\beta}_2$ 的过渡矩阵为 $\boldsymbol{C}=\begin{pmatrix} 1 & -1 \\ -1 & 2 \end{pmatrix}$，线性变换 $T$ 在基 $\boldsymbol{\alpha}_1,\boldsymbol{\alpha}_2$ 下的矩阵为 $\boldsymbol{A}=\begin{pmatrix} 2 & 1 \\ -1 & 0 \end{pmatrix}$，求线性变换 $T$ 在基 $\boldsymbol{\beta}_1,\boldsymbol{\beta}_2$ 下的矩阵 $\boldsymbol{B}$.

典型例题 6-2
线性变换

**解**　线性变换 $T$ 在基 $\boldsymbol{\beta}_1,\boldsymbol{\beta}_2$ 下的矩阵为

$$\begin{aligned} \boldsymbol{B} &= \boldsymbol{C}^{-1}\boldsymbol{A}\boldsymbol{C} = \begin{pmatrix} 1 & -1 \\ -1 & 2 \end{pmatrix}^{-1} \begin{pmatrix} 2 & 1 \\ -1 & 0 \end{pmatrix} \begin{pmatrix} 1 & -1 \\ -1 & 2 \end{pmatrix} \\ &= \begin{pmatrix} 2 & 1 \\ 1 & 1 \end{pmatrix} \begin{pmatrix} 2 & 1 \\ -1 & 0 \end{pmatrix} \begin{pmatrix} 1 & -1 \\ -1 & 2 \end{pmatrix} = \begin{pmatrix} 2 & 1 \\ 1 & 1 \end{pmatrix} \begin{pmatrix} 1 & 0 \\ -1 & 1 \end{pmatrix} = \begin{pmatrix} 1 & 1 \\ 0 & 1 \end{pmatrix}. \end{aligned}$$

## 四、线性变换的特征值与特征向量

给定 $V$ 的一个线性变换 $T$,是否存在 $V$ 的一组基,使 $T$ 在此基下的矩阵为对角矩阵?这个问题的讨论与下面介绍的线性变换的特征值与特征向量的概念是紧密联系的.

**定义 6**　设 $T$ 是向量空间 $V$ 的一个线性变换,如果存在实数 $\lambda$ 和 $V$ 中的非零向量 $\boldsymbol{\xi}$ 使得 $T\boldsymbol{\xi}=\lambda\boldsymbol{\xi}$,则称 $\lambda$ 为 $T$ 的一个特征值,$\boldsymbol{\xi}$ 为 $T$ 的属于特征值 $\lambda$ 的一个特征向量.

如果 $\boldsymbol{\xi}$ 是 $T$ 的属于特征值 $\lambda$ 的特征向量,那么对任意非零实数 $k$,$k\boldsymbol{\xi}$ 也是 $T$ 的属于特征值 $\lambda$ 的特征向量.事实上,由 $T\boldsymbol{\xi}=\lambda\boldsymbol{\xi}$ 可得

$$T(k\boldsymbol{\xi})=kT(\boldsymbol{\xi})=k(\lambda\boldsymbol{\xi})=\lambda(k\boldsymbol{\xi}).$$

**例 8**　设 $T$ 是数乘变换:$T\boldsymbol{\alpha}=\lambda\boldsymbol{\alpha},\boldsymbol{\alpha}\in V$,则 $\lambda$ 是 $T$ 的特征值,$V$ 中的非零向量都是 $T$ 的属于特征值 $\lambda$ 的特征向量.

**定理 5**　设 $V$ 为 $m$ 维线性空间,$T$ 为 $V$ 的一个线性变换,那么存在 $V$ 的一组基,使得 $T$ 在这组基下的矩阵为对角矩阵的充要条件是 $T$ 有 $m$ 个线性无关的特征向量.

**证**　如果 $T$ 有 $m$ 个线性无关的特征向量 $\boldsymbol{\xi}_1,\boldsymbol{\xi}_2,\cdots,\boldsymbol{\xi}_m$,则 $T\boldsymbol{\xi}_i=\lambda_i\boldsymbol{\xi}_i(i=1,2,\cdots,m)$.由于 $\boldsymbol{\xi}_1,\boldsymbol{\xi}_2,\cdots,\boldsymbol{\xi}_m$ 线性无关,故是 $V$ 的一组基.显然,$T$ 在这组基下的矩阵为对角矩阵

$$\begin{pmatrix}\lambda_1 & & & \\ & \lambda_2 & & \\ & & \ddots & \\ & & & \lambda_m\end{pmatrix}.$$

反之,若存在 $V$ 的一组基 $\boldsymbol{\xi}_1,\boldsymbol{\xi}_2,\cdots,\boldsymbol{\xi}_m$,使 $T$ 在这组基下的矩阵为对角矩阵

$$\boldsymbol{\Lambda}=\begin{pmatrix}\lambda_1 & & & \\ & \lambda_2 & & \\ & & \ddots & \\ & & & \lambda_m\end{pmatrix},$$

则 $T\boldsymbol{\xi}_i=\lambda_i\boldsymbol{\xi}_i(i=1,2,\cdots,m)$,因为 $\boldsymbol{\xi}_i$ 为基向量,所以不是零向量,从而知线性变换 $T$ 有 $m$ 个线性无关的特征向量 $\boldsymbol{\xi}_1,\boldsymbol{\xi}_2,\cdots,\boldsymbol{\xi}_m$.

由上面的证明可知,如果线性变换 $T$ 在某一组基下的矩阵为对角矩阵 $\boldsymbol{\Lambda}$,则这组基由 $T$ 的特征向量组成,且矩阵 $\boldsymbol{\Lambda}$ 的对角元就是线性变换 $T$ 的特征值.

如何求出线性空间 $V_n$ 上线性变换 $T$ 的特征值和特征向量呢?设 $V_n$ 是数域 $\mathbf{R}$ 上的 $n$ 维线性空间,$\boldsymbol{\alpha}_1,\boldsymbol{\alpha}_2,\cdots,\boldsymbol{\alpha}_n$ 是 $V_n$ 的一组基.线性变换 $T$ 在这组基下的矩阵为 $\boldsymbol{A}$.设 $\lambda_0$ 是 $T$ 的特征值,它的一个特征向量 $\boldsymbol{\xi}$ 在基 $\boldsymbol{\alpha}_1,\boldsymbol{\alpha}_2,\cdots,\boldsymbol{\alpha}_n$ 下的坐标是 $\boldsymbol{\alpha}=(x_1,x_2,\cdots,x_n)^{\mathrm{T}}$,则 $T\boldsymbol{\xi}$ 的坐标为 $\boldsymbol{A}\boldsymbol{\alpha}$,$\lambda_0\boldsymbol{\xi}$ 的坐标为 $\lambda_0\boldsymbol{\alpha}$,因此 $T\boldsymbol{\xi}=\lambda_0\boldsymbol{\xi}$ 相当于坐标之间的等式

$$\boldsymbol{A}\boldsymbol{\alpha}=\lambda_0\boldsymbol{\alpha},$$

这样求线性变换的特征值和特征向量问题就转化成了求矩阵的特征值和特征向量问

题.相应论述见第四章第四节.

## 习题 6-3

1. 判别下面所定义的变换,哪些是线性变换,哪些不是.

(1) 在线性空间 $V$ 中,$T(\boldsymbol{\xi})=\boldsymbol{\xi}+\boldsymbol{\alpha}$,其中 $\boldsymbol{\alpha}$ 是 $V$ 中一非零向量;

(2) 在线性空间 $V$ 中,$T(\boldsymbol{\xi})=\boldsymbol{\eta}$,其中 $\boldsymbol{\eta}$ 是 $V$ 中某固定向量;

(3) 在 $\mathbf{R}^3$ 中,$T(x_1,x_2,x_3)=(x_1^2,x_1,x_2+x_3)$;

(4) 在 $\mathbf{R}^3$ 中,$T(x_1,x_2,x_3)=(2x_1-x_2,x_2+x_3,x_1)$.

2. 求 $\mathbf{R}^3$ 中线性变换 $T$ 在基 $\boldsymbol{\xi}_1,\boldsymbol{\xi}_2,\boldsymbol{\xi}_3$ 下的矩阵,其中

$$\boldsymbol{\xi}_1=(-1,0,2),\qquad T\boldsymbol{\xi}_1=(-5,0,3),$$
$$\boldsymbol{\xi}_2=(0,1,1),\qquad T\boldsymbol{\xi}_2=(0,-1,6),$$
$$\boldsymbol{\xi}_3=(3,-1,0),\qquad T\boldsymbol{\xi}_3=(-5,-1,9).$$

3. 在线性空间 $P[x]_n$ 中定义线性变换 $Tf(x)\to f'(x)$,求 $T$ 关于以下两个基的矩阵:

(1) $1,x,x^2,\cdots,x^n$;(2) $1,x-c,\dfrac{(x-c)^2}{2!},\cdots,\dfrac{(x-c)^n}{n!},c\in\mathbf{R}$.

4. 设三维线性空间 $V$ 上线性变换 $T$ 在基 $\boldsymbol{\varepsilon}_1,\boldsymbol{\varepsilon}_2,\boldsymbol{\varepsilon}_3$ 下的矩阵为

$$\boldsymbol{A}=\begin{pmatrix}a_{11}&a_{12}&a_{13}\\a_{21}&a_{22}&a_{23}\\a_{31}&a_{32}&a_{33}\end{pmatrix}.$$

(1) 求 $T$ 在基 $\boldsymbol{\varepsilon}_3,\boldsymbol{\varepsilon}_2,\boldsymbol{\varepsilon}_1$ 下的矩阵;

(2) 求 $T$ 在基 $\boldsymbol{\varepsilon}_1,k\boldsymbol{\varepsilon}_2,\boldsymbol{\varepsilon}_3$ 下的矩阵,其中 $k\neq0$;

(3) 求 $T$ 在基 $\boldsymbol{\varepsilon}_1+\boldsymbol{\varepsilon}_2,\boldsymbol{\varepsilon}_2,\boldsymbol{\varepsilon}_3$ 下的矩阵.

# 第六章延伸阅读　矩阵分解

矩阵分解在解线性方程组时起着重要的作用.这里介绍两种分解——矩阵的满秩分解和奇异值分解.

**定义 1**　设 $\boldsymbol{A}\in\mathbf{R}^{m\times n}$ 是实矩阵,$r(\boldsymbol{A})=r$.若存在秩为 $r$ 的矩阵 $\boldsymbol{F}\in\mathbf{R}^{m\times r},\boldsymbol{G}\in\mathbf{R}^{r\times n}$,使得 $\boldsymbol{A}=\boldsymbol{FG}$,则称 $\boldsymbol{A}$ 可作满秩分解,且称 $\boldsymbol{A}=\boldsymbol{FG}$ 为矩阵 $\boldsymbol{A}$ 的满秩分解.

**满秩分解定理**　任何非零矩阵 $\boldsymbol{A}\in\mathbf{R}^{m\times n}$ 都存在满秩分解.

**证**　设 $r(\boldsymbol{A})=r>0$,对 $\boldsymbol{A}$ 进行初等行变换,可将 $\boldsymbol{A}$ 化为阶梯形矩阵 $\boldsymbol{B}$,即

$$\boldsymbol{A}\xrightarrow{\text{行}}\boldsymbol{B}=\begin{pmatrix}\boldsymbol{G}\\\boldsymbol{O}\end{pmatrix},$$

$G\in\mathbf{R}^{r\times n}$ 且 $r(G)=r$. 于是存在 $l$ 个初等矩阵($m$ 阶)$P_1,P_2,\cdots,P_l$,使

$$P_1P_2\cdots P_lA=B.$$

记 $P=P_1P_2\cdots P_l\in\mathbf{R}^{m\times m}$,就有

$$A=P^{-1}B.$$

将 $P^{-1}$ 分块为

$$P^{-1}=(F\ \vdots\ S),\quad F\in\mathbf{R}^{m\times r},S\in\mathbf{R}^{m\times(m-r)},$$

则有 $A=P^{-1}B=(F\ \vdots\ S)\begin{pmatrix}G\\O\end{pmatrix}=FG.$

**例 1**　求矩阵

$$A=\begin{pmatrix}-1&0&1&2\\1&2&-1&1\\2&2&-2&-1\end{pmatrix}$$

的满秩分解.

**解**　对$(A\ \vdots\ E)$进行初等行变换,将 $A$ 化成阶梯形矩阵,此时 $E$ 化为 $P$:

$$(A\ \vdots\ E)=\left(\begin{array}{cccc:ccc}-1&0&1&2&1&0&0\\1&2&-1&1&0&1&0\\2&2&-2&-1&0&0&1\end{array}\right)\longrightarrow\left(\begin{array}{cccc:ccc}-1&0&1&2&1&0&0\\0&2&0&3&1&1&0\\0&0&0&0&1&-1&1\end{array}\right),$$

故 $r(A)=2$,

$$G=\begin{pmatrix}-1&0&1&2\\0&2&0&3\end{pmatrix},$$

$$P=\begin{pmatrix}1&0&0\\1&1&0\\1&-1&1\end{pmatrix},\quad P^{-1}=\begin{pmatrix}1&0&0\\-1&1&0\\-2&1&1\end{pmatrix},\quad F=\begin{pmatrix}1&0\\-1&1\\-2&1\end{pmatrix},$$

此时 $A$ 的满秩分解为 $A=FG$,即

$$\begin{pmatrix}-1&0&1&2\\1&2&-1&1\\2&2&-2&-1\end{pmatrix}=\begin{pmatrix}1&0\\-1&1\\-2&1\end{pmatrix}\begin{pmatrix}-1&0&1&2\\0&2&0&3\end{pmatrix}.$$

同时我们有如下分解定理.

**奇异值分解定理**　设 $A\in\mathbf{R}^{m\times n}$ 是实矩阵,$r(A)=r$,则存在 $m$ 阶正交矩阵 $U$ 和 $n$ 阶正交矩阵 $V$,使得

$$A=U\begin{pmatrix}\Sigma&O\\O&O\end{pmatrix}V^{\mathrm{T}},$$

其中 $\Sigma=\operatorname{diag}(\sigma_1,\sigma_2,\cdots,\sigma_r)$,$\sigma_i$ 为 $A$ 的奇异值,$\sigma_i>0(i=1,2,\cdots,r)$,即当 $\lambda_i$ 为 $A^{\mathrm{T}}A$ 的特征值(特征值概念见第四章第四节)时,$\sigma_i=\sqrt{\lambda_i}$,而正交矩阵 $U$ 和 $V$ 是指 $U^{\mathrm{T}}U=E,V^{\mathrm{T}}V=E$(见第三章).

# 第六章综合题

1. 在系数为实数，次数小于等于 $n$ 的多项式空间 $P[x]_n$ 中，证明 $1,(1+x),(1+x)^2,\cdots,(1+x)^n$ 是一组基，并证明对任意 $f(x)\in P[x]_n$，在这组基下的坐标就是其泰勒系数：

$$f(x)=\left(f(-1),f'(-1),\frac{f''(-1)}{2!},\cdots,\frac{1}{n!}f^{(n)}(-1)\right).$$

2. 设 $f(x-1)=3x^3-11x^2+14x-7$，求 $f(x)$. 要求：

(1) 用初等方法即换元法求 $f(x)$；

(2) 用微积分方法即泰勒公式求 $f(x)$；

(3) 用由基 $1,x,x^2,x^3$ 到基 $1,(x+1),(x+1)^2,(x+1)^3$ 的基变换方法求 $f(x)$.

3. 判断下列映射中哪些是线性变换？哪些不是？

(1) $T:\mathbf{R}^3\to\mathbf{R}^2,T(x,y,z)=(2x+y,2y-3z),\ \forall(x,y,z)\in\mathbf{R}^3$；

(2) $T:\mathbf{R}^2\to\mathbf{R}^3,T(x,y)=(x+1,y+1,1),\ \forall(x,y)\in\mathbf{R}^2$；

(3) $T:\mathbf{R}^{n\times n}\to\mathbf{R}^{n\times n},T(\boldsymbol{X})=\boldsymbol{X}\boldsymbol{A},\ \forall\boldsymbol{X}\in\mathbf{R}^{n\times n}$，而 $\boldsymbol{A}$ 为取定的 $n$ 阶实方阵；

(4) $T:C[a,b]\to C[a,b],T(f(x))=\int_a^x f(t)\sin t\mathrm{d}t,\ \forall f(x)\in C[a,b]$.

4. 在实多项式空间 $P[x]_2$ 中定义变换 $T(f(x))=f(x+1)-f(x)$. $\forall f(x)\in P[x]_2$，求 $T$ 在 $P[x]_2$ 的基 $1,x,x^2$ 下的矩阵.

5. 设 $T:\mathbf{R}^2\to\mathbf{R}^3$，定义为

$$T\begin{pmatrix}x_1\\x_2\end{pmatrix}=\begin{pmatrix}x_1+x_2\\x_1\\x_2\end{pmatrix},\quad\begin{pmatrix}x_1\\x_2\end{pmatrix}\in\mathbf{R}^2,$$

对于 $\mathbf{R}^2$ 的基(Ⅰ)$=\left\{\boldsymbol{\alpha}_1=\begin{pmatrix}1\\3\end{pmatrix},\boldsymbol{\alpha}_2=\begin{pmatrix}-2\\4\end{pmatrix}\right\}$，$\mathbf{R}^3$ 的基(Ⅱ)$=\left\{\boldsymbol{\beta}_1=\begin{pmatrix}1\\0\\0\end{pmatrix},\boldsymbol{\beta}_2=\begin{pmatrix}1\\1\\0\end{pmatrix},\boldsymbol{\beta}_3=\begin{pmatrix}1\\1\\1\end{pmatrix}\right\}$，求 $T$ 在基(Ⅰ)，(Ⅱ)下的矩阵.

6. 设 $T$ 为 $P[x]_2$ 中的线性变换，且 $T$ 在基(Ⅰ)$=\{x^2,x,1\}$ 下的矩阵为 $\boldsymbol{A}=\begin{pmatrix}1&2&3\\-1&0&3\\2&1&5\end{pmatrix}$，求 $T$ 在基 $\{x^2,x^2+x,x^2+x+1\}$ 下的矩阵.

7. 设 $T$ 为线性空间 $V$ 中的线性变换，$T$ 在 $V$ 的基(Ⅰ)$=\{\boldsymbol{\alpha}_1,\boldsymbol{\alpha}_2,\boldsymbol{\alpha}_3\}$ 下的矩阵为

$$\boldsymbol{A}=\begin{pmatrix}1&1&1\\1&2&1\\1&1&2\end{pmatrix},$$

求 $T$ 在 $V$ 中的基(Ⅱ) = $\{\boldsymbol{\beta}_1,\boldsymbol{\beta}_2,\boldsymbol{\beta}_3\}$ 下的矩阵 $\boldsymbol{B}$，其中 $\boldsymbol{\beta}_1=2\boldsymbol{\alpha}_1+3\boldsymbol{\alpha}_2+\boldsymbol{\alpha}_3,\boldsymbol{\beta}_2=3\boldsymbol{\alpha}_1+4\boldsymbol{\alpha}_2+\boldsymbol{\alpha}_3,\boldsymbol{\beta}_3=\boldsymbol{\alpha}_1+2\boldsymbol{\alpha}_2+2\boldsymbol{\alpha}_3$.

8. 设 $T$ 为 $\mathbf{R}^3$ 中的线性变换，$T$ 在 $\mathbf{R}^3$ 中的基 $\boldsymbol{\alpha}_1=(1,2,-1)^{\mathrm{T}},\boldsymbol{\alpha}_2=(1,-1,1)^{\mathrm{T}},\boldsymbol{\alpha}_3=(-1,2,-1)^{\mathrm{T}}$ 下的矩阵为

$$\boldsymbol{A}=\begin{pmatrix}-1&1&0\\1&1&1\\0&0&1\end{pmatrix},$$

求 $T(-1,3,3)^{\mathrm{T}}$.

第六章综合题参考答案

第六章自测题